THE
JAZZ
OF
PHYSICS

뮤지컬
코스모스

THE
JAZZ
OF
PHYSICS

**우주의 음악을 찾아 떠나는 물리학자의
찬란한 지적 여행**

스테판 알렉산더 지음
노태복 옮김

나의 부모님, 펠리시안과 키스에게 바친다.

CONTENTS

들어가며

그것은 직관에 의해 떠오른 생각이었는데,
그 직관을 부추긴 것은 음악이었다.
나의 발견은 음악적 통찰의 결과였다.
-알베르트 아인슈타인(상대성이론에 대한 질문을 받고서 대답한 내용)

그리고 나는 무엇보다도 유비類比를 귀하게 여긴다.
나의 가장 믿음직한 스승인 이 유비는 자연의 모든 비밀을 알고 있기에,
기하학에서 결코 유비를 무시해서는 안 된다.
-요하네스 케플러

　인간은 특별하다. 우주가 태어난 후 110억 년이 지나고서야 우리가 지구라고 부르는 행성은 광물질이 풍부한 펄펄 끓는 바다 덕분에 생명을 퍼뜨리기에 알맞은 조건이 마련되었다. 돌연변이를 통해 진화를 거듭하는 굶주린 생존자인 생명이 출현할 바탕이 마련되었던 것이다. 우주의 생명 역사의 마지막 황혼기에 등장한 우리 인간은 땅을 경작한 후에 대담무쌍하게도 하늘을 올려다보았다. 우리의 근원을 찾으려는 갈망에서.

어느 문화에 속하든 사람들은 자신들의 기원과 우주의 기원을 궁금해했다. 우리 주변의 이 공간은 과연 무엇이란 말인가? 우리는 어디에서 왔는가? 이런 질문들—어렸을 적에 누구든 던져 보았을 질문들—이 과학에서 가장 중대한 과제라는 사실은 우연이 아니다. 이러한 질문들로 볼 때 우리는 태생적으로 자신의 기원에 대해 호기심을 품고 있는 존재다. 그리고 질문이란 것이 늘 그렇듯이, 그러한 질문들은 우리 지식의 한계도 드러내 준다. 수천 년 동안 우리는 그런 질문들에 신화로 답해 왔을 뿐이다. 하지만 과학혁명 이후에는 신화를 버리고, 인간과 우주의 기원에 관한 탐구가 과학자들 및 이들의 엄밀한 방법론에 맡겨졌다. 현대의 우주론자들은 비록 멋진 방정식과 최첨단 기술의 실험 장치로 무장하고 있긴 하지만, 우리 시대의 신화 창조자라고 할 수 있다(우주론cosmology은 우주의 기원과 진화 과정을 연구하는 학문 – 옮긴이). 정밀한 수학과 실험에도 불구하고 현대 물리학과 우주론이 새로 발견해낸 경이로운 결과들은 가장 유능한 일부 물리학자들조차도 신화에 기댈 수밖에 없게 만들었다. 그들이 우주의 본질에 관해 알아낸 엄청난 정보를 이해하고 설명해내려면 말이다.

한편 현대 우주론의 근간을 이루는 개념들을 일반 독자들에게 알리고자 굉장한 노력이 기울여졌지만, 책으로 설명해내기에는 역부족이기 마련이다. 본디 수학의 언어로 논하는 일반상대성이론과 양자역학과 같은 주제들을 말로 풀어내기란 하늘의 별따기다. 그런 분야들에 나오는 복잡한 방정식에 물리학자도 혀를 내두를 지경이기 때문이다. 그런 공식이 무슨 의미인지 완벽하게 이해하거나 시각화하는 것이 임무인 사람들인데도 말이다. 그러니 선명한 물리적 이미지나 유비를 통해 우주의 구조를 개념화하는 다른 방법을 찾는 것이 중요하다. 내가 알기로 개념을 전달하는 데 가장 성공한 책들은 최상의 비유를 이용해 물리학을 설명해낸 책이다. 사실 유비를 통한 추론은 이 책의 근간을 이룬다.

이 책은 이론물리학 연구의 발견 과정을 여러분에게 생생하게 보여줄 것이다. 물리 법칙에는 논리적 구조가 분명 깃들어 있긴 하지만, 새로운 각도로 물리 법칙을 바라보면 비합리적이고 비논리적인 과정을 종종 목격하게 될 것이다. 때로는 실수라든지 즉흥적인 사고도 가득하다. 재즈 음악가와 물리학자 둘 다 자기 분야에서 전문적인 기술과 이론 숙달을 위해 노력하는 것이 중요하긴 하지만, 혁신은 그들이 이미 숙달한 능력을 뛰어넘도록 요구한다. 이론물리학에서 혁신의 핵심은 유비를 통한 추론, 즉 유추 능력이다. 이 책에서 나는 적절한 유비를 찾는 능력이 어떻게 과학의 새로운 지평을 열 수 있는지 보여줄 것이다. 실로 그 능력은 숨겨진 양자 세계를 파헤쳐 우주의 거대한 고차원 구조를 드러낼 것이다.

이 책에서 음악은 현대 물리학 및 우주론의 많은 내용을 이해하는 데 도움을 줄 뿐만 아니라 물리학자들이 당면한 몇 가지 근래의 불가사의를 밝혀내는 데에도 도움을 주는 유비로 활약할 것이다. 심지어 이 책을 쓰고 있는 현재에도 이 유비적 사고 덕분에 나는 초기 우주에 관한 이론의 장기 미해결 과제에 대한 새로운 접근법을 발견할 수 있었다. 이를 이해하기 위한 가장 큰 질문 중 하나이자 우주론의 거대한 미해결 사안은 최초의 구조가 아무 형태 없는 텅 빈 아기 우주에서 어떻게 출현했느냐 하는 것이다. 물리학의 근본 법칙들이 함께 작용하여 우주의 광범위한 구조를 창조하고 유지함으로써 우리 인간이 존재할 수 있는데, 그러한 법칙들의 작용 방식은 마법과도 같다. 이는 음악 이론의 기본 뼈대를 바탕으로 〈반짝반짝 작은 별〉에서부터 존 콜트레인의 《인터스텔라 스페이스》에 이르기까지 온갖 음악이 생겨나는 것과 결코 다르지 않다. 위대한 세 인물(존 콜트레인, 알베르트 아인슈타인 그리고 피타고라스)에게서 영감을 받은 학제간 접근법을 이용하여 우리는 만발하는 우주의 '마법적인' 행동이 음악에 바탕을 두고 있음을 차츰 이해할 수 있을 것이다.

십 년 전쯤 나는 매사추세츠주 애머스트 중심가의 한 어두침침한 카페에 혼자 앉아 물리학과의 과제 프리젠테이션을 준비하고 있었는데, 그때 불현듯 무슨 생각이 떠올랐다. 지역 전화번호부가 비치된 공중전화기가 눈에 띄자 용기를 내서 유세프 라티프에게 전화를 걸었다. 전설적인 재즈 음악가인 그는 그즈음에 애머스트에 있는 매사추세츠대학의 음악학과를 은퇴한 참이었다. 나는 그에게 할 말이 있었다.

약이 떨어진 마약 중독자처럼 내 손가락은 번호를 찾아내려고 전화번호부를 미친 듯이 훑어 내렸다. 마침내 찾았다. 내 뺨을 두드리는 뉴잉글랜드의 기분 좋은 가을바람을 느끼며 다이얼을 눌렀다. 실례인 줄 알면서도 나는 한참 동안 상대방 전화기가 울리도록 했다.

"여보세요?" 한 남자의 목소리가 마침내 들렸다.

"안녕하세요. 라티프 교수님과 통화할 수 있을까요?" 나는 물었다.

"라티프 교수는 여기 없습니다." 무덤덤한 답변이 돌아왔다.

"그럼 존 콜트레인이 67세 생일로 교수님한테 준 다이어그램에 관해 알려 드릴 게 있다고 전해주실 수 있을까요? 그게 무슨 뜻인지 제가 알아낸 것 같거든요."

한참 침묵이 흘렀다. "라티프 교수, 여기 있습니다."

라티프 교수의 저명한 책《음계와 선율 패턴의 보고》―유럽, 아시아, 아프리카 및 전 세계의 온갖 음계들을 모아 놓은 책[1]―에 나오는 다이어그램을 주제로 우리는 두 시간 남짓 통화를 했다. 그 다이어그램이 전혀 무관해 보이는 연구 분야인 양자중력과 관련이 있어 보인다고 나는 밝혔다. 양자중력은 양자역학을 아인슈타인의 일반상대성이론과 통합하려는 장대한 이론이다. 내가 알아차린 바를 라티프 교수에게 말했는데, 요지는 이렇다. 아인슈타인의 이론을 낳은 것과 똑같은 기하학적 원리가 콜트레인의 다이어그램에 반영되어 있다는 것이었다. 아인슈타인은 나의 영웅이었다. 콜트레인과 라티프 교수와 마찬가지로.

라티프 교수는 그 다이어그램이 4도 음정들과 5도 음정들의 순환을 근사적으로 나타낸다는 중요한 정보를 알려 주었다. 철학과 물리학에도 관심이 많았던 그는 자신의 이른바 자동물질정신 음악autophysiopsychic music—신체적, 정신적, 그리고 영적 자아에서 나온 음악[2]—의 개념에 대해 한 수 가르쳐 주었다. 이 개념은 그 후 음악과 우주에 관한 내 연구에 중대한 영향을 미쳤다. 라티프는 음악과 우주의 구조 사이에는 깊은 관련성이 있으리라는 나의 관점을 격려하고 힘을 실어주었다. 그날 마치 입체 영상의 초점이 맞추어지듯이 물리학과 재즈라는 내 인생의 두 주제가 눈앞에서 하나로 합쳐져 새로운 차원이 활짝 열렸다.

콜트레인은 사람의 성품 면에서도 창조적 사고 면에서도 아인슈타인에게 끌렸다. 아인슈타인은 가장 위대한 재능으로 유명한 사람이다. 즉 수학적 한계를 물리학적 직관으로 초월하는 능력 말이다. 그는 자신이 게당켄엑스페리멘트Gedankenexperiment(사고실험이라는 뜻의 독일어)라고 불렀던 것을 즉흥적으로 펼쳤는데, 이로써 다른 누구도 실행하지 못했던 실험의 결과를 마음속으로 그려보았다. 가령 아인슈타인은 빛을 타고 이동하면 어떻게 되는지 상상했다. 통찰력이 있어야 성공할 수 있는 실험이었다. 영감의 또 다른 원천은

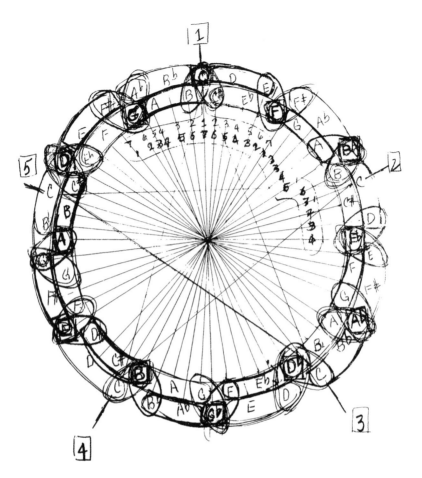

그림 들어가며 존 콜트레인이 유세프 라티프의 67세 생일 선물로 준 다이어그램. 이 이미지의 복제는 어떠한 경우라도 허용되지 않는다. 아예사 라티프가 전하는 말.

음악이었다. 잘 알려지진 않았지만 아인슈타인은 피아노를 쳤다. 두 번째 아내 엘자는 이런 말을 남겼다. "남편은 이론을 궁리할 때 음악의 도움을 받았어요. 서재에 갔다가 돌아와서는 피아노로 몇 가지 화음을 치고 나서 급히 뭘 적은 뒤 다시 서재로 가곤 했지요." 아인슈타인은 한편으로는 수학적 엄밀함을 중시하면서도 또한 창의력과 직관도 발휘했다. 자신의 영웅인 모차르트와 마찬가지로 아인슈타인도 본디 '즉흥연주가'였다. 한때 이런 말을 하기도 했다. "모차르트의 음악은 너무나 순수하고 아름다운지라 우주의 내밀한 아름다움을 고스란히 드러내 주는 것만 같다."

콜트레인 만다라를 보고서 내가 깨달은 바에 의하면 즉흥성이야말로 음악과 물리학의 공통적인 특성이다. 사고실험으로 연구했던 아인슈타인과 상당히 비슷하게, 어떤 재즈 즉흥연주가들은 솔로를 연주할 때 마음속의 패턴을 그린다. 콜트레인도 그랬지 않았나 싶다.

존 콜트레인이 1967년에 세상을 떠나고 2년 후에 빅뱅의 잔해인 우주배경복사가 아르노 펜지아스와 로버트 윌슨에 의해 발견되었다. 그 발견으로 인해 정적인 우주 이론은 꼬리를 감추고 팽창 우주 이론이 옳음이 확인되었다. 아인슈타인의 중력 이론이 예측한 대로였다. 콜트레인의 말년의 녹음 가운데에는《스텔라 리전스》《인터스텔라 스페이스》그리고《코스믹 사운드》라는 제목의 세 앨범이 있다. 콜트레인은 음악으로 물리학을 연주했으며 놀랍게도 우주의 팽창이 일종의 반중력임을 간파했다. 재즈 합주에서 '중력에 의한' 인력은 리듬 섹션의 베이스와 드럼으로 표현된다.《인터스텔라 스페이스》속의 곡들은 리듬 섹션의 중력에서 벗어나 팽창하는 콜트레인의 장엄한 솔로 파트가 압권이다. 그는 손끝으로 물리학을 울려 퍼지게 한 음악의 혁신자였다. 아인슈타인도 마음으로 우주의 음악을 들은 물리학의 혁신자였다. 그렇기는 하지만, 둘이 한 일은 새로운 것이 아니었다. 둘은 음악과 물리학의 관련성을 '재현했을' 뿐인데, 그러한 관련성은 이미 수천 년 전에 피타고라스—당대의 콜트레인—가 음악의 수학을 처음으로 알아냈을 때 밝혀진 사실이었다. 피타고라스 철학은 "만물은 수數다"란 말로 요약되며, 음악과 우주는 둘 다 이 철학의 발현이었다. 가령 행성들의 궤도를 지배하는 수학에 의해

'천구들의 음악'이 울려 퍼지고, 진동하는 현의 음정들로 이루어진 화음이 연주된다는 식이었다.

콜트레인과 아인슈타인의 발자취를 좇아, 이 책에서 우리도 음악과 물리학과 우주가 하나였던 고대의 세계를 다시 방문할 것이다. 피타고라스 등의 옛사람들이 소리를 어떻게 이해하기 시작했는지, 그들의 사상과 실천이 케플러와 뉴턴 같은 위대한 사상가들의 노력을 거치면서 어떻게 끈과 파동의 역학에 대한 현재의 지식을 낳게 되었는지 우리는 알게 될 것이다. 피타고라스 이후 2500년이 지나서 끈 이론의 창안자들은 근원적인 끈들을 이용하여 자연의 네 가지 힘들을 통합하는 데 몰두하고 있다. 하지만 그들 중에서 자신들 연구의 핵심 요소인 파동 방정식이 음악과 물리학의 보편적인 관련성에 깊이 뿌리내리고 있다는 사실을 기억하거나 중요하게 여기는 이가 몇이나 될까?

이 책은 또한 '유비'의 힘을 실감 나게 느끼게 해 준다. 물리학과 음악이라는 두 분야를 유비라는 개념으로 다시 연결함으로써 우리는 소리를 통해 물리학을 차츰 이해할 수 있다. 앞으로 알게 되겠지만, 화음과 공명은 우주적인 현상이며 이를 이용하여 초기 우주의 역학을 설명할 수 있다. 게다가 다수의 우주 관측 데이터를 통해 드러난 바에 의하면 대략 140억 년 전에 소리 패턴들의 비교적 단순한 조합이 은하 및 은하단과 같은 구조들을 발달시켰고, 이로써 마침내 행성과 생명이 출현할 수 있게 되었다.

우리는 또한 생명의 양자적 기원도 살펴볼 것이다. 대다수 음악에서 한 음계 내의 음정들의 범위는 불연속적인discrete 진동들로 국한되어 있다. 아원자 영역 또한 양자라고 알려진 불연속적인 꾸러미로 이루어져 있다(따라서 이 양자를 연구 대상으로 삼는 학문을 양자역학이라고 한다). 대형강입자충돌기LHC가 최근에 힉스 보손Higgs boson이라는 입자의 존재를 확인하게 되면서, 양자장 이론이 물리적 실재의 큰 토대를 이루는 패러다임임이 확연해졌다. 이것은 물리학 중에서도 수학적으로 매우 버거운 분야다. 우리로서는 다행하게도 그 이론의 다수 내용은 음악 요소의 관점에서 이해할 수 있다. 예를 들어, 깨진 양자 대칭성은 근본적인 힘들 및 입자들을 생성하는 데 필수적인데, 그 방식은 가령 한 장조의 음악적 구조에서 대칭성 깨짐이 협화음을 창조하는 과정과 흡사하다. 즉흥성은 양자 세계의 기이한 역학을 이해하는 수단을 제공함으로써 우리의 탐구에 톡톡히 기여하게 될 것이다(간략히 말하자면, 양자 세계가 기이한 까닭은 내재적인 불확실성을 갖고 있을 뿐 아니라 각각의 결과는 실제로 모든 가능한 결과들의 합이라는 성질 때문이다).

수학 다음으로 나는 이론과학의 비밀을 푸는 가장 위력적인 도구 하나를 배우게 되었다. 바로 고려 대상인 계system를 단순화시키고 언뜻 보기에 완전히 무관한 분야와의 유사성을 비교하는 것이다. 추가적인 연구가 필요할 경우 발견의 전망이 어디까지 펼쳐지느냐는 바로 이 유비의 '범위'가 결정한다. 이는 마치 학제간의 건너뛰기, 즉 금세 흘러가 버리는 인생이라는 강가에서 무지의 강둑으로부터 지식의 강둑으로 건너가기인 셈이다.

물리학이 극미에서부터 극대의 영역에 이르기까지 자연의 비밀을 푸는 데 전례 없는 성공을 거두긴 했지만, 물리학계가 위기에 빠져 있음은 공공연한 사실이다. 물리학자들은 근본적인 어려움에 봉착해 있다. 가령 우주의 "미세조정fine-tuning" 문제가 한 예로서, 자연의 네 가지 힘의 상대적 세기들이 이루는 미묘한 균형이 탄소 기반의 생명을 출현시켰다는 사실을 어떻게 해석하느냐는 사안이다. 나는 물리학이 포괄적이고 학제적인 새로운 영역─일종의 즉흥 물리학—으로 진입할 수 있다는 생각을 적극 지지한다. 학제간의 유비에 뿌리를 둔 즉흥 물리학은 분야 간의 경계를 뛰어넘고 있다.

　이 책은 나의 여행이기도 하다. 트리니다드라는 나라 출신의 한 뉴욕 택시 운전사의 아들인 나는 사춘기 때 책 한 권에 푹 빠져 있었다. 바로 빅토르 바이스코프가 쓴《물리학자가 되면 누리는 특권》이었다. 식구들은 내가 음악에 뜻을 두기를 바랐다. 책의 저자이자 노벨상 수상자인 바이스코프는 이렇게 말했다. "인생을 살 만하게 하는 두 가지가 있는데, 바로 모차르트와 양자역학이다." 나는 모차르트는 좋아했지만 양자역학은 금시초문이었다. 이리하여 나의 운명이 된 기나긴 연애가 시작되었는데, 여기에는 단지 양자역학과 모차르트뿐만 아니라 우주론과 존 콜트레인도 이 쉼 없는 열정의 핵심 요소가 된다. 하지만 물리학자의 길은 그러한 이름들이 내다볼 수 없었던 곳으로 나를 데려갔다. 나는 이론물리학자로서 나의 전문 분야를 살리기 위해 재즈와 물리학을 융합하는 독특한 길을 개척했다. 그럴 수 있었던 까닭은 오직 지난 20년 동안 여러 스승과 친구들에게서 격려와 조언을 얻었기 때문이다. 가령 노벨상 수상자이자 초전도체 연구의 선구자이며 음악애호가인 리언 쿠퍼를 비롯해 물리학에 조예가 깊은 음악가들인 오넷 콜먼과 브라이언 이노 등이 그런 분들이다. 이분들은 다학제적 사고의 중요성과 더불어 유비를 통해 어떻게 지식의 경계를 확장할 수 있는지를 내게 가르쳐 주었다.

　이런 기라성 같은 인물들과의 만남도, 음악 이론이 박진감 있게 발전해 온 길을 따라가는 것도 이 여정의 일부다. 또한 우주의 구조가 변화해 온 과정을 추적하는 것도, 물리학과 음악의 유사성을 찾는 것도 이 여행의 일부다. 아울러 적절한 유사성을 찾을 수 '없을' 경우에는, 명확성을 위해 엄밀한 계산을 이용하는 것도 이 여행의 일부다.

독자에게 귀띔하는 한마디

이 책은 현대 물리학의 많은 영역, 상대론적 우주론 그리고 음악 이론을 탐구하지만, 그런 분야에 대한 배경지식이 필요하지는 않다. 이 책 안의 내용으로 전부 이해할 수 있다. 오랜 세월 내가 알아낸 바에 의하면 스토리텔링을 통한 배우기는 물리학의 복잡한 개념들을 전달하는 흥미롭고도 효과적인 수단인데, 이 책 안에는 심오한 개념들을 담은 이야기들이 많다. 때때로 몇몇 아름다운 방정식도 있겠지만, 개념을 파악하기 위해 이 방정식들을 꼭 이해할 필요는 없다. 잘 이해가 안 되는 방정식이 나오면 건너뛰고 계속 읽으면 된다. 대체로 내 경험으로 볼 때, 전반적인 개념을 알고 나면 방정식은 사후에도 이해할 수 있다. 그래서 대체로 방정식은 말로 풀어서 설명했다.

나는 물리학과 음악이 함께 춤추는 무도회에 독자들을 초대한다. 독자들이 함께 궁리하고 질문하기를 권한다. 아울러 독자들이 우리의 음악적 유비를 진지하게 여기고 이 방법을 통해 우주에 관해 새로운 것을 배울 수 있는지 물어보기를 바란다. 함께 즉흥의 세계로 떠나 보자!

1

· · · · · · · ●

거대한 발걸음

음악은 인간의 마음이 스스로
셈하는지 모르고 셈하면서 경험하는 기쁨이다.
-고트프리트 라이프니츠

햇살이 쨍쨍한 여름 한낮, 루비 팔리 할머니가 흔들의자에 의젓이 앉아 있었다. 머리에는 카리브해의 화려한 꽃무늬 두건을 쓰고 계셨다. 아이들은 할머니의 적갈색 벽돌집 밖에서 야구 놀이를 하고 있었다. 노래하는 듯한 트리니다드 말씨로 할머니는 소리치셨다. "몇 시간씩 피아노 앞에 앉아서 연습할까 말까 신경 쓸 필요 없다. 그 곡을 배우기 전까지는 다른 데 못 가니까!" 여덟 살 난 큰손자는 건반을 손가락으로 정확히 짚기가 어려웠다. 자신이 들을 수 있는 음악이라고는 친구들이 바깥에서 노는 즐거운 소리뿐인지라 눈물이

날 지경이었다. 갑자기 할머니의 찡그린 얼굴이 풀어졌다. 할머니는 빙긋 웃으시더니 혼자 중얼대셨다. "내 큰손자 이름이 브로드웨이에 번쩍이는 모습이 눈이 어른거리는구나." 할머니는 30년 동안 브롱크스에서 간호조무사로 일하면서 저축을 하셨다. 나를 브로드웨이에 진출시키려는 일념에서였지만, 결국 나는 콘서트홀에서 연주하는 피아니스트가 되지 못했다.

내 아버지의 어머니인 루비 팔리는 당시 영국 식민지였던 1940년대에 트리니다드에서 성장하셨고 이후 60년대에 뉴욕시로 이민을 가셨다. 당시에 카리브해와 뉴욕시 사이에는 역동적인 음악 교류가 있었는데, 할머니는 트리니다드 말씨보다 음악을 더 많이 가지고 가셨다. 트리니다드에서 뉴욕으로 가셨을 때 할머니는 카리브해 음악인 칼립소 명곡들의 앨범을 갖고 가셨다. 마이티 스패로와 로드 키치너 같은 음악가의 앨범이었는데, 그런 앨범을 통해 나는 소울 음악과 트리니다드 토속의 칼립소 음악의 융합을 알게 되었다. 이 "칼립소의 소울soul of calypso", 즉 소카soca 음악은 동인도와 아프리카 문화의 융합이었다. 그 음악은 60년대 후반에 발전하기 시작하여, 트리니다드 음악가들이 뉴욕시에서 앨범을 녹음한 70년대에 소울, 디스코, 펑크 음악의 영향력이 포함되면서 현대적인 형태로 자리 잡았다.

할머니를 포함하여 할머니 세대의 여러 아프리카계 카리브해인들에게 음악가는 경제적 및 사회적 신분 상승을 보장받는 몇 안 되는 직업 중 하나였다. 나에게 클래식 음악을 공부시켜 콘서트 피아니스트로 만들겠다는 할머니의 원대한 계획은 내 부모님과 부모님의 형제자매가 몇 년간 할머니와 같이 살려고 트리니다드를 떠나오기 전부터 시작되었는데, 그때 내 나이는 여덟 살이었다. 할머니와 내 부모님은 결코 맛보지 못한 경제적 자유를 맛보라고 내게 티켓을 건네주신 셈이었다. 피아노 선생님인 디 다리오 여사는 칠십

대의 이탈리아 여자였는데 무척 엄격하셨다. 평범한 여덟 살배기에게 피아노 선생님과 5년 동안 연습곡을 배우고 음계를 암기하기란 힘겨운 일이었다. 하지만 정작 피아노 수업이 고통스러웠던 까닭은 성공해야 한다는 은근한 압박감 때문이었다. 할머니의 기대 어린 눈빛 아래서 연습하는 단조로운 과정이 즐겁지만은 않았지만, 내가 연습하고 있는 음악의 작곡가들은 사춘기 시절 나의 호기심을 한껏 사로잡았다. 음계들을 조합해 음악을 만들어낸 사람들이니까! 그렇게나 많은 곡들이 단지 12개의 음정에서 나온다는 사실은 내게 놀랍고도 매혹적이었다. 연습할 때 나는 이런저런 생각이 떠올라 방해를 받았는데, 다음과 같은 심오한 질문들이었다. 어떻게 사람들은 '음악'이라고 하는 걸 발명하게 되었을까? 장조를 연주할 때는 왜 기분이 좋아질까? C, E 및 G는 C장조의 음정들로서 기분을 좋게 만든다. 엘비스 프레슬리의 노래 〈아이 캔트 헬프 폴링 인 러브〉의 첫 세 음정이기도 하다. "Wise(C) men(G) say(E)". 하지만 내 손가락이 그 흰 E 건반에서 내려와 검은 E-플랫 건반으로 건너가면 기분 좋은 느낌은 슬픔으로 변하고 말았다. 왜일까?

나는 음악을 연주하길 배우기보다는 음악이 어떻게 작동하는지에 더 관심이 갔다. 이 흥미는 나의 아동기와 성년기 내내 지속되었지만, 그렇다고 내가 규칙적인 연습에 집중했던 것은 아니었다. 마침내 할머니는 손자의 재주를 뒷받침하기에 돈이 충분하지 않음을 깨닫고서 백기를 들고 말았다. 그렇게 피아노 수업은 끝났다.

그 무렵 나는 퍼블릭 스쿨 16이라는 학교에서 핸들러 선생님이 담임으로 있는 3학년 반에 속해 있었다. 내 글씨체는 형편없었고 부끄럼을 타고 내향적인 내 성격은 굼뜬 것으로 해석되었다. 가정교육에 문제가 있나 선생님들이 의심하는 바람에 나는 하마터면 지진아 반에 들어갈 뻔했다. 다행히 그런 위기를 벗어난 어느 날 내 인생을 바꿀 현장 견학에 나서게 되었다. 당시에는 공립학교 학생들을 위한 브로드웨이 연극 공연과 미술관을 공짜로 구경하는 프로그램이 있었다. 핸들러 선생님의 반은 자연사박물관에 공룡을 보러 갔나. 우리 학생들은 박제들이 줄지어 있는 커다란 통로를 따라 서로 손을 잡고서 일렬로 걸어 들어갔다. 박제들은 우리를 덮치려 하거나, 잠을 자거나, 포식을 하거나 비명을 지르는 듯 보였다.

중앙 홀이 가까워지자 왼쪽으로 나 있는 작은 통로가 눈에 띄었다. 줄 뒤쪽에 있어선지 간이 커진 나로서는 거기에 뭐가 있는지 알아보고 싶은 충동이 생겼다. 그래서 거기로 갔더니 두꺼운 창유리에 끼인 종이 몇 장이 보였다. 종이 위 글씨는 상형문자 같았는데, 분명 손으로 쓴 것이었다. 여덟 살 난 내가 보기에 이 지구의 것이 아닌 듯했다. 곧이어 나는 그 글씨 뒤에 사람의 모습을 보았다. 곱슬머리 주위에 밝은 회색의 후광이 비쳤다. 어딘가를 깊이 응시하는 눈빛이 차분하면서도 장난기가 어려 있었다. 내가 본 그 사람은 책상에 웅크린 채로 암호를 휘갈겨 쓰고 있었는데, 아마도 혼자 콧노래를 부르거나 아니면 절망감에 낑낑대고 있는 모습이었다. 바로 그때가 내가 알베르트 아인슈타인과 그의 상대성이론을 기술하는 방정식들을 처음 본 때였다. 마법은 그렇게 시작되었다.

그 아리송한 글씨가 시간과 공간을 가변적인 하나의 단일한 실체로서 기술하고 있는 줄은 그땐 몰랐다. 하지만 그러한 사색의 순간이 영원을 향해 있음은 느낄 수 있었다. 내 눈은 아인슈타인의 모습과 그가 적어 놓은 기호들 사이를 재빨리 오갔다. 내가 아인슈타인과 비슷한 유형임을 나는 알아차렸다. 나의 곱슬머리가 그의 백두난발을 닮았다는 뜻이 아니라, 내가 악보 위의 음정들로 나 자신의 곡을 만들고 나 자신의 질문에 답하기를 좋아하듯이 기호와 개념들을 갖고서 혼자 놀기 좋아하는 사람을 보았던 것이다. 나는 부쩍 호기심이 일었다. 그가 무엇을 적었는지 알고 싶었다. 아인슈타인이 누구든지 간에 그와 같은 사람이 되고 싶다는 바람이 생겼다. 그 순간에 나는 핸들러 선생님의 3학년 반에 속한 나의 현실을 넘어, 브롱크스를 넘어, 어쩌면 이 세상을 넘어, 진정한 나의 실체가 있음을 깨달았다. 또한 그 실체는 오래전에 아인슈타인이 적었으며 지금은 창유리 속에 끼워져 있는 그 불가해한 기호들과 관련이 있음을 깨달았다.

그로부터 4년 후. 1980년대 초반 브롱크스에서 나를 포함한 십 대 대다수는 우리의 경험과 배경을 고스란히 드러내 준 음악 장르인 힙합에 빠져 있었다. 그것은 제임스 브라운과 팔리어먼트Parliament의 펑크를 카리브해와 라틴 음악의 즉흥적이고도 서정적인 형태와 버무린 것이었다. 내 친구 몇몇은 나중에 훌륭한 힙합 프로듀서와 아티스트가 되었다. 특히 나중에 비니 아이돌Vinny Idol이 된 친구 랜디가 가장 대표적인 사례였다. 랜디는 자메이카 혈통의 키 크고 잘생긴 열두 살 음악광으로서, 내가 신문 배달을 하는 길에 있는 한 건물에서 살았다. 우리 둘은 음악에 대한 사랑과 이해로 결속되었다. 나는 종종 랜디의 집에 들렀는데, 그러면 랜디는 소장 앨범 중에서 소울 음악을 틀어주었다. 그런 곡에 맞춰 전기 베이스 기타를 즉흥적으로 연주하기도 했다. 그러는 게 나는 좋았다. 단지 음정들을 재현하는 것이 아니라 창조해내는 것이 나로서는 멋졌다. 즉흥연주 말이다. 그때가 즉흥연주를 처음으로 제대로 맛본 경험이었다.

내 집에는 다락방이 하나 있었는데, 그 방은 '미친 과학자'의 실험실이었다. 거기에는 분해된 라디오 부품, 실패한 전자 장난감 잔해, 그리고 마블 만화책이 가득했다. 밤만 되면 잠자리에 들기 전에 나는 7학년 학생한테도 인기를 끌었던 라디오 방송—98.7 Kiss FM 또는 107.5 WBLS—을 들었다. 그러던 어느 날 새로운 방송을 찾기로 결심했다. 친구한테 알려 줄 새로운 비트를 찾으면 좋겠다 싶어서 손잡이를 돌리는데, 어떤 소리에 내 귀가 저절로 초점을 맞추었다. 그 소리는 처음에는 방송과 방송 사이에 들리는 백색잡음인 줄 알았지만 그렇지 않았다. 몇 초 후 나는 그것이 색소폰 소리임을 알아차렸다. 그 음악은 처음에는 혼란스럽고 마구잡이로 나오는 듯했지만, 불가사의한 에너지로 나를 감쌌고 마침내 내 마음은 그 방송에 흠뻑 빠져들었다. 그 곡이 다 끝날 때까지 넋을 놓고 들었다. 그러자 디스크자키가 나와서 이렇게 말했다. "방금 들은 곡은 오넷 콜먼의 프리재즈free jazz 음악이었습니다." 이번에도 그것이었다. 즉흥연주 말이다.

마침 색소폰을 대단히 좋아하던 아버지께서 내가 그 악기에 자꾸만 관심을 두는 것을 알아차리셨다. 아버지와 어머니는 중고 알토 색소폰을 내게 주셨는데, 한 벼룩시장에서 뉴욕 메츠 야구선수 팀 토이펠의 아내한테서 산 것이었다. 50달러짜리답게 몇 군데 패인 자국이 있고 칠이 닳기는 했지만 소리는 잘 났다. 나중에 나는 존 필립 수자 중학교에 가서 밴드에 참여했는데, 그 밴드는 프로 재즈 트럼펫터인 폴 피테오 씨가 이끌었다. 그는 색소폰으로 음정을 짚는 법, 그리고 나만의 리드reed를 만드는 법을 가르쳐 주었다. '드디어' 나는 속으로 생각했다. '연습은 안 해도 되겠네.' 음악적 독립성에 잔뜩 고무되어 나는 내 친구 랜디처럼, 오넷 콜먼처럼 프리재즈를 연주할 수 있었다. 나는 그냥 즉흥연주를 할 수 있었다. 그건 재미있었다. 그게 나로서는 음악이었다. 피아노 연습과는 천지 차이였다.

요즘 와서 돌이켜보면 그때 나는 엉터리였다. 휴대용 라디오에서 나오는 유행곡들에 맞춰 따라 하거나 즉흥 변주를 즐겨 했지만, 프리재즈는 결코 허술한 것이 아니다. 전통적인 재즈에서는 한 곡을 관통하는 잘 정의된 주제 선율과 화음 진행이 있다. 재즈 견습생 초창기 시절에 나는 프리재즈 연주란 누구든 아무 훈련이나 연습 없이 한 악기를 골라서 의미 있게 즉흥연주를 할 수 있다는 뜻이라고 생각하곤 했다. 음악적으로 성숙해져서 스탠더드 재즈 전통―나중에 논의할 내용―의 화음 규칙과 기본 형식들을 이해하게 되면서, 프리재즈도 나름의 내적인 구조를 지니며 스탠더드 재즈 전통의 연장선에 있음을 알아차렸다. 그렇기는 해도 프리재즈 음악가는 의존할 구조가 매우 적으며 청중을 감동시킬 무언가를 즉흥적으로 만들어내야 한다. 그건 그렇고, 음악이란 과연 무엇일까?

음악은 지극히 인간적이다.[1] 사람들은 저마다 음악의 취향과 선호가 제각각이다. 내 친구 중에도 일부는 전자음악만 듣는가 하면 또 어떤 이들은 재즈만이 들을 가치가 있는 음악이라고 여긴다. '진짜' 음악이라고는 클래식뿐이라고 믿는 사람도 있다. 노이즈 뮤직noise music을 즐기는 개인이나 집단도 점점 많아지고 있다. 누구에게나 통하는 음악에 대한 정의를 찾기는 어렵기에, 나는 음악에 관한 논의를 고전적인 서양 전통에 국한할 것이다. 이 책에서 논의하는 음악의 다수는 고전적인 서양의 12음 체계에 바탕을 두고 있기 때문이다. 일반적으로 한 곡의 음악은 시간에 따라 변하는 복잡한 소리 파형이라고 해석할 수 있다. 이 파형 내에는 음정, 박자, 리듬, 음높이, 선율 및 화음과 같은 우리가 지각할 수 있는 요소들이 들어 있다.[2]

서양 음악의 요소들을 정의한다는 것은 미묘한 문제다. 간결성을 위해 나는 단순하게 설명하고자 한다. 단지 피아노로만 연주되는 곡을 듣는다고 상상해 보자. 개별적인 피아노 소리가 음정tone의 예다. 한 음정은 특정한 진동수(음높이)를 갖는다고 볼 수 있는데, 이 진동수는 진동수들의 유한한 한 집합으로 이루어진 특정한 음계에 속한다. 선율melody은 음정들의 연속으로서, 대체로 한 곡의 주제다. 사람들은 저마다 좋아하는 선율이 있는데, 내 경우는 〈마이 페이버릿 띵즈〉다. 댄서는 박자meter에 특별히 주의를 기울이는데, 박자는 반복적으로 나타나는 강세의 일관된 패턴으로서 펄스 내지 비트를 제공하며, 곡의 리듬rhythm을 펼쳐나가는 데 중요하다. 박자 속의 비트는 마디 내에서 무리 지어 있다. 가령 왈츠 박자는 한 마디에 세 비트이며, 테크노 비트는 한 마디에 네 비트다. 화음Harmony은 동시에 연주되는 음들 간의 협화음 또는 불협화음 관계를 나타내는데, 이 화음이 음악적 긴장과 이완 사이의 움직임을 만들어낸다.

음악은 물리적 사건이며, 대다수의 자명하지 않은 물리계들처럼 구조 내지는 음악가들의 말로는 형식form을 지니고 있다. 골격이 한 동물의 모양을 결정하듯이 음악적 형식은 선율, 리듬 및 화음이 일관된 방식으로 펼쳐지게 해주는 틀이다. 대체로 한 작곡의 서두에서 동기 또는 주제가 시작된다. 이는 많은 클래식 및 바로크 음악에서 볼 수 있다. 가장 유명한 동기 중 하나는 베토벤의 〈교향곡 5번〉의 첫 네 음, 딴 딴 딴 따안~이다. 이런 동기들이 모여 악구phrase를 이루는데, 글로 치자면 문장에 해당하는 악구는 일관된 음악적 의미를 지닌 음들의 모음이다.

악구는 특정한 화음chord 또는 조key에 따라 펼쳐질 수 있다. 많은 대중적인 음악 형식에서 화음은 변화를 겪다가 결국에는 으뜸화음으로 돌아온다. 많은 곡은 으뜸조에서 시작하여 그 조에서 벗어나 여행을 하다가 다시 으뜸

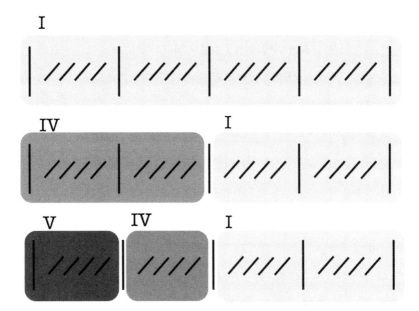

그림 1.1. 12마디 블루스 구조의 도해. 박자는 대체로 한 마디에 네 비트다. C 장조일 경우 이 형식은 으뜸화음으로 시작한다. 음계의 첫 음(Ⅰ)이 네 마디 동안 반복되다가 네 번째 음(Ⅳ), 즉 F로 올라간다. 마지막 네 마디에서 화음은 결국 으뜸화음으로 돌아간다.

조로 돌아온다. 으뜸화음은 로마 숫자 Ⅰ로 표시한다. 대다수의 서양 음악에서 전형적인 화음 진행은 Ⅱ-Ⅴ-Ⅰ 진행이다. C 장조의 경우 이는 D-G-C에 해당한다. 내가 가장 좋아하는 Ⅱ-Ⅴ-Ⅰ 곡은 콜 포터의 〈나이트 앤 데이〉인데, 프랭크 시나트라가 불러서 유명해졌다. 또 하나의 흔한 음악 형식은 블루스인데, 이것은 12마디로 구성되며 Ⅰ에서 Ⅳ 사이를 몇 번 반복하다가 마지막에는 Ⅰ로 돌아간다. B. B. 킹의 아무 곡이나 들어 보면 이 진행이 어떻게 작동하는지 알 수 있다.

이런 형식들이 음악을 진행시킨다. 긴장과 이완을 통하여 인간의 감정과 이야기를 표현하는 것이다. 음악에 관한 우리의 설명은 단 하나의 음정에서 시작했다가 이어서 화음, 악구, 리듬 및 형식으로 나아갔다. 음악은 한 파동 그리고 그 파동 특유의 파장과 진동수에서 시작된 하나의 복잡한 구조다. 이 모든 것은 인간의 감성과 창조성의 문을 열어젖힌다. 음표들을 이용해 인간의 내면을 표현하며, 분리된 자아들을 전체 세계와 이어준다. 이런 일이 음악을 통해 마법처럼 일어난다. 진밀이지 음악은 시극히 인산석이다.

록, 팝 및 재즈 등 대다수 인기곡은 그림 1.1에 나온 것과 같은 단순한 형식에 바탕을 두고 있지만, 죄르지 리게티와 같은 현대 작곡가들은 자신들의 작곡 구조를 프랙털과 같은 더욱 복잡한 자기유사성 형식에 바탕을 두었다. 이런 형식에서는 작은 부분이 큰 구조의 형식을 비춰 준다. 눈송이, 잎사귀 및 해안선과 같은 자연의 많은 구조들은 프랙털 성질을 갖고 있다.[3] 연구 결과에 의하면 바흐의 음악에서도 프랙털 구조가 나타난다.[4] 음악의 프랙털 구조는 작은 구간의 선율이 큰 구간에 반영될 때 생긴다.

내게 색소폰 연주는 야구와 비슷했다. 재미로 했던 것이다. 취미이자 한때의 열정이었다. 하지만 내 안의 깊은 곳에서는 더 알고 싶은 갈망이 숨어 있었다. 단지 음악을 만들어내는 방법뿐만이 아니라 음악의 더 큰 기원, 우리 감정과의 관련성, 그리고 '음표들'로부터 '음악'이라는 것이 생겨나는 원리도 알고 싶었다. 도대체 '음표들'이란 무엇이었을까? 그때까지는 그런 대답을 얻는 데 과학이 도움을 주리라는 것을 알아차리지 못했다. 이후로 과학은 나의 진정한 열정이 되었다.

존 필립 수자 중학교는 베이체스터 애비뉴에서 조금 떨어진 이든왈드 프로젝트에 있었다. 내가 입학하기 몇 년 전만 해도 그 학교는 범죄가 들끓는 위험한 중학교로 전국에서 손꼽히는 곳이었다. 힐 브린들 박사가 교장을 맡기 전까지의 일이다. 브린들 교장은 거구의 몸집에다 또박또박한 바리톤 목소리를 지녔다. 엄한 아버지 같은 외모는 학생들에게나 학교 근처의 폭력배들에게나 감탄과 존경과 더불어 두려움의 감정도 불러일으켰다. 그 학교는 공립이었지만 브린들 교장은 마치 사립 군사학교처럼 운영했다. 웨스트포인트 사관생도로서 브린들 교장은 400미터 단거리 종목으로 올림픽 출전을 준비 중이었다. 하지만 어느 날 트랙에서 훈련을 하고 있을 때 정체불명의 괴한이 쏜 총에 허벅지를 맞아서 올림픽의 꿈이 물거품이 되고 말았다. 원래 열정이 강한 사람인지라 새로운 희망을 품게 되었는데, 아마도 그 때문에 나중에 마틴 루서 킹 박사의 시민권 운동에 참여하고 마침내 도시 학생들의 교육에 몸담았던 듯하다. 매일 아침 브린들 교장과 주임 교사들이 학교의 두 정문에서 학생들이 공책과 교과서를 갖고 등교하는지 검사했다. 그리고 수요일마다 교장은 반정장 차림의 전교생들을 모아 놓고 진지하기 그지없는 훈화 말씀을 늘어놓았다.

어느 수요일 아침 조례는 뜻밖이었다. 교장은 특별 손님을 모셨다고 알린 다음에 무대를 내려왔다. 8학년에 있었던 그날의 기억을 결코 잊을 수가 없다. 무대 커튼이 열리면서 주황색 점프슈트 차림의 나이 든 사람이 어깨에 대형 카세트 라디오를 걸치고 등장했다. 라디오에서는 유명한 힙합 비트가 뿜어져 나오고 있었다. 어떤 학생들은 마치 광대라도 나타난 듯이 웃기 시작했다. 혼란스러워하는 학생들도 있었다. 하지만 대다수 학생들은 음악에 맞춰 신나게 머리를 흔들었다. 그 사람은 확실히 우리를 사로잡았다. 곧이어 그는 음악을 끄고 자기소개를 했다. 아프리카계 미국인 우주비행사인 프레더릭 그레고리라고 했다. 그레고리는 고향인 워싱턴 디시 악센트로 이렇게 물었다. "다들 저 비트 좋은가요? 멋지지 않나요?" 학생들은 싱글벙글거리며 환호했다. "네, 저 비트 멋지죠!" 그가 말했다. 분위기는 파티 장소처럼 달아올랐다. 이어서 우주비행사가 물었다. "그런데 라디오가 어떻게 이 음악을 내보내는지 아는 분 있나요?" 그리고 말을 이었다. "라디오가 있어서 이런 음악을 듣는다는 건 대단한 일이죠. 하지만 진짜로 대단한 건 이런 라디오를 만드는 능력입니다. 라디오가 작동하는 법을 알게 된 덕분에 저는 우주비행사가 되었지요. 저는 과학을 공부했습니다. 대학에 갔고 공학 학위를 땄습니다." 강력한 메시지였다. 그는 우리에게 와서 과학이 왜 중요한지를 깨닫게 해 주었다. 문화적으로 사회적으로 경제적으로 지리적으로 우리와 마찬가지인 사람이 말이다. 그는 핵심을 찔렀다. "여러분과 똑같은 배경에서 자란 제가 할 수 있다면 여러분도 할 수 있습니다!" 과학. 그것이 과학을 공부할까 생각해 본 첫 번째 계기는 아니었다. 하지만 이번에는 달랐다.

그런데 나는 과학의 여정을 물리학자가 되는 것으로 시작하지 않았다. 음악의 물리학을 설명하거나 아인슈타인의 방정식을 파헤치는 일 같은 것 말이다. 대신 나는 로봇 연구자가 되고 싶었다. 라디오와 중고 색소폰 그리고 너저분한 다락방 실험실 장치들 옆에는 마블 만화책 더미가 놓여 있었다. 아이언맨 슈트를 직접 만든 슈퍼히어로 토니 스타크가 내 우상이었다. 그날의 학교 조례 후 나는 계속 중학교 재즈 밴드에서 색소폰을 연주했지만 주 관심사는 과학이었다.

졸업 직전의 어느 날 피테오 씨가 날 따로 불러내더니 이렇게 말했다. "이제껏 내가 만난 학생 중에서 음악에 소질이 뛰어난 아이는 너 외에는 딱 한 명뿐이다. 그 애는 지금 아폴로 극장 밴드의 지휘자를 맡고 있단다. 내가 너를 공연예술 고등학교에 진학시켜 줄 수 있어. 그렇고말고." 뉴욕시의 최고 음악 고등학교에 들어간다는 것은 엄청난 기회였으며 할머니가 대견하게 여길 터였다. 하지만 실제로 할머니의 칭찬을 듣지는 못했는데, 나는 생각이 달랐기 때문이다. 나는 과학에 마음이 가 있었기에 드위트 클린턴 고등학교에 진학하기로 선택했다.

학생 수가 대략 6천 명이었던 드위트 클린턴 고등학교에서의 첫날은 인상적이었다. 영어 수업 시간에 햄릿을 논하고 있는데, 아이들이 라임을 맞추어 조잘대는 소리 때문에 수업에 방해가 생겼다. 교실 창밖에는 라틴계 학생들이 떼거리로 몰려서 핸드볼을 하거나 브레이크 댄스를 추거나 '프리스타일 랩 배틀'을 벌이고 있었다. 복잡한 리듬을 구사하며 라임을 맞추어 부르는 즉흥 랩 대결로서, 래퍼들이 서로 경쟁을 벌이면 우열 판단은 열정적인 구경꾼들이 내려주었다. 쾌활한 아일랜드 출신의 셰익스피어 교사인 뱀브릭 선생님은 수업을 잠시 중단하며 이런 감탄을 토하셨다. "지금 저것이야말로 영어의 완성이다!"

그러던 어느 날 새로운 전환점이 다가왔다. 나는 지겨운 수업은 빼먹고 농구장으로 향하는 버스를 타곤 했다. 농구장에서 우리는 약식 농구를 하다가 쉬면서 랩을 부르기도 하고 냉장고 포장용 박스지 위에서 브레이크 댄스를 추기도 했다. 버스에서 나처럼 수업을 빼먹은 우리 학교 출신의 아이들과 어울리게 되었다. 그 후로 자신들을 파이브 퍼센터스Five Percenters라고 부르는 애들의 토론을 지겹게 들었다. 그 애들은 "원래의 아시아 흑인"과 만나려고 우주에서 온 휴머노이드 외계인에 관해 토론하곤 했다. 농담이 아니다. 그 애들은 걸핏하면 이런저런 SF 주제를 떠들어댔는데 정말로 그런 내용을 믿고 있었다! 우리 고등학교가 파이브 퍼센터라는 국가의 메카 중 하나라는 것인데, 물론 아무도 믿지 않았다. 그 애들은 연약함과는 거리가 멀었고 좀체 웃지 않았다. 나는 파이브 퍼센터스가 양아치려니 여겼지만, 알고 보니 틀린 생각이었다. 그 애들은 규율이 엄했으며 영적이고 독립적인 지적 활동에 헌신하고 있었다. 그리고 나와 공통점이 있었는데, 우리가 수업을 빼먹고 '과학'을 갖고 논다는 것뿐만이 아니었다. 파이브 퍼센터스가 흔히 하는 활동은 '지식 쏟아내기'였다. 일종의 지적 토론 같은 것이었는데, 때로는 랩 배틀의 형태로 진행되었다. 나나 그 애들은 미래가 던져 줄 암울한 전망에서 벗어나고 싶었다. 나는 만화책, 비디오게임, 그리고 새로 애착을 느끼게 된 과학에서 탈출구를 찾았다. 그 애들은 지도자인 클래런스 13X가 내놓은 세계관을 받아들였는데, 한때 맬컴 X의 제자였던 그는 영적인 깨달음을 얻은 후에 아래와 같은 가르침을 전 뉴욕시에 퍼뜨렸다.

- 대중의 85퍼센트는 맹목적으로 종교를 따른다.
- 대중의 10퍼센트는 고의로 대중을 현혹한다.
- 5퍼센트는 스스로 자기 운명의 '신'임을 알아차린다.
- 수학은 실재의 언어이며, 자연을 이해하기 위해 파이브 퍼센터는 자연의 바탕을 이루는 수학적 패턴을 이해해야 한다. 그들은 이를 숭고한 수학이라고 불렀다.

파이브 퍼센터스는 위에서 나온 5퍼센트에 속한 이들이었다. 그런데 버스에 혼자 가만히 앉아 수학 교사인 페더 선생님이 알려 준 방정식을 갖고 노는 나를 여러 번 보았을 때, 그 '신'들은 나를 자기들의 토론, 그러니까 원래의 아시아 흑인과 접촉했던 외계 생명체들에 관한 토론에 끼워 넣으려고 했다. 마침내 그들은 나더러 자기들 모임에 참여하라고 권했다. 물론 그 애들의 생각에 매력을 느끼긴 했지만 나는 자중하고서 미적분 예비과정 숙제를 하러 갔다. 내가 파이브 퍼센터스에 끝내 동참하지 않았는데도, 그 애들은 나를 존중해주고 종종 약골이나 외톨이를 노리는 불량 학생들로부터 나를 지켜주었다. 나도 그 애들을 존중했다. 왜냐하면 독실한 파이브 퍼센트 단원인 MC 라킴이 데뷔 앨범《에릭 비 이즈 프레지던트》를 내놓아 뉴욕시는 물론이고 전 세계를 강타했기 때문이었다. 라킴은 지금이나 그때나 내가 제일 좋아하는 MC이며, 오늘날의 힙합과 달리 그의 가사는 자아 성찰을 노래하고 마치 과학자처럼 즉흥적인 랩 창법에 접근했다. 라킴은 랩 배틀 분야에서 가장 위대한 래퍼로 역사에 이름을 올렸는데, 그 이유는 창의적인 즉흥 능력과 랩 전달의 독특한 폴리리듬 운율 때문이었다. 나는 가끔 위대한 수학자 라이프니츠가 한 다음의 말은 라킴을 내다보고 한 예언이 아닐까 즐겨 생각한다. "음악은 인간의 마음이 스스로 셈하는지 모르고 셈하면서 경험하는 기쁨이다." 라킴은 자신의 랩을 "과학 쏟아내기"와 동일시하고 있다. 그의 히트곡 〈마이 멜로디〉를 잠깐 보자.

그게 무슨 말이냐면, 나는 과학자처럼 과학을 쏟아내.
내 선율은 암호 속에 있어, 바로 다음 이야기엔
마이크는 종종 찌그러져 폭발하기 직전이야.
난 마이크를 화씨로 유지해. MC들을 얼려서 차게 해.
듣는 이의 시스템은 태양처럼 차올라…

내가 첫 물리학 수업을 들은 것은 일 년이 지나고 2학년에 들어가서였다. 나는 걱정이 앞섰다. 나만 그런 게 아니었다. 교실 앞에 앉아 있는 얼간이들도 모조리 겁을 먹고 있었다. 야성적인 머리 모양에 안경을 쓴 호리호리한 남자가 교실에 들어와서는 칠판에 간단한 방정식을 하나 썼다. 세 글자와 등호로 된 F=ma이었다. 힘은 질량 곱하기 가속도라는 뜻이었다. 물체는 외력이 가해지면 가속을 한다. 물체의 질량이 클수록 동일한 외력으로 가속하기가 어려워진다. 우리로신 생전 처음 보는 방정식이었다. 카플란 선생님은 교실 한가운데로 걸어오더니 빈 책상에 앉아 주머니에서 테니스공 하나를 꺼냈다. 그러고는 공을 위로 던졌다가 다시 잡았다. 다들 너무나 집중하고 있어서 선생님은 다시 공을 던질 필요가 없었고 잠시 후 이렇게 물었다. "공이 내 손에 다시 돌아올 때 속도는 얼마일까?" 교실은 조용했다. 누구도 뭐라고 답해야 할지 몰랐다. 그런데 일이 분 후쯤 마법이 일어나기 시작했다. 나는 테니스공이 올라가서 우리 머리 위에서 멈추었다가 선생님 손에 다시 내려앉는 모습을 마음속으로 떠올렸다. 또 한 번 떠올렸다. 그리고 다시 한 번 더. 나 자신이 그 공이 되어 보았다. 내 손이 떨렸고, 어쩌면 내 눈이 나를 속였는지도 모른다. 선생님이 곧장 내게 다가왔다.

"이름이 뭐니?"

"스테판이에요."

"그럼, 스테판은 어떻게 생각해?"

그리고 조금 후 놀랍게도 내 입에서 이런 말들이 흘러나왔다. "선생님 손을 떠날 때와 똑같은 속도일 거예요."

선생님은 활짝 웃으며 말했다. "정답이다! 이것은 에너지 보존의 법칙이라는 자연의 신성한 원리의 하나지."

선생님은 칠판으로 돌아가서 간단한 덧셈과 곱셈을 통해, 그리고 방정식의 기호 F, m, a를 이용해 에너지가 어떻게 보존되는지를 보여 주었다. 테니스공 하나로 "신성한" 원리 하나가 증명되고 파악되는 순간이었다. 생전 처음으로 어떤 사건들이 합쳐져서 의미가 통하게 되었다. 나는 세계의 어떤 것을 이전과 다르게 이해하게 되었다. 그 방정식을 통해 나는 7년 전에 아인슈타인과 대면한 순간, 그리고 유리창 너머의 그 불가사의한 상형문자에 사로잡혔던 순간으로 되돌아갔다. 여기, 정확하게 배열된 네 기호의 힘이 공의 작동 방식을 드러내는 방정식을 구성해냈다. 그런 기호들이 세계의 거의 모든 물체들, 심지어 우주의 행성들까지도 설명할 수 있음을 알게 되었다. 수업이 끝나고 선생님은 내게 다가와서 말했다. "가장 뛰어난 물리학자들은 직관이라는 재능을 타고 태어났지. 너도 그렇다. 나중에 내 연구실에 한번 오거라." 머릿속에 남아 있던 파이브 퍼센터의 기억 때문에 나는 내가 비밀 협회에 들어가게 되나 싶었다.

카플란 선생님은 정식교육을 받은 작곡가이자 재즈 바리톤 색소폰 연주자였고 나중에는 징집되어 한국전쟁에 참전했다. 전쟁 동안 레이더 기술 분야에 종사했다. 그걸 계기로 선생님은 물리학에 빠져서 귀국 후에 물리학 대학원 과정을 밟았는데, 그러면서도 색소폰 연주와 작곡을 계속했다.

내가 물리학자가 되기로 마음을 굳힌 것은 선생님 덕분이었다. 선생님은 음악 및 과학 두 분과의 장이었다. 선생님 사무실에 들어갔더니 아인슈타인의 대형 사진 한 장이 있었고 맞은편에는 재즈 색소폰 주자인 콜트레인의 사진도 한 장 있었다. 두 인물을 함께 본 것은 그때가 처음이었는데, 카플란 선생님이 왜 재즈 음악가의 사진과 물리학자의 사진을 함께 걸어 두고 있는지 궁금했다. 콜트레인은 나중에 내가 가장 좋아하는 재즈 음악가가 되었는데, 그 이유는 우리 둘 다 아인슈타인을 존경했기 때문이었다. 선생님이 내게 말했다. "너는 물리적 직관이 뛰어나지만, 물리학자가 되려면 수학을 많이 배워야 한다. 그게 물리학의 언어니까." 나는 아인슈타인에 대해 조금 읽었다고, 물질이 에너지로 변환될 수 있다는 걸 안다고 선생님께 말했다. 그때 선생님이 내게 해준 말을 나는 결코 잊지 못할 것이다. "저 책을 아니?" 《중력》[5]이라는 제목의 큼직한 책 한 권을 가리키며 선생님이 말을 이었다. "아인슈타인의 일반상대성이론을 모조리 설명하고 있는 책이다. 공간, 시간, 그리고 중력의 비밀을 담고 있지. 물리학자가 되고 싶으면 대학에 가야 한다. 학부를 마치고 대학원에 가서야 일반상대성이론을 이해할 수 있지." 선생님은 다시 말을 이었다. "여기 책들을 읽고 싶으면 언제든 내 연구실로 오거라. 뭐든 질문할 게 있을 때도 와도 좋고."

나는 틈만 나면 카플란 선생님의 연구실에 들렀다. 선생님의 책들을 읽고 물리학과 음악에 관해 이야기했다. 점심을 거르기도 했다. 어느 날 선생님은 앨범 하나를 주셨는데, 존 콜트레인의 《자이언트 스텝스》였다. 1960년에 나온 이 혁신적인 앨범은, 지금 돌이켜보면 아인슈타인의 휘어진 시공간 구조에 대응하는 콜트레인의 이른바 "소리의 융단Sheets of Sounds"을 여실히 보여준 작품이다. 결국 나는 카플란 선생님의 격려에 힘입어 고등학교 재즈 밴드에 들어갔고 또한 뉴욕시립대학교에서 미적분 수업을 들었다. 그러면서 모든 것이 달라지기 시작했다.

1980년대 중반 미국은 나팔바지에서 스판덱스로, 지미 카터에서 로널드 레이건으로 변모했고, 브롱크스는 예술적 창조성으로 들끓었다. 절친한 친구인 하비 퍼거슨이 내가 색소폰을 분다는 걸 알고서 그의 새로운 힙합 밴드에 들어오라고 했다. 팀벅 3라는 이름의 밴드였는데 힙합 개척자인 아프리카 밤바타와 재지 제이를 멘토로 두고 있었다. 아프리카 밤바타는 전 세계에 힙합을 퍼뜨리고, 힙합 문화를 이용해 갱단들에게 평화로운 대안을 제시한 유니

버셜 줄루 네이션Universal Zulu Nation을 결성한 것으로 유명하다. 팀벅 3는 네이티브 텅Native Tongue이라는 일군의 "의식적인 힙합 아티스트"의 브롱크스 지부가 되었다. 네이티브 텅 중에 특기할 만한 멤버를 몇몇 꼽자면, 어 트라이브 콜드 퀘스트, 더 정글 브라더스, 그리고 데 라 소울 등이 있다. 스트롱 시티 스튜디오스는 밤바타의 북부 브롱크스 녹음 스튜디오였다. 거기서 나는 비트를 샘플링했고 재지 제이가 내 색소폰 연주를 샘플링하게 해 주었다. 나는 녹음실 안에 있을 때의 흥분된 느낌이 좋았다. 내 알토 색소폰을 마이크에 댄 채로 나는 지켜보았다. 재지 제이와 하비가 사운드보드 옆에서 머리를 흔들어 대며 리드미컬하게 편곡된 콜트레인 리프riff(반복악절)를 녹음하는 모습을 말이다. 나한테서 얻어낸 그 리프들을 나중에 둘은 샘플 비트들로 쪼갠 다음에 자신들의 랩송 군데군데에 집어넣었다. 모든 게 순조로웠다. 협동 작업 덕에 창의성이 한껏 달아올랐고 몇 달 만에 팀벅 3는 음반 녹음 제안을 받았다. 그때가 1989년이었다. 힙합의 국제적인 인기와 영향력은 폭발적이었으며 비트 메이커와 프로듀서가 될 수 있는 문이 활짝 열렸다. 하지만 내심 나는 음악적으로 성장해야 하며 특히 색소폰 실력을 키워야 한다고 보았다. 더 솔직하게는 물리학이 나를 붙잡았다. 방정식의 의미와 세계의 작동 원리는 힙합의 길보다 훨씬 더 중요했다. 그래서 대학에 가기로 했다.

힘겹고 장애물도 많았지만 브롱크스에서 성장한 덕분에 나는 거뜬히 물리학자가 될 수 있었다. 브롱크스의 주변 환경은 내가 직업 음악가가 될 기회들로 가득했지만, 동료들—래퍼, 브레이크 댄서, 비트 메이커 그리고 파이브 퍼센터스—이 전해 준 창조적인 에너지와 더불어 선생님들(특히 카플란 선생님과 브린들 교장 선생님)한테서 받은 감화 덕분에 진정한 나의 길을 갈 수 있었다. 음악가와 물리학자의 길이 다르지 않음을 보여 준 카플란 선생님 같은 안내자가 있었기에 직업 물리학자로서 나의 길을 내디딜 수 있었다. 하지만 옳은 선택을 했는지 계속 갈등할지도 몰랐다. 이런 의혹을 떨치려면 물리학과 음악이 서로 소통할 방법을 찾아야 함을 나는 깨달았다. 내 마음 한구석에는 카플란 선생님 연구실의 한쪽 벽에 있던 아인슈타인의 모습과 다른 쪽 벽에 있던 콜트레인의 모습이 함께 자리 잡고 있었다. 내 평생에 걸친 물리학과 음악 간의 대화는 그렇게 시작되었다.

대학에서는 상황이 다시 달라졌다. 나는 물리학을 전공했다. 물리학을 직업으로 삼을 작정이었다. 음악 이론 수업도 조금 듣긴 했지만, 대학에서 음악에 쏟은 시간은 미미했다. 나중에 대학원에 가서야 음악과 물리학 사이의 관련성에 대한 탐구가 본격적으로 불타올랐다.

2

· · · · · · ·

쿠퍼 교수한테서
받은 가르침

리언 쿠퍼 교수는 나처럼 뉴욕 사람인데, 노벨상 수상자이며 쿠퍼 쌍Cooper pair의 공동발명자다. 그가 강의실 연단에 섰다. 천재 물리학자가 차분하면서도 세련된 이탈리아 정장 차림에다 아주 잘 빗은 웨이브 머리를 한 채로. 고급 양자역학 수업을 들으러 온 학생들은 쿠퍼 교수가 칠판에 파인만 다이어그램을 즉석에서 그려내는 모습을 감탄하는 눈빛으로 지켜보았다. 양자역학은 아주 작은 아원자 수준에서 우주를 기술하는데, 여기서 우리 우주 속의 '것들'은 파동과 입자의 성질을 동시에 갖는다. 에너지와 물질이 입자적 속성

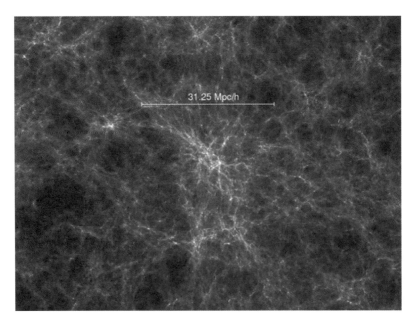

그림 2.1. 우주의 대규모 구조. 각각의 점이 한 은하에 해당한다. 여기에 대략 십조 개의 은하가 들어 있다. 사진 Jamie Bock/Caltech.

과 파동적 속성을 이중으로 갖는다는 말이다. 알겠는가? 아니라고? 그래도 괜찮다. 물리학자들도 모르기는 매한가지니까. 추상적이고 비직관적인 이론 이라 그 방정식들도 복잡하고 거추장스럽다. 1948년에 리처드 파인만은 양 자역학을 다룰 더 나은 방법을 찾아냈다. 이 공로로 나중에 노벨상을 받는다. 그가 찾아낸 것은 시각적으로 이해가 잘 되는 단순한 파인만 다이어그램이었 는데, 이 덕분에 물리학자들이 복잡한 입자 상호작용을 다루는 방식이 백팔십 도 달라졌다. 파인만은 다방면의 관심사, 활기찬 인생관, 그리고 개념들을 단 순화해서 명확하게 전달하는 강의법으로 유명했다. 그는 가장 복잡한 개념이 라도 새내기 물리학도가 흡수하도록 만들 수 있었다. 그리고 파인만 다이어그 램은 그가 어엿한 물리학자들의 마음도 사로잡을 수 있음을 보여 주었다.

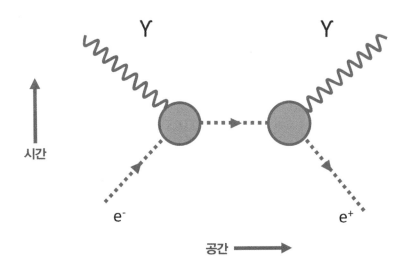

그림 2.2. 전자(e-)와 반전자(즉 양전자 e+)가 서로 쌍소멸하면서 광자(γ)를 내놓는 파인만 다이어그램.

쿠퍼 교수는 칠판에 서서 카리스마 가득한 미소를 머금은 채 다이어그램 하나를 그렸다. 직선, 꼬불꼬불한 선, 나선, 앞으로 가는 화살표와 뒤로 가는 화살표, 전자, 양전자 및 쿼크와 같은 여러 입자의 기호들이 칠판에서 휙 나타났다가 휙 사라졌다. 그러더니 차츰차츰 그림 2.2의 파인만 다이어그램이 제 모습을 갖췄다. 이것은 전자와 그것의 반입자의 소멸에 대한 양자 동역학을 기술해 주는 그림이다. 칠판이라는 우주를 배경으로 에너지와 물질이 짠하고 나타났다가 쉭 사라지거나 한 형태에서 다른 형태로 바뀌는 모습이 내 눈앞에 생생하게 펼쳐지는 듯했다. 쿠퍼 교수는 대가였다. 그분과 함께 물리학을 할 수 있다는 것은 마치 마이클 조던과 함께 약식농구를 하는 농구 팬이 되는 것과 같았다.

그림 2.3. 브라운대학교의 리언 쿠퍼 교수(앞줄 왼쪽). 사진 저작권 출처는 다음과 같다. AIP Emilio Segre Visual Archives, W. F. Meggers Gallery of Nobel Laureates.

1957년, 스물일곱 살의 나이에 리언 쿠퍼는 존 바딘과 로버트 슈리퍼와 함께 40년 묵은 난제 하나를 거뜬하게 풀었다. 초전도라는 현상의 양자역학적 기원을 설명하는 문제였는데, 그 공로로 세 사람은 노벨상을 받았다.

쿠퍼의 노벨상 이야기는 1911년으로 거슬러 올라간다. 네덜란드 실험물리학자 헤이커 카메를링 오너스가 다음 사실을 발견했다. 즉 한 금속을 절대영도—한 물리계가 영의 에너지를 갖게 되는 가장 낮은 온도—근처(정확히는 섭씨 −268.95도)로 냉각했더니 전자가 아무런 저항 없이 금속 사이를 흘렀다. 충격적인 관찰 결과였다. 보통의 전기회로를 보면 알 수 있듯이, 전기는 전도체의 본래 성질인 저항을 '거슬러' 움직이는 전자들의 흐름이다. 전기는 길 위를 구르는 바퀴가 마찰로 인해 느려지는 것과 비슷하게 작동한다. 따라서 전자들의 흐름이 무제한적으로 일어나는 물질을 가리켜 '초'전도체라고 한다. 마치 도로가 갑자기 성질이 바뀌어서, 바퀴가 완벽하게 매끄러운 마찰 없는 도로면에서 전혀 속력이 줄지 않고 구르는 경우와 마찬가지다. 초전도체는 많은 기술 분야에서 유용하게 응용할 수 있는데, 그러한 응용 사례들 다수는 전류가 흐를 때면 어김없이 생기는 전류와 자기장 사이의 밀접한 상호작용으로 인한 것이다.

1900년대 초반 양자역학이 등장한 이후로 알베르트 아인슈타인을 비롯한 많은 위대한 이론가들은 초전도 현상의 미시적인 이론적 근거를 찾으려고 애썼지만 허사였다. 초전도 현상에 대한 양자역학 이론은 존재하지 않았다. 그러다가 쿠퍼의 독창적인 물리학적 통찰을 통해 쿠퍼 쌍이란 개념이 나오면서 초전도 현상의 양자적 비밀이 비로소 풀렸다. 보통의 상황일 경우, 한 가닥의 전선 속을 흐르는 개별 전자들은 서로 반발하기 때문에 저항을 겪는다. 마치 럭비나 축구 경기의 수비수들이 공을 다루는 공격수한테 한꺼번에 몰려와서 서로 밀치는 상황과 흡사하다. 하지만 쿠퍼가 전자의 파동적 속성을 이용해 밝혀낸 바에 의하면, 전자들은 "쌍을 이룰" 수 있기에 금속 내에서의 반발 성질을 바꾸어 저항 없이 전선 속을 흐를 수 있다.

초전도성은, 양자역학적으로 설명하자면 에너지가 연속적인 흐름이 아니라 불연속적인 다발로 존재한다는 의미다. 이렇게 봐도 초전도성의 중요성은 전혀 줄어들지 않는다. 쿠퍼, 바딘 및 슈리퍼가 초전도성의 작동 메커니즘을 알아내자 다른 이들이 그 현상을 유용하게 응용할 수 있게 되었다. 가령 초전도성은 자기공명영상MRI—인체 내 장기와 조직의 상태를 살피는 데 쓰는 의료기기—의 핵심이다. 종양 검사와 같은 일부 상황에서는 X레이 검사보다 훨씬 더 정밀한 검사가 필요하다. 따라서 강력하면서도 균일한 자기장이 필요하다. 초전도체는 전류를 효과적으로 발생시켜 큰 자기장을 생성할 수 있는데 이 자기장은 MRI 스캐닝을 최적화시켜 준다. 이와 비슷하게 초전도 양자 간섭 장치, 즉 SQUID는 아주 약한 자기장을 감지하는 데 이용된다. 이 장치는 생물학 분야에서, 가령 뇌 속의 신경 활동이나 태아 심상의 미미한 생리적 변화에 의해 발생하는 미약한 자기장을 측정하는 데 쓰인다.

그리고 자기부상열차도 마이스너 효과Meissner effect를 이용한 것인데, 이 효과는 초전도체의 직접적인 결과다. 자기장과 전류는 서로 영향을 미치는데, 이로 인해 자기장이 전자에 힘을 가하게 되어 전류의 흐름을 방해하는 작용을 한다. 전자가 무제한적으로 흐르는 초전도체는 저항이 없는 전류를 유지하기 위해 자기장을 밖으로 방출시킨다. 그러므로 초전도 물질 위에 자석을 놓으면, 초전도 물질 속의 초전류는 자석의 자기장이 그 물질 속으로 들어오지 못하게 막아서 외부에 강한 거울 영상 자기장을 발생시킨다. 이 자기장이 외부의 자석을 공중에 뜨게 만든다. 따라서 초전도체로 만든 철로와 자석으로 만든 기차 '바퀴'는 마이스너 효과를 발생시켜 기차를 공중에 뜨게 만든다. 이 효과는 힉스 보손 입자의 발견에도 핵심적인 역할을 했다. 힉스 보손은 일종의 초전도 현상으로서, 이 경우 초전도 물질은 빈 공간 자체일 뿐이다. 쿠퍼 교수와 동료들의 획기적인 발견 덕분에 이런 업적이 속출했으니, 쿠퍼 교수가 나의 영웅이 될 수밖에.

고등학교 생활이 끝나갈 무렵 나는 행렬역학에 관한 하이젠베르크의 책을 읽은 적이 있다. 하이젠베르크는 양자역학의 선구자 중 한 명이자 그 이론에 근본적으로 중요한 불확정성 원리의 발견자로 가장 유명하다. 또한 스티븐 호킹의 《시간의 역사》도 읽었는데, 호킹은 블랙홀이 방출하는 복사에 관한 연구로 유명한 우주물리학자다. 게다가 파인만의 다면적인 삶이 담긴 책인 《파인만 씨, 농담도 잘하시네!》를 눈이 빠져라 읽었다. 손에 잡히는 대로 읽은 물리학 책들이야말로 암울하기 짝이 없는 브롱크스 한구석에서 자라는 내 학창시절의 완벽한 탈출구였다.

대학에 들어가니 물리학자가 되겠다는 야심만 가득했지 막상 어려운 물리학 전공을 따라갈 준비는 전혀 되어 있지 않았다. 책 한쪽을 읽는 데 몇 시간이 걸리기 일쑤였고, 한 문단이나 일련의 방정식들을 읽고 또 읽어야만 겨우 개념들이 머릿속에 들어오기 시작했다. 긴 시험 기간과 실험 보고서 작성을 참아내야 했다. 커피를 물처럼 마셔가면서. 학부 시절 및 대학원 초창기 시절은 대체로 막막하게 헤매는 느낌이었다. 브롱크스 출신의 레게머리를 한 트리니다드 사람답게 말이다.

하지만 여러 해 동안의 자기 불신과 동료들의 무시를 꿋꿋이 견디면서 나는 물리학 연구자로서 실력을 쌓으려고 고군분투했다. 학부 시절에 배운 것은 내 주위의 세계를 기술하는 데 쓰이는 방정식들을 능숙하게 다루는 법이었다. 기본 발상은 매력적이었지만, 제대로 이해하기가 만만치 않은 것이 문제였다. 줄곧 마음 깊은 곳에서 나는 이런 질문을 품고 다녔다. "왜 아무것도 없지 않고 뭔가가 있는 거지?" 피아노를 배우던 어린 시절에 그랬듯이 그건 성가신 호기심이었다. 악보의 음표들에서 마음이 벗어나 음악의 존재 이유와 더불어 음악이 왜 내게 감동을 주는지에 계속 마음이 쓰이는 때와 비슷했다. 해가 갈수록 양자론은 물리학의 이 근본적인 질문을 탐구하는 나의 여정에 길잡이가 되어 갔다.

그런데 운 좋게도 대학원 2년차일 때, 양자론을 마음대로 주무르는 쿠퍼 교수가 자신의 연구팀인 쿠퍼 그룹에 나를 박사과정 학생으로 받아들였다. 놀랍기 그지없었다. 꿈이 현실이 된 느낌이었다. 알고 보니 쿠퍼 교수는 그야 말로 이론물리학자였다. 특정 분야에만 능하고 연구 범위가 제한된 과학자 가 아니었다. 쿠퍼 교수는 마치 파인만처럼 과학을 갖고 놀았고 과학을 경이 로움으로 바라보았다. 그런 열정을 갖고서 다른 분야의 교사들한테도 수업을 가르쳤는데, 협력하기와 생각 함께 나누기는 그의 핏줄 속에 녹아 있었다. 쿠 퍼 교수한테서 받은 가장 소중한 가르침 하나는 한 분야의 개념을 다른 분야 로 전달하기야말로 예술이라는 것이다. 한 분야의 이미 알려진 개념과 다른 분야의 미해결 문제 사이의 유사성을 찾음으로써 발견이 이루어질 수 있고 새로운 탐구의 길이 활짝 열린다는 것이다. 이 교훈이 찾아온 때는 바로 내가 쿠퍼 그룹에서 맡은 첫 번째 프로젝트에서였다.

쿠퍼 교수는 분야에 상관없이 흥미롭고도 해결불가일 듯한 문제를 즐겨 다뤘다. 방사선 생리학, 신경과학 및 철학 등의 분야에서 무진장 어려운 사안 들을 대담하게 공략하거나 오랫동안 참이라고 여겨온 오해들과 패러다임들 을 바로잡기도 했다. 내가 쿠퍼 그룹에 있는 동안에 쿠퍼 교수는 신경과학 분 야에 몰두했다. 덕분에 나는 물리학 대학원생 시절부터 뇌를 공부하며 연구 인생을 시작했다. 전산신경과학을 하던 내가 우주물리학자가 될 줄 누가 알 았으랴?

쿠퍼 교수는 신경망을 바탕으로 기억에 관한 일관된 이론을 세우려 하고 있었다. 신경망의 고전적인 사례 하나로 홉필드 모형Hopfield model이 있는데, 이것은 연상 기억이 어떻게 작동하는지를 알려 준다. 재미있게도 홉필드 모 형의 기본 발상은 신경과학에서 나온 게 아니라 놀랍게도 자기장에 관한 양 자역학에서 나온 것인데, 구체적으로 말하면 독일 물리학자 에른스트 이징의

이름을 딴 이징 모형ising model에서 나왔다.[1]

단순한 자석—철과 같은 금속의 원자들이 주기적으로 동일한 간격만큼 떨어져 배열된 물질—을 살펴보자. 그 배열의 각 원자는 스핀spin이라는 양에 의해 정의된다. 양자 스핀은 뱅글뱅글 도는 팽이와 흡사하다. 하지만 팽이와는 달리 전자의 스핀은 두 값 중에 하나, 즉 위쪽up 방향 아니면 아래쪽down 방향만 가질 수 있다. 원자 스핀이 양자화되어 있기 때문이다. 원자는 임의의 다양한 스핀 값을 가질 수 없고, 위나 아래의 두 가지 양자화된 불연속적인 값만 가질 수 있다.

이 모형에서 임의의 대전 입자는, 양으로 대전되든 음으로 대전되든, 스핀을 가지면 자기장을 발생시킬 수 있다. 하지만 원자들이 결합하여 하나의 조직화된 집단을 이루면 이들의 상호작용으로 인해 새로운 차원의 물리 현상이 일어난다. 어떤 과학자들은 이를 창발적 현상이라고 부른다. 만약 모든 원자가 동일한 방향의 스핀이면, 결합하여 순net 자기장을 생성한다. 보통의 상황에서 이것은 일어날 리가 없는데, 왜냐하면 실온에서는 주위의 열에너지가 충분히 커서 원자들을 무작위로 동요시켜 스핀 방향들이 제각각이 되어 결코 순 자기장이 생기지 않기 때문이다.

한 원자가 주위의 다른 원자에 미치는 효과를 가리켜 상호작용 에너지라고 하는데, 이는 퍼텐셜에너지(위치에너지)라고 하는 저장 에너지의 일종이다. 물리학의 다른 모든 퍼텐셜에너지 형태들과 마찬가지로 이것은 자연이 최소화시키는 양이다. 무슨 말이냐면, 가령 여러분이 고무줄을 늘이면 고무줄의 위치에너지는 증가한다. 그러다가 고무줄을 놓으면 고무줄은 원래 위치로 곧장 되돌아가는데, 이때 위치에너지는 운동에너지로 변환된다. 이 과정은 위치에너지를 최소화시킨다.

파인만 다이어그램은 양자 입자들의 상호작용을 명료하게 보여 준다. 물리학의 복잡한 상황들을 이해하기 위해 우리는 다른 수단, 즉 수학에 의존한다. 수학은 우리의 신체 감각을 넘어서는 일종의 새로운 감각과 같아서, 우리의 지각이나 직관만으로는 이해할 수 없는 것들을 이해할 수 있도록 해 준다. 사실 물리학의 낯은 영역들은 화학이나 생물학과 같은 다른 과학 분야의 여러 측면과 마찬가지로 매우 반직관적이다. 비록 일관적이고 이해 가능하긴 하지만, 우리의 지각을 확장시켜 주는 수학 없이는 이해할 수 없는 것들이다. 원자, 스핀 및 자기장의 경우 원자들의 복잡한 계가 어떻게 행동하는지도 수학을 이용해야만 명확히 이해된다. 처음에는 어떤 개념을 직관적으로 서술한 다음에 그 직관을 수학적으로 정식화해야 한다. 쿠퍼 교수의 연구에서 이용된 이징 자기장 모형을 수학적으로 좀 더 살펴보자. 이를 자세히 살펴볼 텐데, 여기서 나오는 개념 중 다수가 이 책의 나머지 부분에서도 종종 등장하기 때문이다.

스핀의 수학은 상호작용 에너지E가 이 모형 속의 원자들 사이에 어떻게 작동하는지 보여 준다. 우리가 알고 싶은 바는 한 원자의 스핀이 변할 때 이웃 원자의 스핀이 어떻게 영향을 받느냐 하는 것이다. 임의의 한 원자 i를 택하자. 원자 i는 양의 정숫값 1, 2, 3… 등일 수 있으며 한 원자를 특정한다. 가령 $i=1$은 원자 1이고 $i=3$은 원자 3이다. 우리는 원자 i의 스핀을 "S_i"라고 부를 수 있다. 그러면 가령 $i=1$은 S_1, 즉 원자 1의 스핀을 가리킨다. 원자 i의 가장 가까운 이웃 원자의 스핀은 "S_{i+1}"이다. 자, 그러면 $i=1$은 원자 1의 스핀, S_1과 '더불어' 이웃인 원자 2의 스핀 S_2를 가리킨다.

이웃하는 스핀들이 '일치할' 때, i와 $i+1$은 둘 다 위쪽이거나 아니면 둘 다 아래쪽이다. 직관적으로 알 수 있듯이, 두 스핀이 일치하면 둘 사이의 상호작

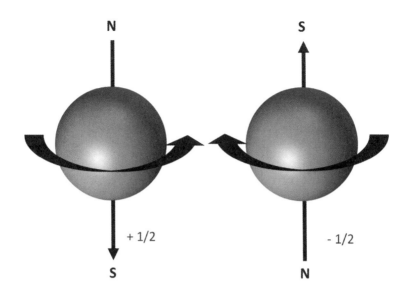

그림 2.4A. 위쪽 상태와 아래쪽 상태에 대한 양자 스핀 방향.

용 에너지는 더 '적을' 것이다. 한편 이웃하는 스핀들이 불일치하면, 즉 S_i가 위쪽이고 S_{i+1}이 아래쪽이거나 아니면 S_i가 아래쪽이고 S_{i+1}이 위쪽이면, 불일치하는 스핀들 사이의 응력tension 때문에 상호작용 에너지는 더 '크다'. 두 명이 토론을 벌이는 장면을 상상해 보자. 둘의 의견이 일치하면 토론할 것이 적어 상호작용이 적어진다. 반대로 둘의 의견이 불일치하면 상대방의 관점을 바꾸려고 애쓰다 보니 상호작용이 더 많아진다. 스핀끼리의 상호작용도 이와 마찬가지다.

수학적으로 볼 때, 위쪽 스핀을 플러스 1로 그리고 아래쪽 스핀을 마이너스 1로 취급하면, 두 스핀을 '결합'할 때 S_i를 S_{i+1}과 곱하여 플러스 1이나 마이너스 1을 얻을 수 있다. 그러면 단 네 가지 경우의 수가 나온다. 즉 둘 다

위쪽이거나(1×1=1), 둘 다 아래쪽이거나(-1×-1=1), 첫 번째가 위쪽이고 두 번째는 아래쪽이거나(1×-1=-1), 아니면 첫 번째가 아래쪽이고 두 번째는 위쪽이다(-1×1=-1). 입자들의 임의의 쌍에 대하여, 만약 둘 다 동일한 방향이면 $S_i \times S_{i+1} = 1$이고, 서로 반대 방향이면 $S_i \times S_{i+1} = -1$이다. 그러므로 +1이나 -1의 값은 두 원자가 스핀이 동일한 방향인지 반대 방향인지를 알려 준다. 두 수는 결정적인 물리 정보를 알려 주기에, 이로써 우리는 원자 스핀 모형의 첫 번째 수학적 표현을 얻었다.

자기장의 이징 모형을 세울 때, 이웃하는 스핀들이 서로 일치하면 상호작용 에너지는 적을 것이고 불일치하면 클 것이라고 우리는 짐작했다. 하지만 원자들의 전체 배열에 대해 얼마만큼의 에너지가 커지고 작아질지는 아직 계산하지 않았다. 방정식을 적기 전에 우리 모형의 요소들을 재검토해 보자.

- 시료는 금속, 가령 철로서, 모든 원자가 하나의 배열로 정렬되어 있다.
- 시료 속의 각 원자는 위쪽 스핀(1) 아니면 아래쪽 스핀(-1)이다.
- 이웃하는 원자들이 동일한 스핀이면, 상호작용 에너지E는 낮다(수치는 1이다. 왜냐하면 1×1=1 그리고 -1×-1=1이기 때문이다).
- 이웃하는 원자들이 반대 스핀이면, 상호작용 에너지E는 높다(수치는 -1이다. 왜냐하면 1×-1=-1 그리고 -1×1=-1이기 때문이다).

계system의 일치하는 스핀들과 불일치하는 스핀들을 전부 합치면 입자들 간의 상호작용 에너지가 얼마인지를 기술하는 전체 방정식을 아래와 같이 적을 수 있다.

$$E = -J\sum_i S_i S_{i+1}$$

E는 입자들 간의 상호작용 에너지로서 $S\_i \times S\_i{+}1$인데, 두 스핀이 일치하면 1의 값이고 불일치하면 -1의 값이다. 시그마(Σ) 기호는 i의 모든 값에 대한 이 모든 일치 및 불일치 값들을 더하라는 뜻이다. 그 결과로서 일치나 불일치가 전체적으로 얼마나 많은지에 대한 수치가 얻어진다. 만약 전부 일치한다면 합은 어떤 큰 양의 수일 것이며, 만약 전부 불일치한다면 어떤 큰 음의 수일 것이다. J는 그러한 일치 및 불일치의 합에 따라 상호작용 에너지가 얼마나 큰지를 가리킨다. J가 클수록 스핀들 간의 상호작용 에너지는 더 크다. 가령 J가 0.1이고 일치하는 스핀들의 합이 400이라면, 에너지는 40일 것이다. 마지막으로 마이너스 부호는 줄곧 우리가 일치하는 경우를 감소하는 상호작용 에너지로 그리고 불일치하는 경우를 증가하는 상호작용 에너지로 여긴다는 뜻이다. 따라서 위의 예에서 결과적으로 상호작용 에너지는 -40이다.

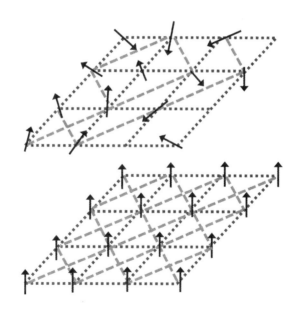

그림 2.4B. 이징 모형에서의 스핀 방향 S.

상호작용 에너지가 불일치하는 스핀들로 인해 높을 때는, 개별적으로 일치하는 원자들의 미미한 자기장이 지배적이므로 금속은 자석처럼 행동하지 '않는다.' 하지만 일치하는 스핀들이 많아서 상호작용 에너지가 낮을 때는, 개별적인 자기장들이 누적된다. 전반적으로 볼 때 가장 낮은 에너지 구성은 스핀들이 최대한 일치하게 배열되어 있을 때이며 이 경우 그 물질은 자기장을 드러낸다. 그래서 자석이 되는 것이다. 이때 퍼텐셜에너지가 최소화되는데, 이는 앞에서 나온 고무줄이 늘이지 않은 원래 위치로 되돌아간 경우에 해당한다. 철 원자들의 배열은 자력이 가장 강한 물질인 강자성체ferromagnet를 이루는데, 이 강자성 상태를 기술하는 수학적 모형이 바로 이징 모형이다.

이징 모형으로 알아낼 수 있는 가장 중요한 것은 한 금속이 자석이 될 수 있는지 아닌지 여부를 양자역학을 통해 알려 준다는 사실이다. 물론 추가적인 여러 조건들이 필요한데, 가령 외부 자기장의 존재 여부 같은 것이다. 하지만 지금 우리의 논의는 자기장의 작동 메커니즘을 속속들이 파헤치자는 것이 아니라 어떻게 강자성체의 이징 모형이 신경과학의 홉필드 모형으로 이어지는지를 밝히는 것이다. 서로 무관해 보이는 자기장의 이징 모형은 뇌 신경망의 홉필드 모형과 기가 막힌 관련성이 있었다. 둘 사이의 유사성은 놀랍도록 아름다웠다.

홉필드 모형은 신경 회로의 고전적인 모형의 하나다. 이 모형은 금속의 원자 스핀 상호작용에 관한 이징 모형을 참고하여 두뇌 속 뉴런들 사이의 통신 시나리오를 상상했다. 그 결과 입출력이 가능하도록 학습 기억을 훌륭하게 저장할 수 있는 신경망 시스템이 얻어졌는데, 이 시스템은 매우 단순한 규칙과 수학을 이용한다. 대략적으로 말해, 우리는 상관된 스핀들의 국소적인 섬들의 형태를 기억 저장을 담당하는 구성이라고 여길 수 있다.

실험에서 드러나기로 뉴런들은 '발화firing'의 방식으로 서로 통신한다. 즉 뉴런을 연결하는 접합 부위에서 신경전달물질을 방출하여 서로 통신한다. 존 홉필드는 뉴런 간의 이 복잡한 신호전송 과정을 두 뉴런 간의 상호작용의 '세기strength'를 할당하여 단순화시켰는데, 바로 이 세기가 이징 모형에서의 J에 해당한다. 하지만 홉필드 모형에서 이야기는 그리 단순하지 않다. 이징 모형에서는 스핀이 오직 가까운 이웃 스핀과만 상호작용했지만, 복잡한 우리 두 뇌 속에서는 모든 뉴런이 서로 연결되어 있다. 핵심적인 유사성은 이징 모형의 스핀과 홉필드 모형의 뉴런 발화 사이에 있다. 뉴런의 값이 위쪽up이면 뉴런은 전기화학 신호를 발화했고, 뉴런의 값이 아래쪽down이면 발화하지 않았다.

홉필드는 서로 연결된 뉴런들로 구성된 격자의 전체 '상태'를 기술하는 방정식 하나를 제시했는데, 이 상태는 상호작용하는 철 원자들의 배열 내의 전체 에너지와 비슷했다. 이징 모형을 지배하는 것과 동일한 수학이 홉필드 모형도 지배한다. 즉 둘 다 발화하거나 아니면 둘 다 발화하지 않는 두 뉴런은 연결 상태를 증가시키는 반면에, 정반대 행동을 하는 두 뉴런은 연결 상태를 감소시킨다. 스핀 변수 $S(S\_i, S\_i+1, \cdots)$를 뉴런 변수 $n(n\_i, n\_i+1, \cdots)$로 대체하기만 하면 뉴런에 대한 '거의' 동일한 모형이 아래와 같이 얻어진다.

$$E = \sum_{ij} W_{ij} n_i n_j$$

각각의 쌍이 전체 상태를 변화시키는 값으로서 이전에는 단일한 J값이 쓰였지만, 이번에는 뇌 속 뉴런들의 연결 상태가 제각각이므로 별도의 항을 이용하여 각각의 쌍마다 '특정한' 값을 대입한다. 모형 속의 이 새로운 값이 바로 뉴런 i와 j 사이의 '가중치' wi,j이다. 이것은 한 특정 뉴런 i가 이웃의 뉴런 j와 얼마나 강하게 신호를 주고받는지를 나타낸다. 즉 두 뉴런을 잇는 시냅스의 효력을 나타낸다. 알고 보니 이 연결의 세기가 설정되는 방식이 홉필드 모형의 핵심적인 내용이었다. 배열은 특정한 상태들의 큰 집합이 될 수 있는데, 이 집합은 연결 세기의 패턴에 의해 수학적으로 결정된다.

이러한 유비는 한계가 있다. 즉 두말할 것도 없이 인간의 기억은 자화磁化된 금속보다 복잡하다.[2] 인간은 살아 있는 존재이기에 능동적으로 상황을 통제할 수 있다. 하지만 이런 모형에 바탕을 둔 신경망도 학습이 가능하다. 쿠퍼 그룹의 연구실에서 내가 맡은 일은 이런 신경망의 한 확장 버전인 비지도 unsupervised 신경망을 연구하는 것이었다. 홉필드의 신경망은 패턴 인식을 위해 시냅스를 훈련시키려고 학습해야 할 바를 미리 '알려 준' 것이지만, 비지도 신경망은 '스스로' 훈련하여 새로운 내용을 학습한다. 비지도 신경망의 전형적인 적용 사례는 명백한 기존의 범주가 없는 다량의 데이터를 다루는 경우다. 이때 신경망은 데이터가 속하는 자연적인 부류를 알아차리는 지능을 갖추고 있다. 인공위성 사진, 주식거래 패턴 및 트위터의 트윗들이 비지도 학습을 통해 데이터 마이닝data mining(대규모로 저장된 데이터 안에서 체계적이고 자동적으로 통계적 규칙이나 패턴을 찾아내는 일 – 옮긴이)할 수 있는 다량의 데이터의 예들이다. 홉필드 모형은 한 분야가 다른 분야와 연결되는 고전적인 사례에 속한다. 그래서 나는 물리학을 연구하면서 아울러 신경과학을 연구했던 것이다.

쿠퍼 그룹에서 일하면서 내가 얻은 중요한 교훈은 두 가지다. 첫째, 한 분야에서 알아낸 패턴을 다른 분야에서도 찾아내고 적용하기야말로 정말로 가치 있고 아름답다는 것이다. 상이한 분야들 간에 유비를 적용하는 일은 과학이라기보다는 일종의 예술에 가깝다. 이는 음악에서도 서로 다른 음악 전통들이 융합할 때 생기는데, 가령 존 콜트레인은 다른 문화권의 음악적 장치들을 가져와 재즈 전통에 녹아들게 만들었다. 콜트레인은 인도의 전통적인 선율 양식인 라가raga의 여러 특징을 자신의 즉흥 음악에 포함시켰는데,[3] 이것이 특히 흥미로운 까닭은 어떤 인도 음계들과 모달 재즈modal jazz(선법 재즈) 간에 어떤 유사성이 존재하기 때문이다. 이런 융합은 콜트레인의 가장 유명한 곡 중 하나인 〈마이 페이버릿 띵즈〉에서도 나타난다. 둘째, 이런 유사성은 언제나 제한적이긴 하지만, 바로 이런 한계야말로 새로운 통찰과 발견을 위한 씨앗이 됨을 나는 깨달았다. 홉필드 모형의 경우 뉴런을 자석 속의 양자 스핀으로 취급함으로써, 물리학자가 자기장의 발생 양태를 계산할 때 사용하는 계산 도구가 신경과학자에게도 주어졌다. 물론 이런 유사성은 제한적이었다. 뉴런은 금속 내의 스핀들보다 훨씬 더 복잡한 방식으로 배선을 이루고 있었다. 하지만 그런 한계가 알려졌기 때문에 신경과학자들은 유사한 모형 속에 회로의 복잡성을 포함시키는 일에 집중할 수 있었고, 덕분에 발전이 이루어졌다. 쿠퍼 연구실의 새내기 과학자로서 나는 내가 연구하고 있던 신경망의 한 특정한 부류에 대한 새로운 유비를 찾고 있었다. 그것이 우주 공간에서 오리라고는 꿈에도 모른 채로.

3

모든 강은
우주의 구조로 통한다

프로비덴스, 내가 대학원을 다녔던 학교인 브라운대학이 있는 이곳은 미국에서 가장 작은 주의 소도시다. 뉴욕에서 자란 나로서는 꽤 멀고 한갓진 데였지만 그곳에도 명소가 있었다. 바로 엠파이어 스트리트에 있는 AS220이었다. 대학원에서 수업과 연구로 바쁘던 나는 짬을 내서 틈틈이 프로비덴스 시내의 이 실험적인 재즈 클럽에 잠입했다. 거기에는 트롬본의 명수 할 크룩이 이끄는 더 프린지The Fringe라는 재즈 밴드가 있었다. 신들린 듯한 그의 트롬본 솔로는 오넷 콜먼의 프리재즈와 크룩 자신의 절묘한 작곡 기법이 완벽하게 혼합되어 있었다. 그의 연주에 감격한 나는 단번에 색소폰을 집어 들고 재즈를 독학하기 시작했다. 낮에는 계산을 하고 밤에는 잼 세션에서 연주를 했다. 덕분에 나는 여름 방학이면 뉴욕으로 돌아가서 웨스트빌리지의 스몰스 재즈 클럽의 세션에 참여하거나 더 멀리 보스턴의 윌리스 카페 재즈 클럽까지 갔다. 스몰스 클럽의 세션이 특별히 남달랐던 까닭은 과학 연구실에 있던 것과 그다지 다르지 않았기 때문이다. 전직 간호사 겸 교사인 미치Mitch가 소유한 아늑한 지하 클럽인 스몰스에는 뉴욕 최고의 음악가들이 무대에 올랐다. 그다음에는 내가 참여한 철야 잼 세션이 열렸는데, 여기서 전설적인 연주자들한테 공짜로 비법을 전수받을 수 있었다. 그곳의 내 사부 중 한 명인 사샤 페리는 턴어라운드turnaround[1] 동안에 솔로를 연주하는 대안적인 방법을 가르쳐 주곤 했다. 페리는 종종 말하기를, "우린 버드 파웰한테서 배웠는데, 요즘 애들은 도통 연습하려 하질 않지." 옛사람들 말치고 틀린 게 없다.

대학원을 다니던 6년 동안 재즈 색소폰을 연주하는 나의 열정은 물리학을 향한 열정과 서로 맞물리며 커졌다. 이 양대 관심 덕분에 새롭고 강력한 무언가가 자라나기 시작했다. 나는 그즈음 새로 결성된 재즈 퓨전 밴드인 더 컬렉티브The Collective에서 연주하면서 에너지를 얻었는데, 우리는 AS220 및 재즈 마니아들이 찾는 다른 도심의 연주 장소뿐만 아니라 다른 종류의 청중 앞에서도 연주했다. 지역 캠퍼스의 커피숍 공연 무대는 다종다양한 취향의 군중을 끌어모으기에 적당한 장소였다. 일부 청중은 음악을 들은 체 만 체했고 심지어는 짜증을 내며 외면하는 이들도 있었다. 하지만 대부분은 좋아하는 분위기였다. 음악은 청중의 마음을 사로잡아 새로운 어떤 것, 재즈다운 어떤 것, 그리고 나로서도 종종 아리송한 어떤 것을 느끼게 했다. 밴드의 각 멤버는 내가 보기에 저마다 고유한 관점을 청중에게 전달했다. 가령 내 연주에는 두 가지 동기가 함께 있었다. 즉흥연주를 향한 욕구가 하나이고, 청중에게서 받는 반응을 통해 새로운 연관성을 창조하고자 하는 욕구가 다른 하나였다. 그 둘은 실험적 사고를 위한 바탕이었다.

새 지도교수인 우주물리학자 로버트 브란덴버거가 재즈 애호가란 사실도 나쁘지 않았다. 그의 격려 덕분에 나는 물리학 연구와 재즈 탐구를 함께할 수 있었고, 나 자신의 물리학 아이디어를 구상할 수 있는 완전한 자유를 누렸다. 그런 아이디어는 매주 수요일 할 크룩의 연주를 들을 때 떠올랐다. 나는 할의 공연 무대에 공책을 가져갔다. 할의 복잡미묘한 트롬본 소절의 바다에 깊숙이 가라앉은 채 나는 방정식과 다이어그램을 즉흥적으로 휘갈겼다. 리듬 섹션 멤버들은 저마다 실험적인 재즈의 구조를 척척 만들어냈다. 내가 연주할 때면 브란덴버거 교수도 왔는데, 그는 들으면서 읽을 한 꾸러미의 물리학 논문과 계산 자료를 지참하고 있었다.

브란덴버거 교수는 구성적 양자장 이론constructive quantum field theory을 가르쳤는데, (몽크가 음악 이론에서 그랬듯이) 기술적 문제들에 남다르게 훤했다. 가령 미분기하학이라든가 아인슈타인의 일반상대성이론의 바탕이 된 수학에 정통했다. 하지만 수학에만 의존하지는 않았다. 각진 선율 주제를 다루었던 몽크처럼 브란덴버거 교수도 온갖 개념들로부터 자신의 이론을 구성했다. 언뜻 보기에 아무리 이상한 개념들이라도 말이다. 브란덴버거 교수가 제자들과 함께 있는 모습은 마치 스몰스의 즉흥 세션 같았다. 한 학생이 어떤 아이디어를 꺼낸다. 전혀 말이 안 되는 것 같은 아이디어라도 브란덴버거 교수는 그걸 더욱 구조화된 형태로 탈바꿈시켜 학생에게 다시 돌려주곤 했다. 학생들은 실시간으로 놀이를 하면서 대가로부터 배우는 셈이었다. 대가를 모방함으로써 우리는 자신의 아이디어를 더욱 깊게 표현하는 데 필요한 직관적이고도 전문

그림 3.1. 로버트 브란덴버거 교수. 사진 크리스티나 부흐만

적인 기술을 얻어 갔다.

이 무렵 나는 일반상대성이론에 관한 브란덴버거 교수의 강의를 듣고 있었다. 비로소 나는 두꺼운 유리창에 아인슈타인의 손으로 쓰인 불가사의한 기호들이 무슨 뜻인지, 그리고 카플란 선생님의 연구실에 있던 커다란 책《중력》이 그 속에 어떤 비밀을 담고 있었는지 알게 되었다.

브란덴버거 교수는 대학원생들한테서 존경을 받았다. 아무리 바보 같아 보이는 질문이라도 학생들이 마음껏 물어볼 수 있고, 그럴 때마다 그런 질문도 의미 있는 것으로 바꾸어 주는 교수였다. 교수님과 나는 둘 다 커피 중독자였는데, 어느 날 우리가 좋아하는 커피집인 프로비덴스의 오션 커피에서 내가 이렇게 물었다. "우주론에서 가장 중요한 질문이 뭔가요?" 그 무렵 나는 쿠퍼 그룹에서 연구 중이던 비지도 학습 메커니즘에 도움이 될 만한 데이터의 사례를 찾고 있던 참이었다. 나는 "무엇이 빅뱅을 일으켰나?" 또는 "물질의 근본적인 구성 요소는 무엇인가?"와 같은 질문의 답을 듣고 싶었다. 브란덴비기 교수는 2분 남짓 골똘히 생각에 잠겼다. 내가 가만히 살펴보자니, 교수는 등을 꼿꼿이 세운 채 머리는 약간 숙였는데 살짝 어설픈 자세였지만 깊은 명상에 잠긴 모습이었다. 길고 가는 양손도 무릎 위에 가만히 놓여 있었다. 교수의 셔츠 소맷동과 손 사이의 틈을 메운 손목 덮개가 교수의 앙상한 손목을 가려 주고 있었다. 그런데 갑자기 답이 나왔다. 교수는 고개를 들더니 내 눈을 바라보면서 마치 자신에게는 전혀 시간이 흐르지 않았다는 듯 이렇게 대답했다. "우주의 거대 구조가 어떻게 출현하여 진화했냐고?" "뭐지?!" 나는 생각했다. 하지만 다시 재촉하듯 질문하는 건 아니다 싶었다.

그 무렵 내가 받은 물리학 교육은 양자물리학과 고전 전기역학처럼 지구의 문제에 국한되어 있었다. 그 시점까지 나로서는 은하 및 초은하단이 조직화되어 구조를 이룬다는 생각이 떠오른 적이 없었다. 하물며 그런 것들이 우주의 본질, 가령 우주가 무엇으로 이루어져 있는지, 그리고 우주가 어떻게 존재하게 되었는지에 관해 심오한 무언가를 알려 줄 수 있다고는 더더욱 생각해 보지 않았다. 사실은 우주론자들이 그런 방대한 구조를 연구하고 있다는 사실조차 몰랐다. 나는 브란덴버거 교수가 한 질문을 여러 주 동안 심사숙고했는데 어느 날 이런 생각이 떠올랐다. 즉 만약 우주에 아무런 구조가 없는 때―초기 우주가 부산하게 펄펄 끓는 상태―가 과거의 어느 시기에 있었다면 우주의 현재 구조가 어떻게 존재하게 되었는지, 그리고 무엇이 그런 조직화를 일으켰는지를 이해하는 일은 은하들을 별과 행성과 그리고 궁극적으로 인간과 연결 짓는 일이라고.

기원전 2000년 전까지만 해도 점성술사들이 밤하늘의 무작위적인 별들의 분포에서 패턴을 탐색했다. 우주에서 질서와 의미를 찾기 위한 바람이었던 것이다. 메소포타미아, 중국, 바빌론, 이집트, 그리스, 로마 및 페르시아에서 별자리의 겉보기 질서가 발견되었다. 하지만 눈에 보이는 게 전부가 아니었다. 1608년에 망원경이 네덜란드인들에 의해 처음 만들어졌는데, 1609년에 갈릴레오 갈릴레이가 이를 개량했다. 덕분에 인간이 볼 수 없었던 빛을 볼 수 있게 되었다. 망원경은 렌즈를 이용하여 빛을 확대하고 초점을 맞춤으로써 인간의 눈을 향상시켰다. 이후로 우리 우주를 더 넓게 볼 수 있는 더 큰 망원경을 제작하려는 300년간의 노력이 이어졌는데, 그 절정이 바로 우리 우주에 다른 은하들이 있음을 알게 해준 에드윈 허블의 발견이었다. 전형적인 은하는 수천억 개의 별이 모인 팬케이크 모양의 집합체인데, 대략 직경이 수만 파섹parsec(천체의 거리를 나타내는 단위로서, 약 3.26광년 – 옮긴이)이며, 뱅글뱅글 도는 프리스비처럼 은하 중심 주위로 회전하고 있다.

허블의 경천동지할 발견이 있기 몇 년 전인 1920년에, 선구적인 두 천문학자인 할로 섀플리와 히버 커티스가 우주의 크기를 놓고 '대논쟁'을 벌이고 있었다. 당시의 우주론에서는 우주의 크기에 관한 결정적인 증거가 없었다. 천문학자들은 수수께끼 같은 어떤 나선형 물체들을 목격하고 이를 성운이라고 불렀다. 섀플리에 따르면 이 성운은 우리 은하계 내부에 들어 있는 회전하는 가스 구름에 지나지 않았다. 그가 믿기로 우주는 오직 하나의 은하로만 이루어져 있지 우리 은하 바깥의 다른 은하는 존재하지 않았다. 하지만 커티스는 성운이 실제로 우리 은하인 은하수 바깥에 있는 다른 은하라고 주장했다.

허블의 발견이 이 논쟁에 마침표를 찍었다. 다른 은하를 입증해낸 것이다. 하지만 당시의 우주론자들은 은하들이 무리를 이루고 있으며, 이러한 무리 짓기의 범위가 백만 파섹 규모라는 사실을 살짝 간과했다. 하지만 이것은 그다지 흥미롭다고 여겨지지 않았다. 이후 오랜 세월의 노력을 통해 그보다 더 먼 거리에까지 은하들의 공간 분포가 밝혀진 후에도, 일부 천문학자들은 은하들의 분포에 어떤 흥미로운 조직화 내지 더 큰 무리 짓기가 존재하는지 확신하지 못하고 있었다.[2]

하지만 마가렛 겔러는 생각이 달랐다. 어린 시절부터 겔러는 패턴에 매혹을 느꼈다. 일찍부터 아버지 시모어 겔러가 자연과 물리학 사이의 패턴 관계를 보여 주었던 것이다. X선 결정학자였던 아버지는 물질의 원자 구조와 물리적 성질 사이의 관계를 연구했다. 천체물리학을 위한 하버드-스미스소니언 센터에 있을 때 마가렛은 은하들의 대규모 분포에서 패턴에 관심을 두고서, 망원경으로 엄청난 먼 거리까지 우주 공간을 과감하게 뒤지고 있었다. 마침내 1989년에 존 허츠라와의 획기적인 연구를 통해 마가렛 겔러는 일억 파섹 규모의 거리까지 은하들을 지도로 만들어냈다! 둘은 꽃실 모양의 벽처럼 생긴 구조의 은하단을 발견했는데, 흔히 우주장성Great Wall이라고 불리는 이것이 우주에서 관측된 가장 큰 구조다.[3] 이 구조는 은하들이 스스로 조직화한다는 첫 번째 증거였다. 하지만 브란덴버거 교수가 내게 말했듯이, 문제는 어떻게 그럴 수 있느냐는 것이다.

겔러와 허츠라의 연구를 처음 접하고서 문득 나는 전체 우주를 거대한 자기조직화 네트워크라고 여기게 되었다. 대규모 구조의 이 물체는 나와도 공명을 일으켰는데, 내가 생물학에서 배운 내용 때문이었다. 즉 3차원 구조는 종종 생물계의 작동 방식을 드러낸다는 사실 말이다. 중요한 예가 DNA의 이중

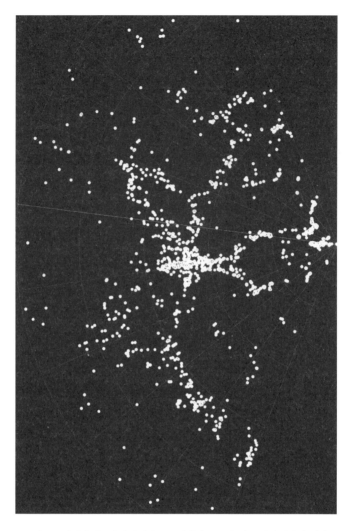

그림 3.2. 겔러와 허츠라가 발견한 우주장성의 큰 크기 지도. 사진 마가렛 겔러.

나선 구조인데, 이것은 게놈들의 부호화, 그리고 단백질과 DNA 간의 상호작용 과정을 알려 준다. 이 은하 차원의 대규모 구조는 그 장엄한 모습을 통해 삼라만상이 자신들의 행동 방식으로 작동함을 보여 주려는 게 아니었을까?

그림 3.3. 우주론자 마가렛 겔러. 사진 스콧 케넌.

우주론자들은 현대의 기술을 이용하여 고대인들처럼 무작위적으로 보이는 현상 속에서 질서를 찾아왔다. 우리 은하 내부에 있는 수천억 별들의 규모만이 아니라 '전체' 우주에 있는 은하들의 분포까지 말이다. 겸허한 탐구가 아닐 수 없다. 우주론자들은 혼신의 힘을 다하여 새로운 은하들을 찾고 그것들의 위치를 지도로 만드는데, 이는 다만 은하들이 서로 어떻게 '상관되어 있는지' 밝히기 위해서다.

우주의 지도를 그리고 연구하는 일과 더불어 우주론자들은 은하들의 '역학'도 고찰한다. 초거대 은하들은 중력으로 인한 엄청난 인력 때문에 서로 끌어당기므로, 우주 공간을 통해 서로의 운동에 영향을 미친다. 우주론자와 천체물리학자들이 알아낸 바에 의하면 우리 우주는 팽창하고 있다. 은하들이 서로 멀어지면서 시공간이 팽창하는 것이다. 마치 빵이 익어 부풀면서 빵 조각 속의 건포도들이 서로 멀어지듯이 말이다. 우주의 팽창 속도는 시간의 역사를 거치면서 변해 왔는데, 은하들의 형성과 진화—어떻게 은하들이 형성되고 스스로 조직화하여 대규모 구조를 이루게 되었는지—에 핵심적인 역할을 했다. 정말이지 이 구조는 우주가 팽창하지 않았다면 형성되지 않았을 것이다. 이는 중대한 사실이다. 하지만 우주론자들이 이전에는 몰랐던 초은하 구조를 막 이해하기 시작할 때는 그런 구조 자체의 본질에 관해 의견 일치를 이룰 수 없었다. 어떤 이는 데이터를 살펴보고서 이 은하 집단들이 거미줄과 흡사한 꽃실 모양 구조로 되어 있다고 확신했다. 다른 이는 우주의 시공간 구조는 거품 모양 구조로 이루어져 있으며, 은하들이 이 거품들의 표면에 분포되어 있다고 주장했다. 어떤 유형의 구조가 우주에서 지배적인지를 결정하는 일이 중차대한 문제였다. 그러면 우주의 초기 단계 동안 최초의 별, 은하 및 은하단들을 실제로 탄생시킨 근본적인 물리적 과정들이 드러날 터였다.

이러한 두 가지 주장이 대립하는 상황에서 브란덴버거 교수는 무엇을 연구해야 할지에 관한 내 질문에 답을 주어야 했다. 그는 우주론자들 간의 의견 불일치를 한탄했다. 처음으로 나는 우주의 팽창을 심사숙고해 보았고 우주가 탄생해서 자기조직화하는 거대 은하 네트워크로 성장하는 모습을 상상해 보았다. 학생보다는 장래의 공동 연구자로서 나는 브란덴버거 교수에게 던질 질문을 하나 궁리해냈다. 즉 대규모 구조 데이터에 대한 쿠퍼 교수의 새로 개발된 신경망을 배워서 우주의 진짜 구조가 무엇인지 알아보면 어떻겠느냐는 것이었다. 쿠퍼 교수의 학제간 접근법은 매우 수용적이었던지라 한 달 만에 나는 비지도 신경망을 이용해 대규모 구조를 조사하는 쿠퍼 교수와 브란덴버거 교수의 공동연구 프로젝트에 참여하게 되었다. 달이 갈수록 나는 브란덴버거 교수에게 자꾸만 질문들을 쏟아냈다. 브란덴버거 교수도 파인만 다이어 그램의 전문가였다. 나는 전자와 양전자가 서로 소멸하여 갑자기 빛이 탄생하는 시점을 이해하는 일에 몰두하고 있었다. 그 시점을 확대하려고 하면 무한대의 에너지가 드는데, 이를 해결하는 방법이 꽤나 혼란스러웠다.[4] 어느 날 브란넨버거 교수가 내 모든 질문이 향했던 방향을 간파하고서 이렇게 말했다. "아, 자네는 중력의 양자론을 찾고 싶은 게로군. 그렇지 않나?" 나중에 보겠지만, 양자역학과 중력 이론을 통합한 양자중력 이론은 기본 입자들이 상호작용하는 지극히 짧은 거리에서 필요하며, 기초물리학 연구의 성배로 통한다. 그 학기가 끝날 무렵에 나는 브란덴버거 교수의 박사과정 학생이 되었다. 나는 양자중력과 우주론의 접점에서 우주 구조의 기원과 진화에 관한 질문을 연구의 주축으로 삼았다.

신경망 프로젝트는 두 가지 이유 때문에 완결되지 못했다. 은하들의 데이터가 엄청나게 방대했기에 그런 데이터를 이해하려면 비지도 신경망은 컴퓨터 알고리듬과 코딩에 극단적으로 의존해야 했다. 아인슈타인의 상대성이론을 이용하여 구조 형성을 연구하면 할수록, 슈퍼컴퓨터에 수천 줄짜리 명령어 줄을 작성하는 일보다는 단순한 펜과 종이의 힘에 의지하여 커피를 마셔가며 아름다운 방정식들을 다루는 데 몰두하게 되었다. 요즘은 상황이 달라지고 있다. 오늘날 물리 이론의 세계에서 컴퓨터는 연구의 중심 자리에 놓인다. 다행히 프로그래밍 또한 더욱 재미있어졌다. 그리고 알고 보니 다른 연구자들도 독립적으로 대규모 구조를 연구하기 위해 신경망을 이용하고 있었기에 그 프로젝트는 언젠가는 완료될 것이다.

양자역학과 자석으로부터 신경망과 은하단에 이르기까지 나는 이미 시작된 모험을 전적으로 알아차리지는 못했다. 나는 은하들로 짜인 우주의 천에

머리를 싸매고 씨름하면서 물리학자로서의 길을 가고 있었다. 인간 이전에, 행성 이전에, 은하 이전에 존재했던 초기 우주의 아원자 입자들의 세계를 연구하면서 양자역학을 다시 살펴보게 되었지만, 당시로서는 뭘 어떻게 해야 할지 몰랐다. 연관성이 있긴 했지만, 양자물리학이 어떻게 우주의 구조를 생성하는지를 알아낼 또 다른 디딤돌, 아마도 또 다른 유비가 필요했다. 그것은 거대한 발걸음일 터였다. 어쨌든 브란덴버거 교수가 우주론의 가장 중대한 불가사의로 지목한 문제였다. 정말이지 거대한 발걸음이 필요했다.

《자이언트 스텝스》. 재즈 색소폰 연주자 존 콜트레인이 내놓은 거대한 발걸음이라는 뜻의 이 유명한 즉흥연주 앨범은 화음 진행을 독특하게 탐구하여 재즈의 역사를 영원히 변모시켰다. 내가 최고로 숭배하는 재즈 우상 중 한 명인 콜트레인이 살아 있다면 오늘날 현대 기술에 의해 밝혀진 우주의 구조를 어떻게 여길까? 그는 우주를 궁리하면서 재즈 작곡 및 즉흥연주에서 여러 구조를 갖고서 실험을 했다. 우리도 콜트레인이 내다본 우주를 이해하게 될 것이다. 하지만 먼저 다른 측면의 이야기부터 살펴보자. 즉 '음악'을 이용하여 우주를 설명하고자 했던 '과학자'들의 이야기다. 피타고라스와 같은 고대의 철학자들 및 요하네스 케플러와 같은 최초의 천체물리학자들은 위대한 수학자로서, 화음과 소리가 물질의 창조 및 우주 구조의 진화 이면에 숨어 있음을 간파했다. 이들의 이론은 오늘날 우리가 아는 과학으로 향한 길을 닦았지만, 음악에 대한 그들의 유비는 실재에 가닿지 못한 채 멈추고 말았다. 그래도 어쨌든 이 탐구의 길을 나만 홀로 가고 있었던 것은 아니다.

4

아름다움을 찾아서

대학원 마지막 해에는 초끈 이론이 한창 주가를 드높이고 있었다. 내가 아는 모든 이론 전공 대학원생은 그 분야의 천재인 위대한 에드워드 위튼이 쓴 최신 논문들을 읽고 있었다. 영국인 이론물리학자로서 양자론에 중대한 공헌을 했던 폴 디랙처럼 위튼은 세계 정상급의 수학 실력을 지녔다. 필즈상 수상자이면서 동시에 아인슈타인급의 물리학적 직관력을 갖춘 인물이다. 다른 이들이 그의 연구 논문 중 한 편을 이제 겨우 이해할 만하다 싶을 때 그는 획기적인 새 논문을 내놓는다. 그런 식으로 이미 두 차례의 혁신을 겪은 이론이 세 번째 혁신을 목전에 두고 있었다. 끈 이론이 흥미진진했기에 우리는 죽자 살자 그걸 따라잡으려고 애썼다. 이론상으로는 단순했지만 수학적으로는 복잡했고, 새로운 창의적인 개념을 위한 빈자리가 많았다.

끈 이론은 언뜻 보기에 직관에 반하는 듯하다. 고전 물리학에서 진동하는 끈은 정수 진동수의 정현파standing waves를 발생시킨다. 끈은 확대해서 보면 원자들로 이루어져 있다. 하지만 끈 이론에 따르면 기본 입자를 확대하면 에너지의 진동하는 끈이 보인다고 한다. 끈 세계에서는 끈이야말로 근본적인 것이다. 끈은 축소해서 볼 때만 입자처럼 보일 뿐이다. 끈 이론은 양자장 이론보다 훨씬 더 음악적이다. 미치오 카쿠가 한 말은 이를 가장 잘 나타낸다. "자연에서 보이는 아원자 입자, 쿼크, 전자는 진동하는 극히 작은 끈 위의 음표에 지나지 않는다… 물리학은 진동하는 끈 위에 적을 수 있는 화음의 법칙일 뿐이다… 우주는 진동하는 끈들의 교향곡이다."[1]

그렇다면 알베르트 아인슈타인이 생애 마지막 30년 동안 유려하게 적어 나갔던 신God의 마음은 무엇일까? 역사상 최초로 드디어 신의 마음에 적합한 후보 하나가 등장했다. 바로 우주적 음악이다.

끈 이론은 음악적 속성이 있었기에 음악과 소리를 통해 금세 간파해낼 수 있었다. 그 이론은 나의 두 열정을 결합하려는 소망과도 딱 들어맞았다. 화음이 마음에 들면 연주하면 그만. 어떤 근본적인 끈이 진동을 일으키는 다양한 방식은 여러 가지 음색을 만들어내고, 이것이 전하, 질량 및 스핀과 같은 입자의 여러 속성으로 변환된다. 게다가 끈의 한 특정한 진동이 중력장의 양자인 중력자graviton를 내놓는다. 드디어 양자물리학으로부터 중력의 원천이 드러난 것이다. 아인슈타인처럼 물리학의 숱한 대가들이 도전했지만 양자역학을 중력과 통합하는 데 실패했다. 그런데 진동하는 단순한 끈이 그 일을 우아하게 해냈다고 한다.

당연히 끈 이론은 만물의 이론으로 부상했다. 진동하는 끈의 물리학이 힘을 매개하는 입자 및 모든 기본 입자를 설명해 준다는 뜻에서 그렇다. 하지만 이런 아름다움에는 대가가 따랐다. 끈 이론가들은 끈의 불리학을 탐구하면서 놀라운 결과와 마주쳤다. 공간의 작은 영역에서 운동하는 끈이 공간의 큰 영역에서 운동하는 끈과 동일한 물리학을 경험한다는 것이다. 우리는 이를 과녁 공간 이중성target space duality(T-이중성)이라고 부른다. 끈 이론은 우리가 4차원에 산다고 가정하지 않는다. 오히려 세계가 10차원이라고 제안한다. 심지어 오늘날에도 많은 첨단 입자가속기와 우주 공간상의 실험 장치들은 여분의 숨은 차원들에 대한 일말의 단서라도 찾으려고 가동 중이다. 하지만 이 새롭고 다채로운 통합의 세계에서도 끈 이론은 고유한 한 가지 버전이 아니었다. 다섯 가지 버전의 상이한 끈 이론이 존재했다.

대학원 마지막 해에 브란덴버거 교수가 연구실 회의를 열었다. 그는 양자장 이론을 적극적으로 이용해 초기 우주의 난제들을 풀려고 시도한 1980년대 초반의 여러 이론가 중 한 명이었다. 회의에서 브란덴버거 교수는 끈 이론이 초기 우주의 문제들을 풀어내기 시작할 정도로 발전했다고 말했다. 교수의 말이 지금도 생생하다. "급팽창을 끈 이론으로 해명하거나 대안을 제시할 수 있다면 대단할 걸세." 다음 두어 해 동안 내 소명이 무엇일지 그 자리에서 분명해졌다. 이후 나는 끈 이론을 충분히 배워서 우주의 급팽창이 끈 이론 현상인지 여부를 탐구하게 된다.

브라운대학을 떠나기 직전에 나는 끈 이론가 안탈 예비츠키의 연구실에 들렀다. 문이 닫히자마자 나는 물었다. "교수님, 제가 박사후 과정에서 잘할 수 있도록 조언을 좀 해주시겠습니까?" 빙긋 웃더니 예비츠키 교수는 말했다. "일어나서 달리세요." 달리기의 승자는 박사후 연구원 자리를 얻으며, 이후로 종신 유급 연구직에 안착할 수 있다. 독립적인 연구자로 인정받아서 자기 분야에서 공헌할 수 있는 기회를 얻는 것이다. 이론물리학에서 박사후 과정에 들어가는 것은 교수직을 얻으려면 필수적이다. 하지만 과학자가 진정한 일자리를 얻지 못하고 박사후 과정의 연옥에서 십 년이나 머무는 일도 드물지 않다. 이 연구직을 얻기 위한 경쟁이 치열하기에 우수 연구소에 박사후 과정으로 들어가기는 하늘의 별따기다. 나중에 안 사실인데, 임페리얼 칼리지 런던에 지원한 삼백 명 이상의 후보자 중에서 단 두 명만이 합격했다고 한다. 다행히 대학원 마지막 해에 수행했던 독자적인 연구 덕분에 내가 그 둘 중 하나가 될 수 있었다.

마침내 나는 브란덴버거 교수의 연구실을 나와 대서양을 가로질러 유럽의 이론물리학 메카 중 하나인 임페리얼 칼리지로 갔다. 당시 나는 브란덴버거 교수와 쿠퍼 교수가 지지해 준 물리학의 고정관념 벗어나기와 즉흥적인 방법 이용하기가 흔한 관행이라고 순진하게 여겼다. 임페리얼에 가 보니 단박에 정반대임이 드러났다. 실패할지 모른다는 두려움과 집단에서 겉도는 느낌, 지금도 내 무의식에 잠복해 있는 이 느낌이 신출내기 박사후 연구원한테 스며들었다. 브라운대학의 유일한(그리고 미국에서 셋 중 하나인) 흑인 물리학 박사과정 학생이었으니 동료들한테서 조금 고립되는 느낌에 익숙해 있었건만, 이제 나는 유럽의 이론물리학 박사후 연구원 집단에서 두 미국인 중 하나라는 현실에 직면했다. 그 점은 다른 박사후 연구원들을 만났을 때 도움이 되지 않았다. 특히 내 연구실 동료인 유시 칼키넨만 봐도 그렇다. 말수가 적은 거구의 이 핀란드인 끈 이론가는 연구실에 틀어박혀 11차원의 초중력 방정식들을 만지작거리느라 장시간의 마라톤 계산에 빠져 지냈다. 나로서는 그걸 따라 하려고 갖은 시도를 다해 봐도 두 시간만 계산하고 나면 꾸벅꾸벅 졸기 일쑤였다.

어떻게 하면 박사후 과정을 성공적으로 보낼까 궁리하던 나는 "닥치고 계산하기"[2]가 주된 임무인 듯한 분야에서 진정한 나의 길이 무엇일지 고민했다. 금세 깨달은 바는 내 머리가 너무 달린다는 것이었다. 다른 박사후 연구원들은 당시 나보다 훨씬 더 뛰어난 전문적인 수학 실력을 갖추고 있었다. 그런데 이론 연구에 무엇이 중요할까? 기술인가 아니면 직관인가? 지금 와서 되돌아보면, 나의 조바심은 이론 물리 연구자들이라면 누구나 오랫동안 느껴 온 기본적인 고민거리였다. 수업 시간에는 결코 배우지 못했던 문제였다.

노벨물리학상 수상자 스티븐 와인버그는 전자기력과 약력을 통합하는 연구의 선구자다. 그는 자신의 저서 《최종 이론의 꿈》에서 디랙이 행한 강연을 다음과 같이 회상한다.

1974년에 폴 디랙이 하버드에 와서 현대 양자전기역학의 선구자 중 한 명으로서 자신이 했던 역사적인 연구에 대해 강연했다. 강연 끝 무렵에 디랙은 우리 대학원생들을 둘러보면서 오직 방정식의 아름다움에만 신경을 쓰지, 방정식이 무슨 뜻인지는 신경 쓰지 말라고 조언했다. 학생들에게 딱히 좋은 조언은 아니었지만, 물리학에서 아름다움의 추구는 디랙의 연구 전반에 그리고 분명 물리학의 역사 전반에 흐르는 하나의 주제였다.[3]

와인버그가 디랙의 말에 어느 정도 동의한 까닭은 짐작할 만하다. 그는 매우 아름다운 기하학 공식을 지닌 파이버 번들fiber bundle 이론을 이용하여 전자기력과 약력이 사실 단 하나의 통합된 힘, 즉 전기약력임을 밝혀낼 수 있었다. 하지만 그는 방정식이 실제로 무슨 뜻인지 묻지 않아야 한다는 조언을 학생들이 곧이곧대로 따라야 한다고는 보지 않았다. 와인버그에게 노벨상을 안겨 준 발견의 경우, 그가 집중적으로 파고든 방정식과 계산은 만약 방정식의 의미를 캐묻지 않았다면 획기적인 발견으로 이어지지 않았을 것이다. 나중에 밝혀지기로 와인버그는 자신의 방정식을 잘못된 물리계, 즉 강한 핵 상호작용에 적용하고 있었다. 노벨상 수상 강연에서 와인버그는 이렇게 말한다. "1967년 가을 어느 시기에 나는 차를 몰고 MIT의 내 연구실로 가던 중에 옳은 것[방정식]을 잘못된 문제에 적용하고 있었다는 걸 깨달았습니다… 그러고서야 약한 상호작용과 전자기 상호작용을 [자발적 대칭 붕괴]의 관점에서 통일적으로 기술할 수 있었습니다."[4]

그렇다면 디랙이 언급하는 물리학의 수학적 아름다움이란 무엇인가? 많은 물리학자들은 물리 이론의 아름다움을 그것이 얼마나 우아한elegant지와 연관시킨다. 영어사전에서 elegant를 찾아보면 refined(세련된), tasteful(고상한), graceful(기품 있는) 및 superior(뛰어난) 등의 낱말이 보일 것이다. 우아한 방정식은 '세련되며', 군더더기 없이 핵심만 드러나 단순하고도 간결하다. 우아한 방정식은 수, 문자 및 기호의 수학 언어로 '고상하게' 적혀 있다. 우아한 방정식은 그것에서 유도될 수 있는 다른 방정식들을 그 속에 담는 능력이 뛰어나다. 우아한 방정식은 아름다운 것이다.

물리학에서 아름다움의 좋은 예는 행성 운동을 기술하는 데 쓰이는 방정식들이다. 요하네스 케플러는 태양 주위를 도는 모든 행성의 타원 운동을 설명해낸 매우 정밀한 세 가지 법칙을 내놓았다. 하지만 이 법칙들에는 한 핵심 요소, 즉 중력이 빠져 있었다. 그다음에 아이작 뉴턴이 나왔다. 뉴턴의 만유인력 법칙은 케플러의 세 방정식 모두가 하나의 방정식에서 도출될 수 있음을 보여 주었다. 마찬가지로 전기와 자기를 기술하는 맥스웰의 방정식들도 매우 정확한 방정식들인데, 아인슈타인이 공간과 시간이 하나의 4차원 시공간 속으로 통합될 수 있음을 밝혀내면서, 그 방정식들도 단일한 "어머니" 방정식 속으로 통합되었다. 이러한 통합은 즐거운 과정이다. 방정식을 단순화시켜주니까.

이후 '대다수' 입자들은 반입자를 갖는다고 오랜 세월 동안 밝혀졌고, 이는 오늘날 물리학의 가장 장대한 이론 중 하나—끈 이론—에 크나큰 영향을 끼쳤다. 이미 알려진 자연의 네 가지 근본적인 힘을 통합할 기본 틀을 제공하겠다는 목표하에 끈 이론은 그야말로 '만물의 이론'으로 불려 왔다. 끈 이론이 통합을 시도한 유일한 이론은 아니다. 이 이론은 소립자 물리학에서 비롯되었기 때문이다. 게다가 끈 이론은 디랙이 밝혀낸 입자 대칭성을 바탕으로 한 실험적 성공을 아직 거두지 못했다. 하지만 이론적인 면에서 성공을 거두었다는 점만으로도 물리학의 아름다움을 보여 주는 대표적인 사례가 되었다.

수학적으로 아름다운 이론에 끌리는 까닭은 진짜 물리계를 시뮬레이션할 가상적 실재를 탐구할 토대를 마련해 주기 때문이다. 끈 이론은 중력과 양자역학을 통합하겠다는 '목적'상의 아름다움뿐만 아니라 그렇게 하는 '방식'의 아름다움도 겸하고 있다. 1차원의 진동하는 끈의 방정식에서 출발하여 모든 힘—중력, 전자기력, 약력 및 강력—의 방정식을 도출할 수 있다. 출발은 미약하나 나중은 심히 창대한 것이다. 그리고 또 한 가지 특징이 있는데 그게 매우 아름답다.[8] 바로 네 가지 힘과 물질의 존재를 '여분' 차원—우리의 4차원 시공간을 넘어서는 차원—의 기하학의 관점에서 기묘하게 기술해낸다는 것이다.

물리학 이론은 아무리 아름다워도 실재와 부합해야 하므로 그 이론이 뜻밖의 예측을 내놓을 때 종종 논쟁이 벌어진다. 끈 이론은 그 아름다움의 원인인 대칭성이 풍부하며 수학적 일관성을 위해 여분 차원에 의존하는데, 끈 이론이 옳다면 무한히 많은 세계들이 존재할 수밖에 없다는 주장이 제기되어 왔다. 이 주제는 나중에 논의하겠다. 당연히 일부 물리학자들은 이를 아름답지 않다고 여긴다. 왜냐하면 우리의 관찰 가능한 능력을 훨씬 넘어서며 대다수 물리학자의 상식을 벗어난다고 보기 때문이다. 그렇기는 해도 미학적 경향, 대칭성과 수학적 아름다움의 탐구는 현대 물리학의 발견 과정에 지속적으로 영향을 미쳐 왔다.

천재성과 더불어 물리학에 기여한 공헌을 진심으로 존경하기에, 젊은 물리학자들 중에서 나는 스티븐 와인버그와 폴 디랙의 충고를 가슴에 새기는 편이었다. 하지만 나의 디랙식 성향은 동료들의 압력 그리고 새로운 보금자리에서 다른 물리학자들과 잘 어울려 지내고 싶은 바람 때문에 약해졌다. 어쨌거나 6년 동안 가까운 친구들과 함께했던 프로비던스를 떠났으니, 이제는 임페리얼 칼리지에서 만난 박사후 과정 동료들과 친하게 지내야 했다. 앙리 푸앵카레 연구소에서 열리는 이론물리학 워크숍에 참여한 적이 있는데, 거기서 동료 박사후 연구원들과 어울려 끈 이론을 주제로 토론을 벌이기도 했다. 잔뜩 들떠서 내가 어떤 추측 하나를 꺼냈더니, 다른 동료들은 마치 내가 존재하지도 않는다는 듯이 자기들끼리 떠들어 댔다. 여기서 교훈 하나. 너의 장기를 보여 주어라. 당신의 방정식은 어디에 있는가? 이 구장에서 경기play를 하려면 움직이는 법, 즉 수학 활용법을 익혀야 하는 것이다. 내가 참여했던 제즈 세션에서 화음 변화를 누가 가장 잘 '연주play' 하느냐가 바로 사람들의 유일한 관심사인 것과 꼭 빼닮았다.

디랙의 메시지는 분명했다. 기술적 기량을 연마한 후에 입 다물고 계산하라, 그러면 사기 분야에서 성공할 것이다. 그래서 나는 자유로운 즉흥적 사고와 유비적 추론을 잠시 미루고 디랙의 방법을 써서 방정식에서 어떤 물리학이 나올지―아름다운 수학이 어떤 실재를 예측해낼지―알아보고자 했다. 나는 혼자가 아니었다. 사실, 동료들 대다수는 이런 디랙식 탐구 방법을 엄격히 따랐는데 다들 책상에 웅크리고 앉아서 허구한 날 연구에 몰두했다. 기나긴 시간을 계산에 쏟았는데, 대단한 돌파구로 이어질―적어도 발표할 가치가 있는 논문거리라도 될―암호를 풀어 보겠다는 집념이었다.

나도 더블 에스프레소를 들고 연구실로 힘차게 걸어 들어가 초중력 계산에 몰두했다. 박사후 과정 첫 해 동안 우주론 연구의 주요 목표는 브란덴버거 교수의 가르침에 따라 초기 우주에서 작동했던 물리학과 그 후에 발현된 우주의 거대 구조 사이의 깊은 관련성을 찾는 것이었다. 초중력이 그 목표에 적합한 이론으로 여겨졌는데, 특히 11차원 초중력이라고 하는 11차원 버전이 그랬다. 초중력은 디랙의 꿈에 어울리는 것이었다. 그 방정식은 아름답게도 단 한 줄에 별개의 중력 방정식들을 전기약력의 상호작용에 관한 와인버그의 통합 이론과 결합하기 때문이다. 누구나 확신했듯이, 11차원 초중력은 아름답고 단순하며 더욱 은밀한 수학 공식을 찾기에 알맞았다. 나는 우주의 거시적 구조를 낳은 초중력의 미시 세계 속에서 숨은 패턴을 찾고 있었다.

초중력은 아인슈타인의 일반상대성이론의 한 버전인데, '초대칭'의 옷을 입고 있다. 초대칭이란 보손과 페르미온 사이를 연결하는 성질로서 각각의 페르미온에 대해 하나의 보손을 짝지어 '초대칭 짝'을 이루게 해 준다. 보손은 힘을 매개하는 실체인데, 가령 전자기력을 매개하는 광자가 그런 예다. 한편 페르미온은 전자 및 쿼크와 같은 물질 입자들 및 이러한 모든 아원자적 실체들의 반입자들을 말한다. 거울을 들여다보면 대칭성이 어떻게 작동하는지 잘 알 수 있다. 거울 속에 비친 여러분의 모습은 다른 사람들한테 보이는 여러분의 모습과 닮았다. 비록 좌우대칭인지라 여러분의 왼쪽과 오른쪽이 거울에서 바뀌어 있긴 하지만 말이다. 초대칭은 물리계의 행동을 바꾸지 않고서 보손과 페르미온을 서로 바꾸어 주는 거울이라고 생각하면 된다.

개념적으로 볼 때 초중력이 환상적으로 심오하기도 하지만, 나는 계산하기라는 '행동'에도 매혹을 느꼈다. 종이 위의 시각적 기호들이 그 자체로 아름다웠던 것이다. 20년 전쯤 자연사박물관에서 아인슈타인이 적어 놓은 기호들을 보고 느꼈던 감동의 순간이 이제 내 삶이 되어 있었다. 펜 끝으로 한 변수의 값을 높이거나 낮추기만 해도 가상의 기하학 세계들을 조작할 수 있었다. 뜻밖에 찾아오는 발견의 순간은 온갖 노고를 잊기에 충분했다. 때로는 많은 개수의 항들이 서로 상쇄되어 방정식이 단순해지는 바람에, 종이의 분량과 함께 마음의 부담을 말끔하게 줄여주기도 했다. 또 어떨 때는 방정식 속에서 찾아낸 패턴들이 뜻밖에 우주의 이미 알려진 사실과 일치하기도 했다. 디랙의 가르침에 따른 노력이긴 하지만, 내가 보기에 방정식은 우주의 실상을 비춰 주는 거울임이 분명했다. 때로는 굉장히 감사했지만 힘든 일이었다. 박사후 연구원들은 커피 한 잔을 들이켜며 죄다 무슨 소용이냐며 탄식하거나, 브라보를 외쳤던 순간들을 신나서 이야기하거나, 뇌에 계산력을 충전하기 위해 연신 카페인을 찾아 댔다.

초중력을 완전히 이해하겠다는 목표하에 방정식들을 조작하는 기쁨의 순간도 많았지만, 시간은 자꾸만 흘러 2년간의 박사후 과정의 모래시계도 끝나가고 있었다. 초중력 및 그 사촌지간인 초끈 이론이 우주 구조의 비밀을 밝혀낼 수 있을지 알아내려는 목표에 전혀 다가서지 못한 것 같았다. 나는 막다른 길에 봉착하는 바람에 보여줄 게 하나도 없는데 다른 이들은 저마다 초세계의 숨은 수학적 구조를 드러내는 걸출한 논문들을 발표하는 것만 같았다. 아무리 애를 써도 자기 의심의 어두운 우물 속으로 빠져들고만 있었다. 아마 브란덴버거 교수와 쿠퍼 교수가 나를 안쓰럽게 여겨서 수학의 미로에 들어가지 못하도록 나를 아껴두셨으리라. 그런 미로는 내 연구를 발전시킬 수 있는 수학적 기량을 숙달하는 데 필요한 것이었건만.

어느 날 오후 밖에서 커피를 한 잔 마시고 들어왔더니, 이론 그룹의 사무 담당자인 그라질라한테서 이메일이 한 통 와 있었다. 이론 그룹의 장인 이샴 박사가 나를 만나고 싶어 한다는 내용이었다. 나는 덜컥 겁이 났다. "알아냈나 봐. 내가 얼치기라는 사실을." 계산하던 걸 책상 위에 놔두고 천천히 일어나 이샴의 연구실로 발걸음을 뗐다. 걸어가는 내내, 바보라는 소리를 들으며 이샴 박사의 연구 그룹에서 쫓겨날 각오를 다졌다.

내가 크리스 이샴을 처음 알게 된 건 〈시간의 역사〉에서였다. 스티븐 호킹에 관한 이 다큐멘터리에서 이샴은 로저 펜로즈 교수와 함께 나왔다. 동료였던 이샴, 펜로즈와 호킹은 세계 정상급의 수리물리학자였다. 이샴은 신화 속 인물 같은 분위기를 뿜어냈으며, 독특하게도 독립적이며 창의적인 사고와 초인간적인 수학 실력을 겸했다. 그는 양자중력 이론의 발전에 핵심적으로 이바지했는데, 이 이론은 양자역학을 중력과 통합하려는 시도로서, 이른바 '만물'의 이론 가운데 하나다. 1960년대에 그는 젊은 신동이었으며 노벨상 수상자인 압두스 살람의 박사 과정 제자였다. 압두스 살람은 자연의 네 가지 힘 중 두 힘의 통합 이론으로 유명한 사람인데, 하지만 이 통합 이론에 중력은 포함되지 않았다.

슬프게도 호킹처럼 이샴 박사도 희귀한 신경 질환을 앓아서 인생의 대부분을 참을 수 없는 고통 속에 살았다. 그는 키가 훤칠했다. 임페리얼 칼리지의 긴 복도에서 교실을 빠져나오는 학생들 무리 위로 우뚝 솟아 있기에, 누구나 쉽게 알아볼 수 있었다. 걸을 때면 다리를 저는 모습이 확연했는데, 한쪽으로 치우쳐 걷는 모습이 약간은 일부러 코미디 연기를 하는 듯 보였다. 여러 면에서 존경스러운 이샴 박사는 늘 웃는 얼굴에 재치 있는 유머를 구사했고 누구에게나 지혜로운 조언을 해 주었다. 한 임페리얼 칼리지 학생은 이샴 박사에 관해 이런 이야기를 해 주었다. 런던의 어느 축축한 겨울날, 굳이 침대 밖으로 나올 필요가 있을까 싶은 꾸물꾸물한 날에, 이샴 박사가 학생들의 정신을 바짝 차리게 하려고 결심했다고 한다. 뜬금없이 그는 그날의 강의를 거꾸로 적겠노라고 선언했다. "관례일 뿐이죠! 오른쪽에서부터 왼쪽으로 읽을 수 있다면 왜 왼쪽에서부터 오른쪽으로 읽어야 합니까?"라며 그는 빙긋 웃으며 물었다. 놀란 학생들은 급히 잠에서 깼고 필기를 하느라 시간을 허비하지 않았다. 그날의 강의 주제는 파이버 번들로서, 그 무렵 이샴 박사가 가장 좋아하는 주제 중 하나였다. 그는 관련 내용을 칠판에 술술 써 내려갔다. 마치 수학이 몸의 세포마다 스며 있어서 어느 방향으로 흐르든—뒤에서 앞으로든, 거꾸로든—그에게는 별로 중요하지 않았다.

널찍한 박사의 연구실로 들어갔더니, 이샴 박사는 두 다리를 뻗은 채 안락의자에 몸을 기대고 있었다. 두 팔이 조금 떨리고 있었다. 위상기하학 이론에 관한 메모들—위상공간에 관한 규칙들의 대단히 복잡한 대수 조작에 관한 내용—이 그의 뒤에 놓인 보드를 장식하고 있었다. 각각의 메모는 A4 용지에도 담기지 않을 정도였다. 그는 따뜻한 미소를 짓더니 에두르지 않고 단도직입적으로 물었다. "여기 왜 왔나?" 나는 꽤 긴장한 목소리로 대답했다. "훌륭한 물리학자가 되고 싶어서요." 그다음 박사의 말은 충격적이었다. "그러면 그런 물리학 책들은 읽지 말게. 자네는 부의식적인 마음을 개발해야 하네. 그게 위대한 이론물리학자를 낳는 원천이지." 과학적 재능만 해도 흘러넘치는 분이, 그때는 몰랐지만 심오하게 영적이면서 철학적이기까지 했다. 박사는 차분하고 진심어린 말투로, 자신은 꿈을 꾸면서 지루한 계산을 하도록 자기 마음을 훈련한다고 말했다. 그런 놀라운 비밀을 털어놓은 다음 이어서 두 번째 질문을 했다. "취미가 뭔가?" 박사의 잠자기 신공에 말문이 막혀 있었기에(나는 밤에 '잠만' 잤다) 얼떨떨하게 대답했다. "밤에 재즈를 연주하는데요." 박사는 잠시 말이 없더니, "자네는 음악을 더 연주해야 하네. 나는 노래를 불러. 음악이야말로 무의식을 깨울 이상적인 활동이지." 다시 잠깐 동안 말이 없었다. "여기 이 책들 보이나?" 박사는 분석심리학의 창시자인 카를 융 총서를 가리켰다. "15년 동안 나는 융 정신분석학을 공부했네. 2부 9권《아이온: 자아의 현상학에 관한 연구》를 읽어 보게. 물리학에는 신비주의적 측면이 있네. 파울리와 융이 함께 연구했다는 걸 아나?"

그 말을 듣고 나는 깜짝 놀랐다. 볼프강 파울리는 양자역학을 만들어낸 선구자 중 한 명으로서 아인슈타인이 노벨상 후보로 추천한 인물이다. 파울리는 수학적 실수를 재빠르게 간파해내고 느슨한 사고에 단호하게 반대한 것으로 잘 알려졌는데, 다음과 같은 유명한 말을 남겼다. "당신의 이론은 틀리고 말고 할 것도 없다." 그는 진정한 디랙주의자였다. 또한 그는 매우 파악하기 어려운 한 입자, 즉 중성미자의 존재를 예측했는데, 그것은 결코 무시할 수 없는 미묘한 입자로 알려져 있었다. 파울리가 정신분석에 관여했다니 믿기가 어려웠지만 그럴 수도 있겠다는 생각이 들었다. 이샴 박사는 또 한 권의 책을 가리켰는데,《원자부터 원형까지》라는 이 책은 파울리와 융이 20년 이상 주고받은 서신 모음집이었다. "사실, 파울리는 꿈에서 한 기호를 보고서 파울리 스핀 행렬을 내놓았네. 저 책 빌려가고 싶나?" 나는 책을 그냥 빌린 것이 아니라 통찰력을 줄 신주단지 모시듯이 모셨다. 그건 새로 파헤쳐 봐야 할 새로운 리듬이었다. 카페에서 블랙커피를 마시며 계산에 관한 불평을 늘어놓는 대신에, 한동안 나는 포토벨로 로드의 한 술집에서 맥주를 홀짝이며 그 서간집을 읽는 데 푹 빠져 지냈다.

황송하게도 나는 매주 이샴 박사를 만나 이론물리학의 근본 문제들을 논의했고 마치 사도처럼 그의 조언을 따랐다. 재즈 트리오에도 참여했으며 노팅힐에 있는 공연장에서 두 번의 정기 공연을 열었다. 나는 융을 읽고서 내가 꾼 꿈을 이샴 박사에게 말했다. 이러길 몇 달 했더니 새로운 습관들이 진가를 발휘했다. 당시 나는 끈 이론을 우주의 급팽창과 연결하는 프로젝트에 매달려 있었다. 급팽창이란 갓 태어난 우주가 급격하게 팽창하는 단계를 거쳤다는 발상이었다. 어느 날 밤 콜트레인의 곡 〈Mr. PC〉의 색소폰 솔로를 연주하는 도중에 한 이미지가 마음속에 떠올랐다. 나는 그것이 내 프로젝트의 해법과 관련이 있음을 알았다. 다음 날 나는 이 새로 얻은 통찰과 함께 잠에서 깨어 연구실로 달려가 방정식을 휘갈겼다. 비가환noncommutative 기하학이라는 수학 분야에 관한 이 방정식은 초기 우주에서 빛의 속력이 달라야 한다고 제안한다. 우주론자 주앙 마게이주와 함께 나는 이런 관련성에 관한 논문 한 편을 발표했는데, 이 논문은 다른 논문들에 백 번 이상 인용되었다. 그렇다고 해서 초중력-우주 구조를 밝혀내겠다는 나의 꿈에 결코 가까워지진 않았지만 이샴 박사의 방식이 나와 잘 맞는다는 건 조금씩 알 수 있었다.

브란덴버거 교수는 '물론이고' 이샴 박사도 지지해 준 나의 음악 활동과, 출중한 수학 실력에 대해 내가 그 두 분에게 보내는 존경 사이에서 나의 디랙식 방법은 변화하기 시작했다. 방정식을 '연주하기playing'는 이제 다면적인 작업이 되었다. 그것은 본질직으로 재즈에서 음계와 기법을 연습하는 것이긴 하지만, 아울러 다른 이들과 어울려 연주하기에도 중요한 일이다. 즉흥연주는 순간의 활동이며 그걸 준비하는 방법이라고는 나가서 연주하는 것 말고는 없다. 나는 물리학 연구에서 그 점을 놓치고 있었다. 나는 디랙식 방법을 너무 문자 그대로 따르고 있었던 것이다. 내 연구 과제와 질문을 재즈 세션에 적용했더니 모래에서 노는 아이처럼 틀린 것이나 바보짓이라든가 하는 것엔 전혀 신경 쓰이지 않았다. 오랜 세월 동안 재즈와 물리학을 둘 다 좋아하면서도 별도의 공간에서 다루었는데, 불현듯 음악이 나의 무의식적인 수학 근육을 단련시키고 있었다. 정신분석 활동이 결실을 가져다주었다. 융과의 대화를 통해 파울리는 물질의 새로운 속성과 자연의 새로운 법칙을 발견할 수 있었다. 대학 시절 이후로 음악과 우주론을 연결하는 발상들이 내 머릿속을 휘젓고 있었는데, 이제 그런 발상들을 무의식에서 꺼내어 직면했고 예전과 달리 그다지 생경해 보이지 않았다.

다른 이들과 함께하는 음악 연주는 내 과학 연구의 일부가 되었다. 그것은 연구의 한 방법이면서 또한 매우 재미있었다. 여름 방학에 뉴욕시에서 밤샘 재즈 세션을 하는 동안 나는 물리학 계산거리를 가져갔다. 잠시 쉴 때, 다른 연주자들은 재즈 이야기를 나누었고 나는 물리학 연구거리를 꺼내서 그걸 재즈와 연관시켰다. 나는 여전히 디랙식 방법을 좋았지만 환경을 바꾸었다. 연구 과제로 탐구 중이던 새로운 형식론을 재즈 세션에서 더욱 신나게 갖고 놀기 시작했다. 앞서거니 뒤서거니 하는 트럼펫과 색소폰 솔로를 초대칭 역전을 겪는 두 초대칭 짝이라고 여겼다. 생생히 기억나는 것이 있는데, 지금은 유명한 한 피아니스트한테 그의 연주가 매우 기하학적이라고 말해 주었다. 그러자 테너 색소폰 주자가 끼어들더니 말했다. "무슨 말인지는 모르겠지만 멋진 말 같긴 하네!"

핵심적인 기하학 개념 중 하나로 등거리사상isometry — 점들 간의 거리를 보존하는 변환 — 을 들 수 있다. 내가 피아니스트의 솔로에서 '기하학적'이라고 한 것의 단순한 사례는 한 2차원 곡면에 정사각형을 택하여 그것을 이리저리 옮기는 상황과 유사하다. 옮겨진 정사각형은 원래의 것과 등거리사상인데, 왜냐하면 네 모서리 사이의 거리가 보존되기 때문이다. 어떤 곡면들은 매우 비틀려 있는지라, 정사각형을 이리저리 움직이면 네 측면 사이의 거리가 보존되지 않는다. 때때로 재즈 솔로 주자는 한 멜로디 및 리듬 패턴을 반복하는데 열두 가지 조성 전부를 사용한다. 패턴을 상이한 조성으로 바꾸어 가며 연주해도 멜로디 패턴의 음정들 사이의 음조 거리 관계는 보존된다.

세월이 지나서 깨닫고 보니, 내가 스몰스 클럽에서 기하학적 추론과 대칭성 및 음악을 연관 지으려고 했던 것은 헛되지 않았다. 대칭성과 기하학적 추론이 음악과 즉흥연주에서 어떻게 작동하는지, 그 사이에는 놀라운 유사성이 있다. 스티비 원더의 〈유 아 더 선샤인 오브 마이 라이프〉와 드뷔시의 〈돛〉에 주목해 보자. (아름다운 곡이라는 점 외에도) 이 곡들은 서로 공통점이 매우 크다. 둘 다 대칭적인 음계를 사용하고 있는데, 대칭적이라고 하는 까닭은 음계를 그리면 대칭적으로 보이기 때문이다. 한 원에 적힌 열두 가지 음을 살펴보자. C음으로 시작하여 연속적으로 반 단계씩 열두 번 올라가면 C로 끝난다. 이것

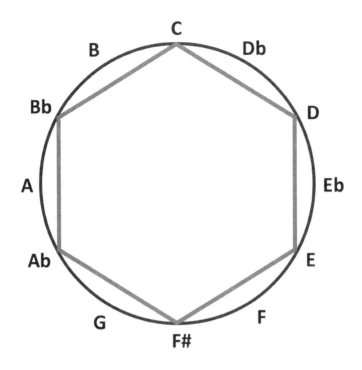

그림 4.1A. 온음음계의 육각 대칭.

은 열두 음의 기하학적 표현(개별적인 점들을 지닌 원)이다.

여러 음들을 서로 이어서 직선들을 그릴 수 있다. 정삼각형이 2차원에서 세 변을 갖는 가장 대칭적인 도형이듯이, 정육각형은 2차원에서 여섯 변을 갖는 가장 대칭적인 도형이다. 그림 4.1a에 나오는 정육각형에 들어 있는 음들—C, D, E, F샵, A플랫, 그리고 B플랫—은 온음음계라고 하는 대칭적인 음계를 이룬다. 이것이 어떻게 소리 날까? 〈유 아 더 선샤인 오브 마이 라이프〉의 첫머리에서 전자 키보드가 가볍게 떠오르는 음들을 연주하다가 보컬이 나오기 전까지의 구간에서 그 음계를 들을 수 있다. 드뷔시의 〈돛〉에서는 이 온음음계가 하강한다.

또한 정사각형과 같은 다른 대칭 음계들 또는 감음계diminished scale들을 만들 수도 있다. 팻 마르티노는 현재 살아 있는 가장 위대한 재즈 기타리스트 중 한 명인데, 1980년에 치명적인 뇌동맥류에 걸렸다. 수술로 목숨은 건졌지만, 그 결과 기억상실증에 걸려 기타를 완전히 새로 배워야 했다. 우연히 그는 기타의 프렛 판의 기하학적 구조에 내재해 있는 단 두 가지의 '부모 형태'의 대칭성을 바탕으로 새로운 체계를 개발했다. 이 부모 형태 또는 화음은 대칭적인 증삼화음과 감칠화음일 뿐이었다. 마르티노는 이 부모 화음들의 위력을 입증해 주는 많은 시연을 통해 그것들이 다양한 자식 화음들을 내놓을 수 있음을 보여 주었다.

마찬가지로, 나중에 자세히 논의하겠지만, 존 콜트레인도《자이언트 스텝스》에서 대칭 음계들을 사용했다. 데이비드 앰램에게 콜트레인이 한 말에 의하면 그는 아인슈타인에게서 영감을 받아 자기 음악에 관한 단순한 아이디어를 얻었다고 했다. 그 아이디어는 상대성이론에 관한 아인슈타인의 책을 읽으면서 얻은 것인데, 골자는 바로 대칭성이었다. 콜트레인의 만다라를 연구할 때 나는 그것이 굉장한 대칭성을 지녔음을 알아차렸다. 가속운동을 하지 않는 관찰자들 사이의 시공간 대칭성—아인슈타인으로 하여금 특수상대성 및 전기역학의 4차원 버전을 내놓게 만든 개념—을 살펴보자. 이후 아인슈타인은 휘어진 시공간의 대칭성을 이용해 가속 중인 관찰자와 정지한 관찰자 사이의 등가성을 보여 주었다. 대칭성이라는 통합적이고 단순한 개념에서 출발하여 아인슈타인은 복잡하며 상이한 물리 개념들을 한꺼번에 표현해낼 수 있었다.

감격스럽게도 나는 마르티노와 대화를 나눌 기회가 있었다. 그는 친절하면서도 심원하기 이를 데 없는 논리를 펼쳤다. 그는 자신의 즉흥적 아이디어와 기법을 살려 주는 어떤 체계를 찾고 싶었노라고 했다. 나는 활짝 웃으며 이렇게 답했다. "많은 물리학자들도 가능한 한 많은 현상들을 한 번에 설명할 수 있는 가장 효과적인 이론을 찾으려고 합니다." 마르티노와 콜트레인은 신기한 우연의 일치로 둘 다 후기 필라델피아 재즈 기타리스트 데니스 샌돌한테서 배웠는데, 바로 이 사람이 둘에게 대칭 음계—또는 그가 말하기로 "옥타브 및 3도 관계의 동등한 분리"[5]—의 개념을 알려 주었다. 하지만 콜트레인과 마르티노가 몰랐던 것이 있는데, 바로 대칭 음계들, 이 음계들의 대칭 붕괴, 그리고 물리학과의 심오한 관련성이었다. 대칭 음계의 붕괴에서 우리는 대칭 붕괴의 물리학을 들을 수 있다.

화음에는 "조 중심tonal center"(음)이 있다. 가령 C장조 화음은 C, E 및 G음으로 이루어지는데, 여기서 C가 조 중심이 된다. 만약 그 화음을 연주하면 C가 가장 두드러지게 들리는 음이며, G와 E는 화음에 보태어져 C음을 장식하는 역할을 한다. 하지만 대칭 화음은 조 중심이 둘 이상이어서 애매모호한 소리를 낸다. 음들은 균등하게 퍼져 있으며 다양한 조성調性을 가리킨다. 가령 C 온음음계에는 여섯 개의 음—C, D, E, F샵, A플랫 및 B플랫—전부를 조 중심으로 갖는다. 불확실한 소리 때문에 대칭 음계는 음악에서 특별한 역할을 한다. 수백 년 동안 라벨과 바흐와 같은 작곡가들은 이 음계를 이용해 긴장감이나 애매한 느낌을 표현했는데, 특히 곡이 화음을 바꾸려고 할 때 많이 이용했다. 또 하나의 보편적인 대칭 음계로 감음계를 들 수 있는데, 이것은 재즈 음악 그리고 거슈윈 및 콜 포터의 음악에서 조 중심을 이용해 두 화음 사이를 이동하려고 할 때 널리 쓰인다.

그림 4.1b에는 왼편에 대칭적인 감음계가 그리고 오른편에 한 장조 음계

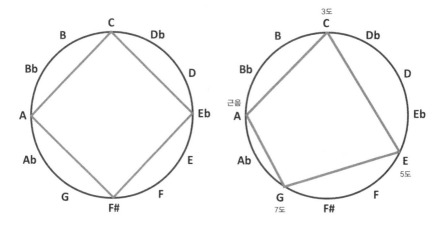

그림 4.1B. 대칭적인 감음계(왼쪽)를 한 장조 음계(오른쪽)로 대칭 붕괴하기의 한 예.

가 나온다. 자세히 보면 감음계는 네 음 중에서 두 음만 바꾸면 장조 음계가 된다. 대칭 음계에서는 다양한 조 중심들 간에 위계가 없다. 이와 달리 비대칭 음계는 그런 대칭성을 깨고 위계를 세우는데, 그 결과 음계 내의 다른 음들보다 더욱 중요해지는 하나의 조 중심—장조 화음—을 갖는다. 나중에 초기 우주의 비대칭성이 어떻게 이와 비슷하게 구조적 위계를 세우는지 탐구할 때, 이 중요한 유사성을 다시 살펴본다.

내가 박사학위 과정을 밟고 박사후 연구원이었다가 지금은 교수로서 독자적인 연구를 하게 된 기나긴 세월 동안, 다른 재즈 음악가들은 음악에 몸담고 수많은 시간을 음악 이론과 악기를 숙달하는 데 바쳤다. 물리학자들과 함께 있을 때, 나는 대체로 음악과 물리학 사이의 관련성에 대한 호기심을 밖으로 내비치지 않았다. 하지만 더 이상 충동을 떨쳐낼 수 없었다. 어쨌거나 디랙의 말마따나 수학 특히 대칭성의 적용은 기초물리학에 발전을 가져오며, 나도 스몰스 클럽의 즉흥 재즈 세션에서 기하학과 대칭성을 음악에 적용한 경험이 있었다. 게다가 테너 색소폰 솔로를 연주할 때 가끔씩 번쩍거리는 물리학적 통찰의 섬광은 너무나 생생했다. 나중에 알고 보니 우리가 물리학이라고 알고 있는 것의 탄생은 아름다움을 찾는 일군의 사람들이 일으킨 불꽃이었다. 그들은 음악과 수학의 합일에서 그것을 찾았다. 그들은 바로 피타고라스학파다. 아마 내게도 피타고라스학파의 피가 흐르나 보다.

5

피타고라스의 꿈

과학자로서 정식 교육을 받은 세월 내내 나는 음악에 대한 열정을 물리학과 조화시키려고 노력했다. 나는 물리학 연구 활동이 음악과의 유사성으로부터 어떤 혜택을 받을 수 있는지 알기 시작했을 뿐만 아니라 어떻게 물리적 세계가 실제로 음악적 속성을 지녔는지도 차츰 알게 되었다. 이샴 박사와 브란덴버거 교수와 같은 몇몇 은사들이 그 두 가지를 연결하도록 격려했지만, 나 자신은 그 두 세계를 분리해야 한다는 압박을 느꼈다. 다분히 물리학은 엄밀한 수학적 언어로 암호화된 절대적 진리에 관한 것이고, 음악은 정서의 언어다. 만약 내가 과학의 초기 시절에는 음악과 천문학이 분리될 수 없는 것이었음을 알았다면 그다지 큰 걱정거리가 되지 않았을 것이다. 현대의 음악가와 과학자에게는 모순적인 소리 같지만, 오늘날과 같은 과학적 도구가 없었던 고대인들에게 음악은 우주의 질서와 구조를 드러내 주는 일종의 과학이었다.

현대인과 마찬가지로 고대인도 자신이 어디서 왔는지 그리고 우주에서 자신의 위치가 어딘지 궁금해했다. 옛날이든 지금이든 사람들이 출생과 죽음을 목격하면서 그리고 자연환경의 풍요로움과 역경을 겪으면서 느꼈던 두려움은 사람들로 하여금 자연을 의인화하고 그러한 자연의 힘들을 숭배하고 달래도록 이끌었다. 창조 신화들은 대체로 이런 요소들의 산물이다. 창조 신화로부터 과학적 유형의 연역적 추론으로의 이행은 2500년 전 피타고라스학파와 함께 시작되었다. 그들은 천체의 움직임 및 천체와 인간의 관련성을 이해하기 위해 수학적 요인과 신비주의적 요인을 결합하려 했다.[1] 우주가 수학적이라는 개념이 바빌론이나 이집트에서 기원했다는 주장도 있지만, "우주는 수에서 생기는 조화로움harmony(이 영어 단어는 화음이라는 뜻도 있다 - 옮긴이)으로 이루어져 있다"고 주장한 이는 분명 피타고라스였다. 만약 이런 역사를 끈 이론 연구 시절에 미리 알았더라면 그 무렵 내 은사들이 권장했던 과학과 음악의 결합에 큰 힘이 되었을 것이다. 하지만 집중적인 학제간 연구는 당시로서는 흔한 관행이 아니었기에 나는 그 효과에 의문을 가졌다. 지금 와 생각해 보면 파이브 퍼센터스는 그때 내 생각보다 더 사리가 밝았다.

피타고라스라고 하면 피타고라스 정리로 가장 유명하다. 이것은 임의의 직각삼각형의 빗변의 길이(h)를 다른 두 변의 길이 (a) 및 (b)로부터 구하는 정리다.

피타고라스가 실제로 $a^2+b^2=h^2$이라는 공식의 발견자인지는 논쟁거리지만, 이 정리가 피타고라스의 유일한 업적은 아니다. 서양 음계의 발견자도 피타고라스라는 사실에 놀라는 이들이 많다. 그는 수학적 추론을 통해서 물질세계를 이해했으며 이천 년 후에 천문학과 물리학에서 일어날 엄청난 혁신을 위한 무대를 마련했다.

전설에 의하면 피타고라스는 신성한 지식을 찾아서 고향을 떠났다고 한다. 에게해 동쪽의 사모스섬에서 출발해 그는 이집트와 바빌로니아를 여행했는데, 약 20년 후 귀향하던 그의 마음속에는 만물이 수의 완벽한 조화 속에서 존재한다는 확신이 가득 차 있었다. 그는 행성들의 궤도는 저마다의 음을 연주하며 그 음높이는 행성의 속력과 태양으로부터의 거리에 따라 정해진다고 했다. 당시 알려진 행성은 다섯 가지였기에, 피타고라스는 이 다섯 행성이 함께 아름다운 화음을 연주한다고 가정했다. 별들도 그 위치와 움직임을 통해 우주의 노래에 이바지한다고 여겨졌는데, 전설에 의하면 피타고라스는 이 "천구들의 음악"을 들을 수 있었다고 한다. 피타고라스학파에게 진리는 수 및 수들끼리의 관계였다. 수학은 우주의 비밀을 푸는 방법이었고, 우주의 조화는 다만 수들 사이의 관계의 발현이었을 뿐이다.

전해 오는 이야기에 따르면 피타고라스의 유레카 순간은 한 대장장이의 가게에서 찾아왔다. 망치로 금속을 연거푸 두드리는 소리를 듣고서 피타고라스는 귀에 듣기 좋은 음이 따로 있다는 사실을 알아차렸다. 귀도 예민하고 수학적 감각도 있었던지라, 그는 귀에 듣기 좋은 소리 진동 또는 음들—귀의 실제 물리적 구조와 공명을 이루는, 즉 동기를 이루어 진동하는 소리들—을 골라낼 수 있었던 것이다. 이유를 물으니 대장장이가 답하기를, 망치들의 무게가 서로 절반의 비율로 다르다는 것이었다.

우주의 본질이 조화에 있을 수 있다는 생각을 깊이 품은 채 그는 이 비율을 적용해 관찰하고 가정했다. 그는 튕기면 소리가 나는 현(끈)으로 실험했다. 그는 망치들의 무게 비율은 현의 길이 비율과 등가임을 알아차렸다. 매질의 종류가 달라도 수학적 원리는 똑같았다. 그는 대단한 이치를 간파해냈다. 처음 현의 절반 길이의 현을 튕겼더니, 이전과 비슷하지만 더 높은 주파수의 음─이른바 옥타브─이 났다. 연속적으로 절반씩 길이를 줄여 가면서 현을 진동시켜 본 결과 피타고라스는 서양 음악의 음계를 발견하게 되었다. 현의 길이를 절반으로 하면 주파수는 두 배가 되었다. 가령 A음을 예로 들면, 1:2의 비율은 진동수가 440Hz인 A음의 절반인 220Hz의 A음을 가리킨다. 서양음악에서 주파수를 두 배로 하면 한 옥타브만큼 음정이 높아지고, 보통의 피아노에서 여덟 건반이 올라간다. 우리는 옥타브 사이의 두 음이 동일하다고 여기지만 두 음은 엄연히 음높이가 서로 다르다.

그리고 피타고라스는 원래 길이의 삼분의 일에서 현을 튕겼더니 끈이 완전5도에서 진동하는 걸 들었다. 이것은 C음계의 경우 G음인데, 엘비스 프레슬리의 〈아이 캔트 헬프 폴링 인 러브 위드 유〉의 첫 선율의 두 번째 음에 나온다. "Wise(C) men(G) say(E)." 현이 원래 길이의 사분의 일로 나뉘면, C음계에서의 F음이 얻어진다. 이 패턴은 1에서 5까지의 모든 정수에 대해 계속된다. 귀에 듣기 좋은 음들이 현의 길이의 정수 관계에서 생기는 것을 보고서 피타고라스는 "만물이 수"이며 천구들의 음악이 존재한다고 확신했다.

피타고라스는 듣기 좋은 음을 내는 현의 길이의 정수 비율을 알아내기는 했지만, 왜 그런지는 불가사의였다. 우리는 이 장을 몽땅 그 주제에 바칠 것이다. 피타고라스의 발견은 바흐, 모차르트 및 비틀스 등과 같이 먼 나중에 다가올 대단히 감동적인 음악의 토대였을 뿐만 아니라, 순수수학과 천체물리학에도 중요한 기여를 했다. 만물이 수라는 피타고라스의 근본적인 믿음은

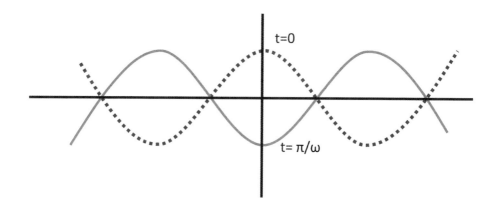

그림 5.1. 현의 진동.

거의 삼천 년이 지나서 현대 이론물리학의 만트라가 되었다. 내가 알기로 디랙도 피타고라스주의자였다.

고대 그리스 철학자 및 천문학자들은 지구가 우주의 중심에 있다고 믿었다. 당시는 중력의 개념을 몰랐고 모든 것은 그저 지구로 떨어지는 듯 보였다. 지구 주위로는 구형의 천체들의 운동을 관장하는 완벽한 구들이 감싸고 있었다. 그런 까닭에 '구'의 음악이라고 하는 것이다. 신성과 동일시된 원형 형태는 우주의 구조와 역학의 핵심이라고 인식되었으며 만물은 그러한 움직임이 유지되도록 작동했다.

아리스토텔레스(기원전 350년경)가 숭배했던 완전한 우주라는 개념은 비록 정확하지는 않지만 오늘날까지도 인정받고 있다. 행성, 별 및 달은 지구 주위를 회전하는 수정구들 속에 끼어 있었고, 이 구들은 에테르라는 제5의 원소로 이루어져 있었다. 아리스토텔레스는 플라톤의 제자였는데 플라톤도 피타고라스의 추종자였다. 플라톤은 구의 음악의 수치적 기반을 기하학적 형태로까지 확장하여 그의 이름을 딴 플라톤 입체를 찬양했다. 이 다섯 가지의 플라톤 입체들은 구 다음으로 대칭성, 규칙성 및 정확성 면에서 가장 특별한 기하학적 형태였다. 피타고라스-플라톤 철학에 따르면 이런 완벽한 기하학적 형태들은 음악적 완선성과 마찬가지로 인간과는 무관하게 자율적이라고 여겨졌다.[2] 불룩한 입체들 각각은 한 종류의 정다각형들로 구성되는데, 이 정다각형들은 해당 입체의 매 꼭짓점에서 동일한 개수로 서로 만난다. 가장 단순하고 유명한 플라톤 입체는 정육면체다. 정육면체는 여섯 개의 정사각형으로 이루어지는데, 매 꼭짓점에서 세 개의 정사각형이 만난다. 이외에도 정사면체(네 개의 정삼각형), 정팔면체(여덟 개의 정삼각형), 정이십면체(스무 개의 정삼각형) 그리고 정십이면체(열두 개의 정오각형)가 있다.

플라톤은 이 형태들을 네 가지 원소와 연관 지었다. 흙(정육면체), 불(정사면체), 공기(정팔면체) 그리고 물(정이십면체). 정십이면체는 어떤 원소와도 연관 지어지지 않았기에, 플라톤이 실제로 다섯 가지 전부를 발견했는지는 논쟁거리다. 우주적 영역의 아름다움에 매혹되어 그런 아름다움에 어울리는 수학적 정밀성을 찾으려는 고대 철학자들의 시도가 현대과학의 탄생을 촉발했다.

아리스토텔레스 이후 400년쯤 지나자 더욱 정확한 천체 관측 덕분에 고대의 천체 모형이 면밀한 검사를 받았고, 그 결과 고대의 수정구들은 산산이 깨지기 시작했다. 프톨레마이오스(서기 100년경)가 행성들이 밤하늘을 지날 때 보이는 역행 운동을 설명하기 위해 유명한 프톨레마이오스 모형을 만들었다. 지구에서 볼 때 행성들이 밤하늘을 이동하면서 가끔씩 느려지다가 거꾸로 움직이기도 하는데, 지금 우리는 그 까닭이 태양 주위를 도는 행성들의 (지구에 대해 상대적인) 공전 운동 때문임을 안다. 하지만 지구 중심의 완벽한 원형 모형

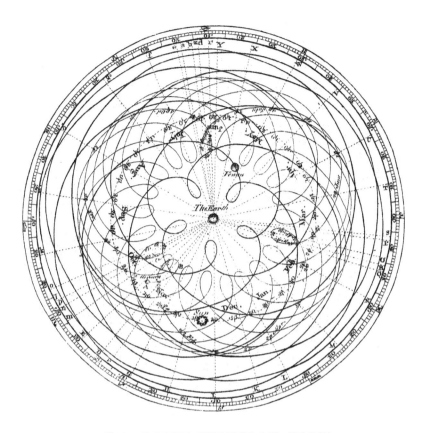

그림 5.2. 프톨레마이오스 모형의 이미지. 출처는 위키피디아.

에서는 이와 같은 불규칙적인 운동을 정당화하기가 거의 불가능하다. 독창적인 천재 프톨레마이오스는 자기로서는 최선을 다해 프톨레마이오스 모형을 내놨다. 우주적 신성 그리고 이에 따른 완전한 도형인 원은 당시에는 대체 불가능한 것으로 여겨졌기에, 그는 원 '속의' 원인 주전원을 도입하여 역행 운동뿐만 아니라 행성들이 보이는 듯한 약간의 타원 운동까지도 설명해냈다. 고대의 믿음을 유지하기 위한 대단히 복잡하고도 반직관적인 모형이었다.

그림 5.3. 게성운, 폭발한 별(초신성)의 잔해. 사진 출처는 NASA, ESA, J. Hester, A. Loll(ASU).

신성한 기하학에 대한 믿음이 차츰 물러나고 인간적 지각에 대한 확신이 들어서기까지는 약 1500년이 걸렸다. 죽을 운명인 인간이 신성에 맞서기란 쉽지 않았고, 어떤 이들은 그 대가를 치러야 했다. 서기 1054년의 초신성 이 야기를 해 보자. 그때 한 별이 폭발하여 엄청나게 밝게 빛났는데, 그것의 잔 해가 오늘날 밤하늘에 보이는 멋진 게성운이다. 중국과 아랍의 천문학자들도 기록을 남긴 게성운은 가만히 있는 밤하늘의 별들 가운데서 갑자기 출현했 다. 신의 완전한 우주에서 새로운 것이, 변하는 것이 있을 수 있단 말인가? 우 주의 음악에 불협화음이 존재한단 말인가? 초신성은 명백한 특이 현상이었지만 누군가가 오래된 생각을 내다 버리는 데에는 수백 년의 시간이 걸렸다. 니콜라우스 코페르니쿠스는 1400년대 후반에 태어난 폴란드의 수학자 겸 천문학자인데, 바로 이 사람이 수정구, 주전원 그리고 (어떤 이들이 보기에) 신을 영원히 내다 버린 인물이다.

우주는 지구가 아닌 태양이 중심이고 모든 행성은 태양 주위를 돌았다. 행성들의 역행 운동은 공전하는 행성들과 마찬가지로 공전하는 지구에서 보기 때문에 생긴 결과였으며, 태양의 변덕스러운 운동은 일 년 주기로 지구가 태양을 돌기 때문이었다. 밤하늘을 가로지르는 별들의 일주 운동은 지구의 자전 때문이었다. 얼마나 대단한 통찰인가! 코페르니쿠스는 이런 현상들을 전부 정확하게 해명했을 뿐만 아니라 별들이 행성들은 물론이고 태양으로부터도 훨씬 더 멀리 있음을 확인하여 별들의 운동이 보이는 차이도 해명했다. 그렇다 보니 태양 중심설(지동설)은 코페르니쿠스 혁명이라고 칭송받았다. 스트레스 때문인지 그는 자신이 내놓은 우주의 태양 중심 이론을 세상에 발표한 바로 그해에 죽었다. 신을 우주—좀 더 인간적이고 이성적인 우주—의 방관자로 강등시킨 결과를 목격하기 전에 세상을 떠났으니 다행일밖에.

갈릴레오 갈릴레이(1600년경)는 관측천문학의 아버지로서 천문학 역사상 가장 위대한 관찰을 몇 가지 해냈다. 흑점, 달의 분화구, 그리고 금성의 위상 변화를 면밀히 관찰하여 확인한 사람이 바로 그였다. 또한 은하수도 자세히 관찰했는데, 빽빽한 별들과 성간 구름들로 이루어진 이 마법의 띠는 지금도 밤하늘을 가로지른다. 그중에서도 가장 의미심장한 발견은 목성의 위성 네 개를 발견한 것인데, 목성의 위성 중 가장 큰 이 위성들은 갈릴레이 위성이라고 불린다. 이 천체들이 목성 앞뒤로 오가는 모습을 밤마다 시각별로 꼼꼼하게 기록한 그는 이들 위성이 목성 주위를 돌고 있다고 입증했다. 이 관찰만으로도 지구 중심설을 반박하고 코페르니쿠스의 태양 중심설을 강력히 뒷받침할 수 있었다. 코페르니쿠스와 달리 그는 자신의 주장을 공공연히 밝힌 바람에 신적인 질서를 전복한다는 죄명으로 기소되었다. 그 결과 평생 동안 가택 연금을 당하고 말았다. 비록 불경죄로 처벌받긴 했지만 갈릴레오는 선구자인 코페르니쿠스와 마찬가지로 새로운 길을 개척했다. 그 길은 자연의 아름다움에 깃든 신적인 근거가 아닌 물리적 근거를 찾는 장래의 이론가들에게 활짝 열려 있었다.

관측천문학의 업적 면에서 갈릴레오와 어깨를 겨루지만 성향 면에서 좀 더 보수적인 인물로 네덜란드의 귀족 천문학자 튀코 브라헤(1500년대 후반)가 있다. 그는 거의 평생을 바쳐 관측 도구를 발명했고 천체들의 위치를 더욱 정밀하게 관측하는 데 큰 진전을 이루었다. 두말할 것 없이 천체들의 운동에 관해 당대에는 가장 정확한 데이터를 축적했다. 코페르니쿠스의 기하학적 주장 중 일부를 인정하긴 했지만, 그는 지구 중심설을 포기할 준비가 되지 않았기에 엄격하게 프톨레마이오스 모형을 따랐다. 1599년 12월 그는 은밀히 젊은 조수 한 명을 데려와 평생 모은 데이터를 분류하는 일을 맡겼다. 이 조수가 바로 요하네스 케플러였다. 하지만 일 년 후 튀코가 갑자기 죽음을 맞이하는 바람에, 자세히 기록된 방대한 천체 관측 자료는 가족의 몫이 되었다. 조금 마지못해 하며 가족은 튀코의 소중한 자료를 신출내기 조수인 케플러에게 건네주었다.

케플러(1600년경)는 필시 행성들의 운동을 설명해 줄 신적인 근거가 아니라 물리적 근거를 탐구한 최초의 천체물리학자였다. 그의 삶은 비극의 연속이었다. 어머니는 마녀라는 죄목으로 화형을 당했고, 다섯 살 때는 용병인 아버지의 최후를 목격했으며, 성인이 되어서는 세 아이와 아내를 전염병과 다른 질병으로 잃었다. 자신도 어렸을 때 천연두를 앓았는데, 그 때문에 시력에 손상을 입었고 손에도 장애가 있었다. 온갖 시련 속에서도 케플러는 어려서부터 위대하고 감동적인 천체 현상을 바라보길 좋아했다. 시련과 슬픔은 오직 하늘을 우러르겠다는 갈망을 더욱 깊게 할 뿐이었다. 그가 겪은 첫 번째 의미심장한 사건은 1577년의 거대한 혜성의 출현이었다. 그때 지구에 근접하여 지나간 혜성은 유럽 전 지역에서 관찰되었다. 바로 튀코가 관찰한 것과 동일한 혜성인데, 덕분에 튀코는 그것이 대기 현상이 아니라 지구 바깥 영역에서 벌어지는 일임을 제대로 추론해냈다. 나중에 케플러는 월식도 관찰했다. 시력이 나빴는데도 그는 불그레한 달의 모습에 감동했고 자신의 벅찬 가슴과 변변찮은 시력을 밤하늘을 관찰하는 데 쏟았다. 알고 보니 튀코의 눈은 시력 면에서 불운했던 그의 조수를 완벽하게 보완했다.

케플러는 명석한 수학자이자 열정적인 천문학자이며 창의적인 실험가였다. 게다가 성격도 대담하여 지구 중심설과 천구의 완벽성을 과감히 내다 버리고 엄밀한 학자의 길을 추구했으며 튀코의 일생에 걸친 연구를 바탕으로 값진 결과를 얻어냈다.

어느 날 천문학 강의를 하면서 케플러는 머릿속에 환한 등불이 켜지는 순간을 경험했다. 행성들의 운동을 논하는데, 행성들 사이의 거리가 우연히 정해지는 것이 아니라 신성한 합리적 질서에 관한 피타고라스적 관점을 반영함을 깨달았다. 예를 들어 지구로부터 화성은 목성의 절반 거리에 있으니 한 옥타브 높게 공전하는 셈이었다. 행성들은 구의 음악에 따라 움직인다고 확신하면서도 그는 현대의 과학자처럼 계속 질문을 던졌다. 왜 행성은 여섯 개일까? 왜 스물다섯 개나 세 개가 아닐까? 천왕성과 해왕성은 아직 발견되기 전이었다. 기나긴 나날 동안 각고의 노력을 기울인 끝에 케플러는 평생 동안 마음속에 품게 된 놀라운 계시를 받았다. 즉 우주는 반드시 수학적 비율에 따라 어떤 심오한 기하학적 조화를 따랐다. 또한 그가 보기에 다섯 가지 플라톤 입체는 행성이 여섯 개인 바로 그 '이유'였으며, 그 입체들은 여섯 행성의 거리와 운동을 지배했다.

플라톤 입체들로 이루어진 한 러시안 인형을 생각해 보자. 각각의 플라톤 입체는 하나의 구 껍질 속에 위치하는데, 이때 그 입체의 모든 꼭짓점은 구의 안쪽 면에 닿는다. 마찬가지로 그 구는 각각의 입체 내부에 놓이면서 그 입체의 안쪽 면들에 닿는다. 이런 식으로 케플러는 여섯 개의 가상의 구 껍질을 위치시키는 모형을 세우고, 이것을 여섯 행성의 위치와 결부시켰다. 갈릴레오의 전철을 따라갈 위험을 감수하면서 케플러는 태양을 중심에 두고 그 바깥쪽으로 수성, 금성, 지구, 화성, 목성 및 토성을 두었다. 행성들의 운동은 플라톤 입체들에 의해 분리된 구체에 국한되었다. 이 발견의 내용은 1596년에 《우주의 신비》라는 책으로 발표되었다. 철학자와 천문학자들의 머릿속을 이천 년 동안 맴돌고만 있던 두 가지 근본적인 문제를 케플러가 대칭성과 기하학을 이용하여 풀었다. 실로 놀라운 업적이었다. 약관 스물여섯의 나이에, 행성이 왜 여섯 개인지, 그리고 행성들의 궤도를 (거의 비슷하게) 알아냈던 것이다.

하지만 모든 의문이 풀리지는 않았다. 자신의 방정식과 모형을 끊임없이 발전시킬 놀라운 직관과 수학 실력을 갖춘 그에게 한 가지 심오한 질문이 남아 있었다. 그는 '무엇이' 행성들로 하여금 태양 주위를 돌게 하는지를 진정으로 알고 싶었다. 이것은 새로운 종류의 질문이었다. 종교적인 성향인 케플러는 처음에 삼위일체 속에서 답을 추구했다. 성부, 즉 태양이 중심에 위치해 있었고, 성자는 하늘에 고정된 별이었으며, 성령은 모든 천체의 운동을 창조하는 데 필요한 위력, 즉 힘을 발했다. 하지만 이런 설명만으로는 성이 차지 않았다. 케플러는 다음과 같이 적었다. "행성들을 움직이는 영靈은 태양에서 멀수록 덜 활동적이거나, 아니면 태양 속에 오직 하나의 움직이는 영이 있어서 행성이 더 가까울수록 더 가열히 행성들을 움직이게 한다."[3] 나아가 그는 힘이 "빛의 힘이 그러하듯이 거리의 역의 비율로 감소한다"고 추론했다. 역사상 물리적 추론이 천문학에 적용된 최초의 순간이었다. 케플러가 서서히 밝혀낸 것은 결코 사소하지 않았다. 이 난제들이 중력과 빛의 물리학의 바탕이었다. 아울러 그는 이 두 가지가 원천으로부터 멀어질수록 약해진다고 제대로 간파해냈다. 또한 태양의 '영'이 행성 운동을 일으키는 힘임을 올바르게 직관했다. 이 힘은 나중에 중력이라고 불리게 된다. 하지만 정보가 더 필요했는

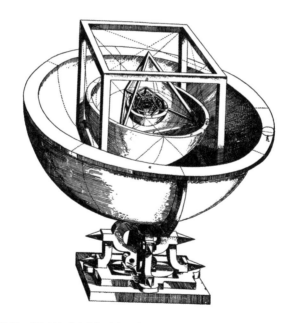

그림 5.4. 요하네스 케플러의 태양계에 관한 플라톤 입체 모형으로서 《우주의 신비》(1596년)에 실려 있는 그림이다. 출처는 위키피디아.

데, 그것은 자신이 파악했던 것 속에 이미 숨어 있었다. 화성의 운동에 대한 튀코의 기록에 꼼꼼하고 성실히 적혀 있었던 것이다.

세밀한 사항을 간과할 리 없는 사람답게, 케플러는 화성의 궤도에 관한 튀코의 데이터가 자신의 모형과 정확하게 들어맞지는 않는다고 금세 알아차렸나. 분명 수학석 엄밀성을 추구했기에 그런 세부사항을 놓치지 않은 것이다. 그 문제를 생각하느라 8년이라는 시간이 흘렀지만 그는 결코 굴하지 않았다. 문제는 태양 주위를 도는 화성의 궤도가 원에서 너무 심하게 벗어났기에 완벽한 구의 모형으로는 데이터와 들어맞게 하기가 불가능했다. 이전의 천문학자들과 달리 케플러는 마침내 이상화된 플라톤 입체 모형을 버렸다. 대신에 근대의 과학적인 방법, 즉 새로운 지식을 얻기 위해 가설을 세우고 검증하는 방법을 채택했다. 당시 알려지기로 지구는 자력을 내뿜는데, 이 현상에 착안해 케플러는 성령을 태양에서 방출되는 자력으로 대체했다. 1605년에 케플러는 이렇게 적었다.

나는 물리적 원인을 탐구하는 일에 흠뻑 빠져 있다. 나의 목표는 천상의 기계가 신성한 유기체보다는 오히려 시계와 비슷함을 밝히겠다는 것인데⋯ 온갖 운동들이 마치 모든 운동이 하나의 단순한 추에 의해 [일어나는] 시계의 경우처럼, 하나의 꽤 단순한 자력에 의해 발생한다는 점에서 말이다. 게다가 나는 이 물리적 발상이 어떻게 계산과 기하학을 통해 표현되는지도 보여 주고자 한다.[4]

하지만 태양에 자력이 있고 이로 인해 갈릴레오가 처음 발견한 흑점이 생기기는 하지만, 그것은 케플러가 찾고 있던 중력과는 엄연히 달랐다.

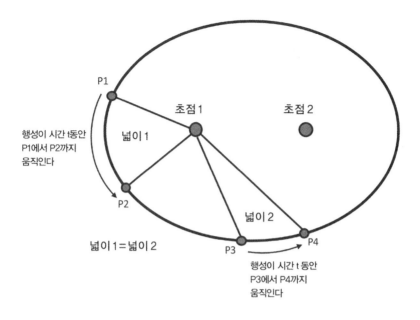

초점 1

초점 2

P1

넓이 1

행성이 시간 t동안
P1에서 P2까지
움직인다

P2

넓이 2

넓이 1 = 넓이 2

P3

P4

행성이 시간 t 동안
P3에서 P4까지
움직인다

그림 5.5. 케플러 제2법칙.

　그는 연구를 계속하면서 구의 화음에 대한 피타고라스의 이상과 신념을
다시 살펴보기로 결심했다. 이상에서 비롯되는 아름다움이 깊이 밴 사람이었
던 탓이다. 어쨌든 피타고라스의 수학이 서양 음악을 정의했으며, 몬테베르
디와 버드 같은 유명한 르네상스 작곡가들도 케플러와 동시대 인물이었다.
그는 만약 행성들이 완벽한 원형 궤도로 움직인다면 음높이는 궤도 전체에
걸쳐 똑같이 유지되겠지만 화성의 경우처럼 그 궤도는 분명 길쭉했으므로,
그 행성이 태양에 가까울수록 더 빨리 움직이며 음높이는 올라갈 것이라고
추론했다. 이런 음높이 변화가 피타고라스의 우주적 화음에 새로운 방식으로
이바지했다. 피타고라스주의자들은 길이 비율들이 옥타브(2:1) 또는 완전5도
(3:2)—'도레미파솔라시도'의 다섯 번째 음—처럼 귀에 듣기 좋은 음을 발생

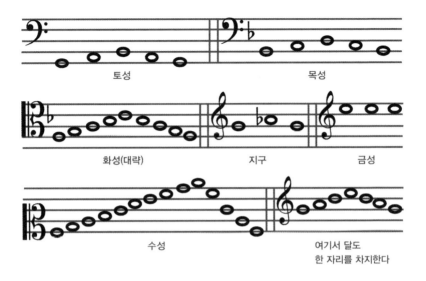

그림 5.6. 케플러가 각 행성의 타원 궤도에 대해 계산한 음표들. 각각의 행성에 대해, 가장 낮은 음은 태양에서 가장 먼 거리(가장 느린 궤도 속도)에 대응하며, 가장 높은 음은 태양에서 가장 가까운 거리(가장 빠른 궤도 속도)에 대응한다.

시킨다고 믿었던 반면에, 천상의 화음에 관한 케플러 버전의 핵심은 행성의 가장 먼 궤도 속도와 가장 가까운 궤도 속도의 비율이었다.

기하학적이고도 음악적인 추론을 통해 행성 운동에 관한 케플러의 세 법칙이 나왔다. 환상적인 업적이었다. 이 세 법칙은 행성들의 타원 궤도 운동을 정확히 기술하는 중요한 방정식들이다. 1605년이 되자 케플러는 행성들이 그냥 길쭉한 모양이 아닌 정확한 타원 궤도를 이루며 돈다고 결론을 내렸다. 아울러 행성을 태양과 잇는 직선이 동일한 시간에 동일한 공간의 넓이를 휩쓸며 지나간다는 사실을 알아냈다(그림 5.5 참고). 하지만 그때로부터 15년 후인 1620년까지는 자신의 세 가지 행성 운동 법칙을 발표하지 않았는데, 그 까닭은 화성만이 아니라 다른 행성들 '전부'를 포함시키기 위해서였다. 특히 마지막 법칙은 행성의 궤도 주기와 궤도 크기 사이의 정확한 수학적 관계를 표현했다.

성공에 이르기까지 머나먼 길이었지만, 마침내 케플러는 피타고라스의 전설적인 천상의 음악을 간파해냈고 심지어 온 세상에 알리기 위해 그 악보의 음표들을 적을 수 있었다. 최근에 나는 케플러의 천상의 음악을 담은 앨범을 들을 수 있었다.《세계의 조화:《세계의 조화》(1619년)에 나오는 요하네스 케플러의 천문학 데이터의 귀를 위한 실현》이라는 앨범으로서, 윌리 러프와 존 로저스라는 두 작곡가의 작품이다.[5] 이 앨범은 행성들이 타원 궤도로 태양 주위를 돌면서 내는, 듣고 나면 계속 귓가에 맴도는 경이로운 화음들을 청각적으로 재현하고 있다. 한 가지 놀라운 특징은 여러 화음이 모여서 행성들의 주기적인 궤도에 대응하는 통합된 리듬을 만들어낸다는 것이다. 가령 토성은 장3도(음높이 비율 5:4), 목성은 단3도(6:5), 화성은 5도(3:2)를 연주한다. 케플러의 마음의 귀가 듣기에는, 모든 행성은 신성한 기쁨에 가득 차서 천상의 화음을 노래하고 있었다.[6]

궁극적으로 케플러의 법칙 이면에 있는 진정한 물리학을 드러내기 위해서는 다른 종류의 천재가 나타나야 했다. 행성들이 태양 주위를 타원 궤도로 돌게 만드는 데에는 새로운 힘, 즉 중력이 필요함을 알아낸 아이작 뉴턴(1600년대 후반)이 바로 그런 천재였다. 뉴턴이야말로 분명 모든 시대를 통틀어 가장 영향력 있는 수리물리학자라고 해도 과언이 아니다. 1687년에 출간된 자신의 저서《자연철학의 수학적 원리》에서 뉴턴은 천체의 운동은 '물론이고' 지상 물체의 운동까지도 중력의 개념을 이용해 기술해냈다. 게다가 행성 운동에 관한 케플러의 세 법칙을 자신의 만유인력 법칙으로부터 유도해냈다. 피타고라스한테서 감명을 받아 케플러가 우주의 기하학과 조화에 관한 필생의 분석을 통해서 도달한 결론이 이로써 완전히 증명되었다.

한편, 한 분야에서 다른 분야로 옮겨 다니며 케플러는 유비적 사고의 이점을 확실히 깨달았다. 신성한 구로부터 조화롭고 기하학적인 비율의 수학으로, 나아가 지구의 자력과 천체의 기이한 불규칙한 운동에 이르기까지 케플러는 어떤 연구자에게나 영감의 원천이 되었다. 케플러의 헌신과 창의성, 그리고 수학적 엄밀성은 특히 이론물리학자들한테 발견에 이르는 궁극적인 과정으로 여겨진다.

구의 화음을 꿈꾼 피타고라스의 시대가 아득해 보이는 오늘날에는 행성들이 음표를 연주한다는 발상은 사리에 맞지 않고 부적절하다고 여겨질지 모른다. 하지만 피타고라스가 지금 시대로 온다면 태양계 바깥에 아주 많은 행성이 존재한다는 사실을 매우 희한하다고 여길지 모른다. 2012년 10월 현재, 케플러 우주망원경은 우리 태양계 바깥에 800개가 넘는 행성들을 발견했다 (참고로 우리 은하만 쳐도 행성이 대략 몇 조 개는 될 것이다). 게다가 뉴턴의 시대 이후로 발견된 우주의 새로운 천체도 은하, 은하단 및 수수께끼 같은 암흑물질 등 이루 헤아릴 수 없이 많다. 물론 쿼크와 뉴트리노의 아원자 영역도 존재하며, 그 영역에는 상이한 입자들과 힘을 통합하는 여러 대칭성이 존재한다. 피타고라스라면 끈이 우주 만물의 바탕이 될 가능성에 대해 뭐라고 말할까? 오늘날의 우주는 피타고라스에게는 기하학적이고 조화로운 완벽한 세계로 여겨질 것이다. 하지만 우리는 어떤가?

현대의 물리학자는 자신이 만든 아름다운 수학적 모형이 직접 눈으로 보는 세계를 기술하는 데 부족하다는 점을 아주 잘 알고 있다. 물리학자의 임무는 결코 끝나지 않았다. 언제나 어긋남, 불일치, 이유를 모르는 요소나 초기 조건, 이상성anomaly, 그리고 던져도 던져도 끝나지 않는 질문이 존재한다. 어떤 물리학자는 좀 더 심오한 수학적 진리를 발견할 기회로 여기며, 다른 물리학자는 우리가 지식의 한계에 봉착했다고 여긴다. 이런 한계에 직면할 때 피타고라스적 이상이 유용할 수 있다. 현재까지의 지식을 바탕으로 만약 우리가 우주의 음악적 속성을 오늘날의 난제들에 적용할 수 있다면 현대 물리학의 새로운 지평이 열리지 않을까 하고 나는 내다본다. 사실 우주는 진동들의 거대한 화음적 실현일 수 있지 않을까? 그리고 우주에서 불협화음의 역할은 무엇일까? 분명 유비에도 한계가 있을 테지만, 지식을 추구할 때 유비의 힘은 바로 그런 한계에서 작동한다. 유비가 한계에 봉착했음을 알 때, 정의상 발견을 위한 새로운 길이 열리는 법이다. 한계가 우리에게 던져 주는 질문들을 대담하고 창의적으로 대면할 수만 있다면 말이다. 우아함과 아름다움은 방정식의 형태 속에만 있지 않고 진리를 발견해 나가는 방법 자체에도 있다. 쿠퍼 교수, 브란덴버거 교수, 그리고 이샴 박사는 바로 그런 방법 면에서 내가 물리학을 배워 나가면서 굉장한 영향을 받은 분들이었다.

고대 철학자들에게 배웠던 학생들은 구의 음악, 기하학적 형태의 완전성, 역동성, 그리고 인간의 정신 활동과 우주의 법칙과의 관계에 관해 궁리했다. 현재의 학생들은 이런 고대 철학자들이 내놓은 정확한 계산 결과들을 훈련받았다. 케플러의 타원 궤도, 뉴턴의 중력 법칙 및 더욱 복잡한 아인슈타인의 시공간 이론이 그런 계산 결과들이다. 미래의 학생들이 무얼 배울지는 지금으로서는 전혀 알 수 없다. 교육, 기술 및 국제적인 상호교류가 엄청나게 빠르게 발전하고 있기 때문이다. 학생들이 따라잡고 연구자들이 새로운 진리를 발견하고 교수들이 안내와 통찰을 제시하려면, 고대의 철학과 현대의 철학에서 온 사상들의 결합이 필요할지 모른다. 물론 창의성과 즉흥성, 그리고 기꺼

이 실수를 마다하지 않는 대담한 마음가짐도 필요할 것이다.

어쨌든 결코 뒷걸음치는 일은 없을 것이다.

6

⦁ ⦁ ⦁ ⦁ ⦁ ⦁ ⦁ ⦁

이노, 소리 우주론자

> 직관적으로 생각해 볼 때, 복잡한 것은 더욱 복잡한 것으로부터
> 만들어져야 할 듯하지만, 진화 이론에 의하면 복잡성은 단순성으로부터 생겨난다.
> 그것이 가장 기본적인 구도다. 나는 그런 발상을 작곡 아이디어로서 좋아하며,
> 어떤 조건들을 마련해서 그것들이 성장하게 놔둘 수 있다. 그러면 작곡은
> 건축이라기보다는 정원 가꾸기에 더 가까워진다.
> – 브라이언 이노

누구든 좋아하는 마실 것이 각자 있기 마련이다. 거품과 진홍빛 액체가 빛을 내고, 칵테일 잔 속의 찰랑대는 얼음 소리가 흥겨운 재잘거림을 반주해 주었다. 실내는 긴 머리카락의 늘씬한 여성들과 검은색 정장 차림의 남성들로 화사한 분위기였다. 곳곳에서 황금빛 목걸이와 소매 단추가 반짝였다. 하지만 개츠비가 여는 파티 같은 게 아니었다. 임페리얼 칼리지에서 매년 열리는 양자중력 칵테일 시간이었다.

행사 주관자는 머리부터 발끝까지 검은색 일색이었다. 검은 터틀넥, 검은

청바지, 그리고 검은 트렌치코트 차림이었다. 임페리얼 칼리지에서 박사후 과정을 밟게 된 첫날에 나는 블랙킷 연구실의 이론물리학 구역의 긴 복도 끝에서 그를 알아보았다. 새까만 야성적인 머리카락, 턱수염, 그리고 안경 때문에 확연히 눈에 띄었다. 내 옆을 지나가기에 어떤 사람일까 궁금해서 "안녕하세요?"라고 인사를 건넸다. "안녕하세요?"라고 답하는 그의 목소리를 듣고 나는 단번에 알아차렸다. "뉴욕 출신인가요?"라고 물었더니, 그렇다고 했다.

이렇게 해서 친구 사이가 된 이 사람은 리 스몰린이다. 루프 양자중력이라는 이론의 시조 중 한 명인 그는 당시 임페리얼 칼리지를 평생직장으로 삼을까 생각 중이었다. 끈 이론과 더불어 루프 양자중력은 아인슈타인의 일반상대성이론과 양자역학을 통합하는 가장 설득력 있는 접근법 가운데 하나다. 우주의 기본 입자들이 진동하는 끈으로 이루어져 있다고 보는 끈 이론과 달리, 루프 양자중력 이론은 '공간' 자체를 끈 이론에서의 끈과 같은 크기의 고리들이 얽힌 망이라고 여긴다. 리는 자신의 세 번째 저서인《양자중력의 세 가지 길》의 원고를 방금 끝내고 급히 편집자에게 원고를 보내려고 달려가는 중이었다. 급한 걸음에 나도 우체국까지 동행했고, 기념으로 에스프레소를 함께 마셨다. 그것은 이후 우리가 함께 마시게 될 수백 잔의 커피 가운데 첫 잔이었다.

평소에는 그 연례행사의 주최를 페이 도커가 맡았는데, 그날 밤은 그녀를 쉬게 해주려고 리가 웨스트 켄싱턴에 있는 자기 아파트를 양자중력 파티 공간으로 내놓았다. 그날 페이는 초빙 강사로서 분위기를 만끽했다. 날씬한 몸매에 안경을 썼으며 똘망똘망해 보이는 그녀 또한 양자중력의 개척자였다. 도커 교수는 박사후 연구원으로 스티븐 호킹 밑에서 웜홀과 양자 우주론을 연구했지만, 이후 전공을 인과적 집합론으로 바꾸었다. 파티 시작 후 두 시간쯤 지나자, 홍겨운 재잘거림은 도커 교수의 목소리에 배턴을 넘겨주었다. 그녀가 끈 이론과 루프 양자중력 이론의 대안으로서 인과적 집합 이론을 명쾌하게 설명하기 시작했다. 루프 양자중력 이론과 마찬가지로 인과적 집합론은 우주의 물질에 관해서라기보다는 시공간 자체의 구조에 관한 것이었다. 하지만 고리들로 시공간을 얽는 대신에 이 이론에서는 시공간이 인과적 방식으로 조직되는 불연속적인 구조라고 기술된다. 인과적 집합론의 접근법은 공간의 구조를 해변의 모래와 비슷하다고 본다. 해변을 멀리서 보면 모래가 균일하게 분포해 있다. 하지만 가까이 다가가면 개별 모래 알갱이들을 구별할 수 있다. 인과적 집합론에서도 시공간은 모래로 이루어진 해변처럼 시공간의 알갱이 '원자들'로 구성되어 있다.

　양자중력 이론에 가담한 쪽은 일차적으로 끈 이론을 연구하는 이들이었는데, 미국의 이론가인 켈로그 스텔레가 그런 사례다. 그는 p-막 이론의 선구자이자 나의 박사후 과정 지도교수이기도 했다. 수학에서 막membrane은 2차원의 확장된 대상, 즉 공간을 차지하는 대상이다. p-막은 이와 비슷한 고차원에서의 대상이다. 끈 이론에 나오는 끈들은 p-막상에서 끝날 수 있다(즉 p-막이 끈들의 종착지다). 그리고 또 다른 경로로 양자중력에 접근하는 이샴 박사도 와 있었는데, 그는 오직 '부분적으로 존재하는' 수학적 실체들을 다루는 철학적인 토포스 이론topos theory의 지지자였다. 양자중력의 모든 영역을 공부하는 박사후 연구원들이 거물급 학자들 사이의 빈틈을 메우고 있었다. 결코 변변찮은 지성의 소유자들이 모인 자리가 아니었다. 그 자리의 분위기상 확실한 무기가 없는 나 같은 사람은 쉰내 나는 연구실 책상에 앉아서 엇비슷한 동료들과 함께 하염없이 수학 기호들을 만지작거려야 할 것 같았다. 다행이라면 내가 연구실에서 벗어나 음악에 좀 더 몰두하면 우주론에 더 진척이 있을 거라고 이샴 박사가 믿어 주었다는 것이다. 캠던타운의 지하 재즈 무대에서 곡을 연주하는 틈틈이 물리학 개념들을 다루면서, 나는 음악이 내 연구에 창의성을 불어넣으리라고 확신하게 되었다. 그게 시작이었다. 아이디어들이 차츰 솟아났다. 더 큰 변화가 찾아오려 하고 있었다.

도커 박사가 응접실 강연을 하고 있을 때 나는 어떤 이에게 눈길을 주고 있었다. 그날 밤 내내 시야에 들어왔던 사람이다. 리 스몰린처럼 검은색 차림에 얼굴이 단단해 보였다. 그리고 사람들이 말을 걸어올 때면 환하게 빛나는 금이빨을 드러내 보였다. 도커 박사의 말을 진지하게 듣고 있는 모습을 보고서 열성 러시아 이론가려니 짐작했다. 알고 보니 리와 함께 온 사람이었다. 강연 후에도 내가 근처에서 얼쩡거리는 모습을 보고서 리는 자신의 금이빨 친구가 노팅힐 게이트에 있는 스튜디오로 돌아갈 때 함께 가자고 했다. 나는 그 친구가 무슨 연구를 하고 있고 양자중력의 어떤 학파에 끼어 있는지 궁금했다. 런던의 어두운 뒷골목으로 들어갔다 나왔다 하면서 가파른 길을 걷는 둘을 따라잡으려고 나는 헉헉댔다. 그 사내가 정식 물리학자가 아님을 금세 알아차렸다. 둘의 대화는 듣도 보도 못한 내용이었다. 처음에는 아인슈타인 이론에 따른 시공간의 구조와 공간과 시간의 상대성이 주제였다. 그건 낯선 부분이 아니었다. 그런데 곧 둘은 파동의 수학에 대해 갑론을박하더니 어찌 된 셈인지 계속 음악으로 되돌아갔다. 금이빨 친구는 보면 볼수록 흥미진진한 인물이었다.

그렇게 나는 브라이언 이노와 처음 만났다. 그의 스튜디오에 도착하고서 우리는 전화번호를 교환했고 자신의 자전거 하나를 '무기한'으로 내게 선뜻 빌려주었다. 당시 나는 브라이언이 누군지 몰랐다. 일주일 후 친구인 밴드 멤버한테 그 이야기를 한 뒤에야 알게 되었다. 유능한 영국계 알제리인 베이시스트 겸 우드oud(아랍의 현악기) 연주자인 타예브는 잠시 나의 무식함에 할 말을 잃었다가 이렇게 말했다. "이 멍텅구리 같으니… 그 사람 엄청난 대가야."

브라이언 이노는 영국 록 밴드 록시 뮤직의 전직 멤버로서, 일찍이 음악의 위대한 혁신가로 입지를 굳혔다. 그는 한때 아트 록과 글램 록(1970년대 등장한 록 음악의 일종으로서, 밴드 멤버들의 화려한 옷차림과 화장 등으로 유명하다 – 옮긴이) 운동에 동참했는데, 그때는 로큰롤이 클래식 음악과 아방가르드 음악의 영향을 받아들여 새로운 분위기를 만들어 나갈 때였다. 현란한 의상, 펑키한 머리카락, 그리고 진한 화장을 한 로커의 차림새가 눈길을 사로잡았다. 루 리드, 이기 팝, 데이비드 보위를 떠올려 보라. 이노는 밴드의 신시사이저 달인이었는데, 기이한 소리를 프로그래밍하는 능력이 탁월했다. 당시 신시사이저의 아름다움이 그들 음악의 복잡성 속에 깃들어 있었다. 초창기에는 오늘날의 신시사이저와 달리, 버튼을 눌러 미리 정해진 소리들로 신시사이저를 프로그래밍해야 했다. 록시 뮤직의 인기가 치솟고 이노로서도 인기를 누릴 만큼 누리자, 그는 록시 뮤직을 떠났다. 이후로도 그의 음악 인생은 고공행진을 계속했다. 토킹헤즈와 U2를 프로듀싱했으며, 폴 사이먼, 데이비드 보위 및 콜드플레이와 같은 거물들과 합동 작업을 하거나 프로듀싱을 맡았다. 게다가 신시사이저를 계속 파고들었고, 그 결과 전설적인 야마하 DX7 신시사이저의 으뜸가는 프로그래머로 인정받았다.

이노 같은 예술가가 왜 시공간과 상대성의 문제에 관심이 있는지 궁금했다. 이노를 더 많이 알수록, 단지 시간 때우기나 기분 전환 때문이 아님이 분명했다. 런던에서 2년 동안 지내면서 차츰 알고 보니 이노는 내가 '소리 우주론자'라고 부르는 유형의 인물이었다. 그는 우주의 구조를 탐구하고 있었는데, 음악으로 영감을 받아서가 아니라 음악과 함께 탐구하는 작업이었다. 그는 지나가는 말로 내 우주론 연구에도 자극을 가하는 발언을 하곤 했다. 우리는 노팅힐에 있는 이노의 스튜디오에서 정기적으로 만나기 시작했다. 그곳은 임페리얼 칼리지로 가는 길에 꼭 들르는 장소가 되었다. 우리는 커피를 마시면서 우주론과 악기 설계에 관해 이야기를 나누거나, 빈둥거리다가 이노가 좋아하는 마빈 게이나 펠라 쿠티의 노래를 연주하곤 했다. 그 스튜디오가 내게는 가장 창조적인 아이디어들의 산실이 되었다. 스튜디오를 나와서 나는 한껏 고양된 정신 상태로 임페리얼 칼리지로 가서 계산을 하거나 연구에 관한 토론, 그리고 동료 이론가들과의 공동 논문 발간 작업을 이어 나갔다.

물리학을 연구하면서 가장 기억에 남는 중요한 사건은 어느 날 아침 이노의 스튜디오에 들어갔을 때 벌어졌다. 대체로 이노는 새로운 곡의 세부사항을 작업하고 있었다. 저음을 곡에 딱 맞게 배치한다든가 멜로디를 박자에 조금 뒤처지게 놓는다든가 했다. 그는 앰비언트 뮤직ambient music의 개척자였고 다작의 설치 예술가였다.

이노는 음반《앰비언트 1: 공항을 위한 음악》의 설명글에서 자기 음악을 이렇게 설명했다. "앰비언트 뮤직은 청취의 여러 수준을 수용할 수 있어야지 어느 특정 수준을 강요해서는 안 된다. 이 음악은 흥미로운 것만큼이나 무시해도 좋은 것이어야 한다." 그가 추구한 것은 음색과 분위기의 음악이었지, 집중해서 들어야 하는 음악이 아니었다. 하지만 듣기 '쉬운' 곡을 만드는 일은 결코 쉽지 않기에, 그는 온 정신을 집중하여 꼼꼼하게 소리를 분석해야 했다.

그 특별한 날에 이노는 컴퓨터로 파형을 조작하고 있었는데, 마치 음파와 서로 말이 통하기라도 하는 듯 능수능란했다. 내가 놀란 것은 이노가 필경 우주의 가장 근본적인 개념—진동의 물리학—을 주무르고 있었다는 사실이었다. 양자물리학자가 보기에 입자들은 진동의 물리학으로 기술된다. 그리고 양자 우주론자가 보기에 끈과 같은 근본적인 실체의 진동은 전체 우주의 물리학을 열어젖히는 열쇠가 될 수 있다. 안타깝게도 그런 끈들이 활약하는 양자 세계는 너무나 작아서 심리적으로든 물리적으로든 도저히 엿볼 수 없지만, 그날은 '엿들을' 수 있는 진동의 발현으로서 내 앞에 있었다. 그것은 내가 파헤치고 있는 음악과 물리학 사이의 새로운 관련성은 아니었지만, 덕분에 그런 관련성이 내 연구에 미치는 효과에 대해, 그리고 브란덴버거 교수가 내게 던진 질문에 대해 다시 생각하기 시작했다. 그 질문이란 바로 이것이었다. 우주의 구조는 어떻게 생겨났는가?

소리는 공기나 어떤 고체 물질과 같은 매질을 밀어붙이는 진동으로서, 진행하는 압력 파동을 만들어낸다. 상이한 소리는 상이한 진동을 만드는데, 이로써 상이한 압력 파동이 만들어진다. 이런 파동을 우리 눈에 볼 수 있게 그린 것이 파형이다. 진동의 물리학에서 핵심 요점은 모든 파동은 측정할 수 있는 파장과 진폭을 지닌다는 것이다. 소리를 예로 들어볼 때, 파장은 소리의 높거나 낮은 음높이를, 그리고 진폭은 소리의 크기를 결정한다.

파동의 길이와 진폭처럼 측정이 가능한 것은 수를 부여할 수 있다. 만약 어떤 것에 수를 부여할 수 있다면 그런 파동을 두 개 이상 합칠 수 있다. 이노는 바로 그걸 하고 있었다. 단순한 파형을 합쳐서 새로운 파형을 만드는 일이었다. 구체적으로 말해 단순한 파형을 믹싱해서 복잡한 소리를 만들고 있었다.

물리학자들한테 파동을 합친다는 개념은 푸리에 변환이라고 알려져 있다. 이게 무엇인지는 연못에 돌을 하나 던지면 명확히 알 수 있다. 연못에 돌을 하나 던지면, 특정한 진동수를 지닌 원형 파동이 돌이 떨어진 지점으로부터 퍼져 나간다. 만약 그 지점 근처에 두 번째 돌을 던지면 두 번째 원형 파동이 바깥으로 퍼져 나가는데, 이 두 파동은 서로 간섭을 일으켜 더욱 복잡한 파동 패턴을 만든다. 푸리에 변환의 놀라운 점은 '임의의' 파동이라도 가장 단순한 형태의 파동들을 합쳐서 만들 수 있다는 것이다. 이 단순한 '순수한 파동들'은 규칙적으로 반복되는 파동들인데, 이는 다음 장에서 살펴볼 것이다.

진동의 물리학으로 브라이언 이노와 나는 의기투합했다. 나는 물리학의 푸리에 변환을 소리를 믹싱하는 음악가의 관점에서 보기 시작했다. 창조성의 수단으로 봤던 것이다. 이노가 빌려준 자전거는 나의 뇌를 한 장소에서 다른 장소로 더 빠르게 옮겨주는 바퀴였다. 여러 달 동안 학제간 사고가 나의 아드레날린이었다. 음악은 단지 영감만이 아니라, 내 신경 통로들을 부드럽게 해주는 수단이자 내 연구의 절대적이고도 심오한 동반자였다. 나는 내가 진동의 로제타 비석이라고 여기는 것을 해독한다는 발상에 전율을 느꼈다. 어떻게 파동이 소리와 음악을 창조하는지를 알려 줄 (이노가 잘 숙달하고 있는) 규칙들이 존재했다. 이를 이용해 어쩌면 (아직 밝혀지지 않은) 초기 우주의 양자 행동이 어떻게 거대 규모의 우주 구조를 만들었는지가 드러날지 몰랐다. 파동과 진동은 공통점이 있지만, 관건은 구조가 궁극적으로 어떻게 생겨나는지 명확하게 알아내기 위해 그 두 가지를 연결하는 일이었다.

그때 이노가 하고 있던 여러 프로젝트 가운데에는 그가 '생성 음악genera-tive music'이라고 불렀던 것이 있었다. 1994년에 이노는 기자들로 북적거리는 스튜디오에서 생성 음악을 출범시키며 생성 소프트웨어 작품을 초연했다. 10년 후쯤 결실을 보게 된 생성 음악이라는 발상은 물결무늬 패턴의 소리 버전이었다. 앞서 말한 호수의 물결들이 간섭을 통해 복잡한 패턴을 만드는 것을 떠올려 보라. 이는 동일하게 반복되는 패턴들이 겹쳐서 만들어지는 물결무늬 패턴인데, 이런 패턴의 종류는 무한히 많다. 돌 두 개로 파동을 만드는 대신에, 생성 음악은 두 가지 박자를 서로 다른 속도로 연주한다는 아이디어에 바탕을 두었다. 시간을 따라 연주되도록 해 두면, 단순한 박자 입력들이 아름답고도 인상적인 복잡한 소리를 내놓았다. 예상 밖의 소리 패턴의 풍경이 끊임없이 펼쳐졌다. 그것은 "하나의 계 또는 한 벌의 규칙들이 일단 운동을 시작하면 음악을 만들어낼 수 있다는 발상이었는데… 이는 여러분이 결코 들어보지 못했던 음악이다."[1] 이노가 물결무늬 패턴으로 처음 실험한 작품은 1975년에 발표한 《이산적인 음악Discrete Music》이다. 이 작품은 《룩스》(2012년에 나온 스튜디오 앨범)와 같은 그의 앰비언트 음악 가운데 큰 비중을 차지하고 있다. 음악은 더 이상 통제되지 않으며 반복되지 않고 예측할 수 없는 것이 된다. 클래식 음악과는 완전 '딴판'인 것이다. 관건은 어떤 입력을 선택하느냐다. 어떤 박자? 어떤 소리?

차츰 나는 우주 최초의 순간들을 관장했던 물리학—아무 형태가 없던 텅 빈 우주가 성장하여 오늘날 우리가 보는 풍부한 구조로 변모하는 과정—과 이노의 생성 음악 사이의 관련성에 눈떴다. 우주의 구조가 이노의 생성 음악처럼 파동의 한 시작 패턴에서 비롯될 수 있을지 궁금했다. 나는 푸리에 변환과 동시에 이노의 음악적 두뇌에서 흘러나오는 영감이 필요했다. 어쨌든 이노는 대다수 물리학자를 뛰어넘는 직관력으로 푸리에 개념을 주무르고 있던 것이다. 나는 이 직관을 발전시켜 그걸로 무언가 창조적인 일을 하고 싶었다. 그날 아침 이노의 스튜디오에 갔더니, 파형들을 만지작거리고 있던 그가 빙긋 웃으며 말했다. "이봐, 스테판, 나는 작동시키면 곡 전체를 생성하는 간단한 시스템을 설계하는 중이네." 내 머릿속에 전깃불이 번쩍거렸다. 우리가 사는 우주의 복잡한 구조, 그리고 인간과 같은 복잡한 생명체의 구조를 생성할 수 있는 진동 패턴이 초기 우주에 있었다면 어떻게 될까? 그리고 이러한 구조가 즉흥적 속성을 갖고 있었다면 어떻게 될까? 내가 처음에 배웠던 즉흥연주에 몇 가지 실마리가 있었다.

7

새로운 음악을
찾아서

여름이면 나는 임페리얼 칼리지를 잠시 떠나 컬럼비아대학의 끈 우주론 및 천체물리 연구소Institute for String Cosmology and Astrophysics, ISCAP 소속 브라이언 그린의 연구팀에 합류했다. 끈 이론의 핵심 개념을 우주론에 적용하는 새로운 프로젝트를 추진하기 위해서였다. 하지만 그때 나는 두 분야 사이의 관련성이 한 재즈 전설과의 우연한 만남에서 드러나리라고는 상상도 못했다. 임페리얼 칼리지에서 직장을 구하겠다고 결심했지만 거기서 퇴짜를 받은 지 5개월 후에 내게 처음으로 일자리를 주겠다고 한 사람이 바로 브라이언 그린이었다. 브라이언은 끈 이론에서 위상 변화에 관한 획기적인 연구를 한 것으로 유명하지만, 그가 진정으로 열정을 바친 주제는 끈 이론이 초기 우주에 관해 무슨 말을 해 줄 수 있는가였다. 그래서 내가 브라이언을 찾게 된 것이다. 그 연구소는 2000년에 브라이언을 공동소장으로 삼아 출범했다. 그러니 당연히 그의 연구 프로그램, 즉 초끈 이론을 우주론의 문제에 적용하는 프로그램과 더불어 성장했다. 이 프로그램 덕분에 내 세대의 많은 젊은 우주론자들이 기회를 얻었는데, 다들 그 고마움을 영원히 잊지 못할 것이다. 브라이언이 내게도 일자리를 제안했으니 정말 감사할 따름이다. 다행히 내가 임페리얼 칼리지에 가기로 결심한 이후에도 그는 ISCAP의 객원 박사후 연구원 자리를 내주었다. 그래서 나는 여름이면 런던에서 뉴욕까지 날아가 ISCAP에서 연구도 하고 내가 좋아하는 재즈 클럽에서 연주도 할 수 있었다.

고향 땅을 다시 밟는 재외거주 뉴요커 물리학자는 나만이 아니었다. 리 스몰린도 뉴욕에서 암흑 에너지와 양자중력에 관한 흥미진진한 연구를 진행하고 있었다. 우리는 서로 아이디어를 공유하기로 의기투합하고서, 리의 절친한 친구 재런 러니어의 아파트에서 만나기로 약속했다. 리는 재런을 천재라고 불렀다. 리가 누군가를 천재라고 부른다면, 괜히 그러는 것이 아니다. 나는 브롱크스에서 지하철 2호선에 올라타 트라이베카에서 내려 한 고층 아파트에 들어갔다. 아파트 한쪽 끝에는 말 그대로 수백 대의 희한한 악기들이 있었다. 다른 편에는 온갖 종류의 전자 장치 및 컴퓨터 장치가 즐비했다. 리가 나를 맞이했고 몇 분 후에 거구의 한 사내가 나타났다. 파자마를 닮은 검은색 티셔츠, 헐렁한 검은색 바지, 그리고 샌들 차림에 검고 두꺼운 금발의 레게머리를 하고 있었다. 내게 성큼 다가와서는 마치 우리가 벌써 친한 친구이기라도 한 듯 양팔을 크게 벌려 덥석 안았다. 이 사람이 바로 세계 정상급 컴퓨터 과학자이자 작곡가인 재런 러니어다. 무엇보다도 그는 가상 현실의 개척자이기도 하다. 실내를 슥 둘러보니 《와이어드》의 창간호 표지가 눈에 들어왔다. 표지에는 고글과 장갑을 쓴 레게머리의 재런이 나와 있었는데, 마치 외계 행성에서 온 사람처럼 묘하게 웃고 있었다.

때마침 그 무렵 나도 긴 레게머리를 하고 있었다. 해가 갈수록 우리는 아주 가까운 친구 사이가 되어 갔다. 재런은 만물박사라고 해도 과언이 아니다. 화가에 과학자에 작곡가에 여러 악기 연주자에다 저자이기까지 하다. 하지만 가장 놀란 점은 과학과 음악을 함께 즉흥연주하는 그의 재능이었다. 그는 과학과 음악의 한 분야에서 얻은 아이디어를 새로운 기술이나 과학 발전에 적용했다. 카플란 선생님 때문에 그랬듯이, 다시 한 번 나는 물리학의 세계를 음악과 연결시키는 취미를 진지하게 여기게 되었다.

우리가 만난 첫해인 2000년에 재런은 초파리의 시각계의 신경망에 매혹되었노라고 했다. 번식이 빠른 초파리는 유전학뿐 아니라 신경생물학을 실험하기에 좋은 검사 대상이다. 따라서 초파리의 신경회로에 대한 생물학 정보는 많이 존재한다. 재런은 동료들과 함께 이 신경 코드를 시뮬레이션하는 컴퓨터 알고리듬 제작에 구미가 당겼다. 하지만 당시 나는 그런 프로젝트가 무슨 의미가 있겠나 싶어 이렇게 생각했다. '그래서 뭘?' 9년 후 재런은 샌프란시스코만이 내려다보이는 산 정상에 멋진 집을 한 채 샀다. 나는 종종 그 집에 갔는데, 어느 날 버클리 힐스를 걷고 있을 때 재런이 불쑥 말했다. "스테판, 초파리 프로젝트 기억나? 내 친구 몇몇이 그 기술을 스타트업에 적용해서 내게도 한몫을 챙겨줬지. 그래서 이 집을 산 거야." 고등학교에 간 적이 없는 재런에게는 잘된 일이었다. 사실, 재런은 십 대 때 뉴멕시코에서 지오데식 돔(다면체로 이루어진 반구형 또는 바닥이 일부 잘린 구형의 건축물 – 옮긴이)을 지어 거기에 살면서 대학의 수학 수업을 들으러 다녔다.

재런도 색소폰을 불었기에 뉴욕에서 우리가 처음 만난 날 자연스레 색소폰 이야기가 나왔다. "스테판, 내 친구 오넷 콜먼이 도심에 사는데, 가서 한 번 만나보지 않을래?" 나는 입이 쩍 벌어졌다. 어렸을 적 브롱크스에서 음반으로 들었던 바로 그 오넷 콜먼이었으니까. 나를 뜻밖에도 재즈 즉흥연주에 빠지게 만든 인물이었으니까. 내가 꿈인지 생신지 하고 있자니 리가 끼어들었다. "와, 그거 끝내주는데!" 재런이 전화기를 들었고, 우리는 조금 후 뉴욕의 노란 택시를 타고 달려가 오넷의 도심 궁전에 도착했다.

오넷 콜먼은 텍사스의 블루스와 포크 음악 분위기에서 자랐으며, 프리재즈라는 혁신적인 장르를 개척한 거물 중 한 명이다. 당시 나는 일부 음악가가 정규 내지 정통 주류 재즈라고 여기는 것을 연구하고 있었다(지금도 그렇다). 이론물리학과 마찬가지로, 정통 재즈를 연주하려면 온갖 지식을 먼저 숙달해야 한다. 가령 여러분이 재즈 세션에 참여했는데 어떤 이가 〈오텀 리브스〉를 신청한다면, 여러분은 머리(시작 선율)와 나머지 형태(화음 및 리듬 구조)를 알고 있어야 한다. 따라서 정통 재즈의 솔로 즉흥은 곡의 구조 내지 형태에 의해 제약을 받는다. 하지만 오넷 콜먼과의 대화를 통해 나는 즉흥연주 및 이론물리학과의 관련성을 생각하는 방식을 바꾸게 되었다.

오넷은 신사적이고 차분한 성격이었는데 가끔씩 우화를 곁들여 말했다. 처음 만났을 때 그는 나를 자기 스튜디오로 데려가서 자신의 분신과도 같은 흰색 알토 색소폰을 나한테 건네더니 말했다. "한번 불어 보세요." 상상해 보라. 재즈계의 전설이 여러분에게 자기 악기를 불어 보라고 하는 상황을. 한편으로는 대단히 감격스럽지만, 한편으로는 아주 두려운 순간이기도 했다. 오넷이 나한테 깨끗한 마우스피스와 리드를 건네주었고 나는 한 음계를 오르락

내리락 불기 시작했다. 그가 상냥하게 말했다. "놀라워요! 단지 열두 가지 음을 불었을 뿐인데, 그 음들과 대화를 나눌 줄 알다니요!" 오넷은 단박에 큰 감동을 내게 안겨 주었다. 대화 주제는 즉흥연주에 대한 그의 접근법으로 바뀌었는데, 사실 그는 즉흥연주에 대한 새로운 태도 내지 전략으로 유명하다. 오넷은 자신의 방법을 하몰로딕스harmolodics라고 칭했는데 한 인터뷰에서 다음과 같이 설명했다.

> 기본 음표들을 택한 다음에 제한적인 방식으로 접근해서 이 음표를 연주하면 저 단계를 따를 수 없다는 식으로 말하지 말고, 소리에 대해 그리고 소리로 무엇을 할 수 있을지를 생각하는 겁니다. 제가 하몰로딕스로 하는 게 바로 그것이죠. 선율, 리듬 및 화음을 다르게 생각하는 것이에요. 제가 적을 수 있는 어떤 유형의 정해진 패턴이라기보다는 듣기와 대답하기, 소리와 반응에 관한 것이죠. 음악은 사람들이 그러려니 여기는 온갖 것과 별 관계가 없습니다.[1]

정말 급진적인 생각이었다. 나로서는 재즈를 연주하는 한 가지 올바른 방법이 있다고 언제나 가정하고 있었으니 말이다. 모든 음계를 머리와 손에 기억하라. 열심히 연습하고 연주 기술을 갈고닦아서 화음 변화 시에 일관되면서도 창의적으로 곡이 이어지게 하라. 대가들의 솔로를 자신의 특정 악기에 맞게 이해하고 분석하라(내게 대가들이라 함은 존 콜트레인, 소니 롤린스, 덱스터 고든, 찰리 파커, 웨인 쇼터 및 마일스 데이비스를 가리킨다). 하지만 오넷한테서 얻은 교훈은 내가 대학원 시절에 받은 뜻밖의 조언을 떠올리게 했다. 프로비덴스의 한 음악 가게의 어두운 지하실에서 오래된 악보들을 살펴보고 있는데, 그때 뒤에서 쉰

목소리가 들렸다. 뒤를 돌아보았더니 트위드 재킷 차림의 키 큰 노인이 자기를 클래식 음악 작곡가라고 소개하면서 이렇게 말했다. "시간 낭비를 하고 있군요. 위대한 음악가가 되고 싶다면 세 가지를 알아야 합니다. 첫째, 규칙을 깨트리기 전에 일단 규칙을 숙달하기. 둘째, 음악은 긴장과 해소에 관한 것임을 알기. 셋째, 연습하고 연습하고 또 연습해야 하시만, 연주를 하러 나가서는 그걸 몽땅 잊어버리기." 그 사람을 두 번 다시 보진 못했지만, 그의 말은 내게서 떠나지 않았다. 지금도 종종 나는 물리학과 학생들에게 그 이야기를 해 준다.

광대한 풍경의 듬직한 형태처럼(재런의 삶이 그런 예다), 정통 재즈곡의 구조는 즉흥연주를 펼치기에 알맞은 화성적이고 선율이 풍부하며 리듬감이 살아 있는 뼈대를 제공한다. 가령 많은 재즈곡은 초기의 틴 팬 앨리(19세기에서 20세기 초까지 미국 대중음악을 장악한 뉴욕시 음악 출판업자와 작곡가 집단을 이르는 총칭 – 옮긴이), 브로드웨이 및 헐리우드 곡들에서 나온 것인데, 재즈 음악가들은 연주를 위해 그런 곡들을 기본 재료로 삼는다. 테너 색소폰의 아버지인 콜먼 호킨스는 한 곡을 '화음' 중심으로 즉흥연주하기의 대가였다. 레스터 "프레즈" 영(Lester Young의 애칭이 Pres/Prez였는데, President의 줄임말이다 – 옮긴이)의 가볍고 명랑하면서도 강렬한 스타일은 호킨스의 거친 방식과 대조적이었는데, 그는 선율 중심의 즉흥연주에 뛰어난 탐구자였다. 재즈의 아버지인 루이 암스트롱과 비밥 천재 찰리 파커는 선율, 화음 및 '리듬'의 수준에서 즉흥의 대가였다.

하지만 하몰로딕스를 할 때 오넷은 자신의 즉흥연주의 화음을 의도적으로 변화시킨다. 정통 재즈에서는 일반적으로 조 중심의 이동을 통한 화음 진행이 음악을 이끄는 데 반해서, 하몰로딕스에서는 선율, 화음 및 '소리'가 전부 즉흥연주에서 동등한 역할을 한다. 대칭 원리처럼 음악의 모든 요소가 동등한 위치에 있다. '소리'는 잘 정의된 개념 집합으로 환원하기가 어려운 용어다. 이것은 재즈 음악가들의 음색이 저마다 어떻게 다른지를 알려 주는 다소 비유적인 개념이다. 오넷 콜먼과 찰리 파커는 둘 다 알토 색소폰을 연주하지만, 각자 자신만의 고유한 소리 특징―특유의 음색과 울림, 음들을 휘게 하거나 리드미컬하게 진행하는 방식―을 자랑한다. 따라서 진정한 재즈 마니아라면 재즈 솔로를 듣고서 누가 연주하는지 알 수 있다.

오넷이 자연스럽게 변화를 가할 때 밴드도 이에 화답하면서 음악의 새로운 구조를 발생시킨다. 대표적인 재즈 기타리스트 마크 리봇은 오넷이 이런 구조를 바탕으로 어떻게 동기 주제를 펼치는지 언급했다.

> 비밥의 구조들에서 벗어나긴 했지만, 사실은 작곡의 새로운 구조를 발전시키고 있었다… 오넷의 하몰로딕 음악의 규칙들… 분명 그것은 동기 주제를 기본으로 삼은 뒤에 선율 면에서나 리듬 면에서나 구조를 풀어 버려서 다조성적이 되도록 하며, [주선율]의 동기 주제에 매우 강하게 연결되어 있다.[2]

동기는 종종 반복되거나 곡 전체에 걸쳐 다시 나타나는 짧은 선율이다. 아마도 가장 유명한 동기는 베토벤의 〈5번 교향곡〉의 첫 세 음일 것이다. 이 교향곡 내내 동기는 조를 바꾸어 가며 다시 나타나고 다양한 악기들로 연주된다. 이런 방식은 생성 음악에 대한 브라이언 이노의 방식과도 닮았다. 두 음악가 모두 구조와 복잡성이 단순한 규칙이나 패턴에서 생겨난다는 개념을 갖고서 곡을 만들었던 것이다. 그런데 오넷의 곡을 진지하게 들어 보면 그의 솔로 연주가 소리와 음높이 둘 다를 변화시켜서 이루어짐을 알 수 있다.

짧은 색소폰 레슨을 마친 후 오넷은 내가 무슨 연구를 하고 있는지 물었다. 소용돌이라고 대답했다. 소용돌이는 양자장 이론의 흔한 주제이긴 하지만, 나는 초끈 이론의 맥락에서 소용돌이를 연구하고 있었다(이 사안은 나중에 다시 이야기하겠다). 소용돌이는 에너지가 갇힌 관 모양의 영역으로서 자연에 매우 흔하다. 개수대 속으로 빙글빙글 흘러들어 가는 물의 운동이 소용돌이다. 태풍의 눈도 소용돌이다. 양자 영역에서도 자기장은 초전도체에서 소용돌이의 격자를 형성할 수 있었다. 나는 종이 한 장을 가져와서 소용돌이를 그려 보여주었다. 오넷은 자신의 솔로 연주에도 소용돌이 모양의 패턴이 나온다고 했다. 이 만남 이후 오넷의 음악을 들을 때마다 내 귀에는 분명 그가 음표들을 즉흥연주할 뿐만 아니라 소용돌이와 같은 기하학적 패턴들을 생성하고 있는 것으로 들렸다.

　오넷과의 만남은 나중에 내가 전자 음악가 리우와 함께 첫 앨범을 낼 때 영향을 미쳤다.《히어 컴즈 나우》라는 그 앨범은 브라이언 이노와 오넷 콜먼에게 바친 것이다. 앨범에는 이노가 통달한 주파수 변조 합성의 요소들과 더불어 생성 전자 리듬하에서 내가 연주한 프리재즈 표현들이 들어 있다. 감히 의견을 말하자면, 앨범 가운데 최고의 곡은 〈오넷의 소용돌이〉다.

　재런과 오넷은 내게 과학자이자 음악가가 된다는 것에 대한 신선한 시각을 제공했다. 재런은 음악과 과학 사이의 유용한 유사성을 끊임없이 밝혀내는 음악가이기도 했다. 언젠가 그가 중요한 컴퓨터 과학 강연을 하는 모습을 본 적이 있는데, 그는 최초의 디지털 컴퓨터라고 자신이 설명한 고대 중국 악기 이야기로 강연을 시작했다. 오넷은 교육받은 과학자는 아니었지만 물리학에 대한 내 아이디어를 주제로 그것이 어떻게 음악과 연결될 수 있는지 이야기하곤 했다. 어느 날은 내게 이런 말을 했다. "너한테 줄 패턴이 있어." 그러더니 종이 한 장에 여섯 개의 음표를 그려 놓고선 말했다. "이걸 늘 지니고 있

그림 7.1. 비판적 인정을 받은 저자의 《히어 컴즈 나우》 앨범의 표지. 사진은 에린 리우 및 브랜던 산체스.

어. 화음 변화를 하면서 연주할 때 도움이 될 거야." 상대성이론이나 이야기하자! 안타깝게도 그 비밀의 여섯 음표를 공개할 수 없다. 아직은.

젊은 이론물리학자다 보니, 은사들의 격려에도 불구하고 나는 틀 속에 있어야 한다는, 그리고 전반적인 경향에 따라야 한다는 압박을 여전히 느꼈다. 발전을 이루고 사다리를 올라가려면 대체로 동료들로부터 인정을 받아야 했다. 만약 잘 교육 받은 이론가다운 실력이 부족하다는 느낌을 주게 되면, 동료 집단에서 쫓겨날 위험에 처하고 만다. 내가 내놓은 아이디어들은 괴짜들 무리에서조차 퇴짜를 맞을 만한 것임을 잘 알고 있었다. 이론가라면 누구나 숙달하는 전통적인 기법들을 익히느라 온갖 노력을 다했지만, 나는 물리학을 일목요연하게 정리한 그림 한 장을 머릿속에 넣고 싶었다. 음악도 마찬가지였다. 즉흥연주에 대한 나의 일종의 개념도는 내가 연습하고 내면화했던 형식론으로부터 벗어나게 해 주었다. 오넷과의 첫 만남은 이론물리학자로서 갈길에 돌파구를 터주었다. 나는 무리로부터 떨어져 있는 데에서 자유로움과 확신을 느꼈다.

오넷은 비밥과 정통 재즈에서 벗어남으로써 큰 위험을 감수했다. 하지만 새로운 아이디어를 무척 소중하게 여겼기에 전통이 쳐놓은 울타리에서 과감히 벗어날 수 있었다. 그런 점이 무척 멋지고, 덕분에 새로운 음악이 나올 수 있었다. 마찬가지로 나도 아름다움을 위하여 아이디어를 내놓는 이론가가 될수 있었다. 오넷이 서양 화음의 틀에 박힌 선율 진행을 버리고 새로운 아이디어를 찾아 자신이 내고 싶은 소리를 표현했듯이, 나도 이론물리학계를 그런 방식으로 대할 수 있었다. 내가 가정하는 과학적 명제 중 많은 것이 틀리겠지만, 아마도 한두 가지는 내 분야에서 진일보한 것으로 밝혀질지 모른다.

오넷의 음악을 듣고 그와 대화를 나눈 오랜 세월 동안 나는 재즈 음악과 우주론 사이의 유사성을 더욱 깊게 파악했다. 쿠퍼 교수가 가르쳐 주었듯이, 그러한 귀중한 유사성 덕분에 우리는 하마터면 알지 못했을 새로운 물리학적 내용을 말할 수 있는 것이다.

8

● ● ● ● ● ● ●

진동의 보편성

신시사이저와 생성 음악 이전에, 우주 구조 생성에 관한 양자 우주론 논쟁 이전에 아이작 뉴턴이 있었다. 하나의 직관적이고 보편적인 메커니즘으로 뉴턴은 위대한 세 명의 선배 수학자들—피타고라스, 갈릴레오, 케플러—의 업적을 통합했다. 기원전 500년에 사모스섬의 피타고라스는 자신이 대장간에서 들었던 화음들을 재현하려고 시도했다. 망치가 금속을 두드릴 때 나는 음악에 귀를 기울이며 그는 상이한 길이의 팽팽한 끈을 이용해 여러 망치 무게의 수치적 비율을 재현할 수 있었다. 하지만 피타고라스를 포함해 다른 이들의 수천 년 동안의 연구도 복잡한 진동의 바탕이 되는 보편적인 비밀이 유용하고 아름다운 하나의 수학 법칙으로 기술된다는 사실을 전혀 몰랐다. 그 법칙이 바로 푸리에 변환이다.

피타고라스 시대로부터 대략 이천 년 후인 1600년경, 갈릴레오와 케플러가 피타고라스의 발견을 더욱 깊게 파헤치려는 열정을 간직하고 있었다. 비록 둘은 어떻게 끈이 화음을 내놓는지 물리적으로 이해할 수는 없었지만, 평생에 걸친 연구 끝에 이 목표를 향한 중요한 디딤돌을 마련했다. 신성한 기하학과 우주의 화음을 믿고 연구한 결과 케플러는 행성 운동을 지배하는 법칙들을 알아냈다. 갈릴레오도 케플러도 자신들이 연구한 운동이 그때까지는 확인되지 않았던 단일한 힘의 직접적인 발현임은 몰랐다. 그러던 중에 아이작 뉴턴이 등장했다.

아이작 뉴턴은 1642년에 영국에서 태어나 역사상 가장 영향력 있는 물리학자 겸 수학자 가운데 한 명이 되었다. 그는 다방면에 재주가 있었지만 가장 몰두한 주제는 물체의 운동이었다. 또한 미적분학 발명에 일조했고 광학에도 이바지했는데, 가장 중요한 업적은 고전역학의 초석을 놓은 것이다. 지상의 물체들이 어떻게 움직이는지가 고전역학에 의해 기술되었다. 가령 기계의 움직임, 발사체의 운동, 그리고 심지어 갈릴레오의 자유낙하 운동까지도 고전역학에 의해 완전히 해명되었다. 뉴턴은 물체들이 힘에 반응하여 움직임을 증명했지만, 그는 훨씬 더 멀리까지 내다보고 있었다. 뉴턴은 지상은 '물론이고' 우주 공간까지 '모든' 물체의 운동을 이해하길 원했다. 그런 노력의 결실이 바로 1686년에 출간된 《자연철학의 수학적 원리》(일명 《프린키피아》)인데, 이 책에서 그는 지상과 우주의 운동 둘 다를 지배하는 근원적인 힘, 즉 중력을 제시했다. 중력 때문에 물체들은 지구를 향해 떨어지며 또한 행성들은 태양 주위를 공전했던 것이다. 뉴턴이 거둔 가장 빛나는 성공은 이 '보편적인 법칙'을 이용하여 행성 운동에 관한 케플러의 세 법칙을 '유도해냈을' 때 찾아왔다.

끈의 화성학은 여전히 비밀에 싸여 있었지만, 뉴턴은 운동 법칙을 발견하면서 자신도 모르게 언젠가 끈의 물리학을 밝혀낼 기초 작업을 해놓았다. 세월이 흐르면서 뉴턴의 후예들이 미해결된 퍼즐 조각들을 끼워 맞춰 끈 운동의 전체 그림을 완성했다. 끈으로부터 파동 운동이 기술되었고, 이는 양자물리학, 우주론 및 음악을 결합하는 접착제임이 드러났다.

뉴턴의 발견에 깃든 비밀은 자연의 모든 대상을 지배하는 하나의 현상에도 작용하고 있었다. 그것은 모든 운동을 꿰는 실인데, 뉴턴은 그것을 관성의 원리라고 불렀다. 뉴턴은 물체가 스스로 회전하지도 빨라지지도 느려지지도 않음을 알아차렸다. 뉴턴에 따르면 한 물체의 '관성'은 운동의 변화에 저항하는 내재적인 속성이다.

뉴턴의 운동 제1법칙. 외부의 힘이 가해지지 않는 한 정지한 물체는 계속 정지해 있고 움직이는 물체는 '동일한 속력과 방향으로' 계속 운동한다.

이 첫 번째 원리는 새로운 질문 하나를 던진다. '힘'이란 무엇인가? 이를 설명하기 위해 뉴턴은 두 번째 법칙을 정식화했다. 그는 힘을 속도의 변화와 동일시함으로써 정확하게 정의했다. 여기서 한 물체의 속도는 속력과 방향을 둘 다 가리킨다. 만약 한 물체의 속도가 변하면(빨라지거나 느려지거나 또는 방향이 바뀌면), 그 물체는 가속된다고 한다. 이것이 뉴턴의 제2운동 법칙의 핵심이다. 한 물체에 가해지는 힘은 그 물체를 가속시킨다. 반대로 한 물체가 어떻게 가속되는지 관찰하면 힘의 특성을 알아낼 수 있다. 뉴턴이 간파한 것은 한 물체에 가해지는 힘과 그 가속도가 그 물체의 질량에 직접적으로 관련되어 있다는 사실이다.

뉴턴의 운동 제2법칙. 한 물체에 가해지는 힘 F는 물체의 질량 m을 그 물체의 가속도 a와 곱한 값이다.

$$F = ma$$

관성, 힘 및 속도 변화에 대한 뉴턴의 통찰은 언뜻 보기에 당연한 듯하지만 사실은 매우 심오하다. 이 단순한 방정식이 한 입자에 힘이 가해질 때 그 입자가 '미래에' 어떤 위치에 있게 될지를 결정한다. 이 방정식의 마법은 바로 예측 능력에 있다.

뉴턴의 두 번째 법칙은 내 물리학 교사였던 카플란 선생님이 수업 첫날에 칠판에 썼던 바로 그 방정식이었다. 테니스공을 던질 때, 카플란 선생님의 손이 공에 힘을 가했기에 공은 위쪽으로 가속되었다. 중력이 또 다른 힘을 제공하여 공은 아래로 가속되었다. 공은 차츰 느려지다가 멈춘 뒤 방향을 바꾸었다. F=ma가 그 전 과정을 지배했다.

가속도가 무언지 온몸으로 이해하기 위해, 뉴턴을 포뮬러 원 1958 마세라티 250F의 운전석에 앉히자. 운동이라면 광분하는 이 사나이가 역사상 가장 멋진 드라이브를 하면서 느꼈을 환희를 상상해 보자. 엔진에 시동이 걸릴 때 뉴턴은 정지해 있고 차의 속력은 영이다. 하지만 액셀러레이터를 밟자 뉴턴은 좌석 뒤로 밀리는 느낌을 받는다. 뉴턴이 잔뜩 긴장해 브레이크를 콱 밟자 몸이 운전대 쪽으로 확 쏠린다. 연습을 조금 하고 나자 뉴턴은 감을 확실히 잡고서 적당히 시속 250킬로로 곧장 달린다. 일정한 속도에서는 가속도가 없기에, 운전에 흠뻑 빠진 뉴턴은 자신을 미는 힘이 없음을 알아차린다. 뉴턴은 속도의 '변화'가 있어야만 힘이 가해지고 좌석 앞으로나 뒤로 몸이 밀리는 느낌을 받는다고 결론을 내린다. 마찬가지로 250F가 커브를 돌 때처럼 차의 방향 변화도 우리가 알아차릴 수 있는 측면 힘을 발생시키는데, 경험 많은 운전자는 이를 예상해 몸을 기울일 줄 안다.

수학적으로 볼 때 '변화'는 보통 기호 $\triangle$로 표시한다. 위치를 X라고 표시하면 위치의 변화는 $\triangle X$로 표시한다. 위치의 변화가 속도이므로 $V=\triangle X$로 적을 수 있고, 속도의 변화가 가속도이므로 $A=\triangle V=\triangle\triangle X=\triangle^2 X$로 적을 수 있다. 가속도를 위치의 관점에서 적는다는 것은 뉴턴의 방정식을 다음과 같이 다시 적을 수 있다는 뜻이다. $F=ma=m\triangle^2 X$.

뉴턴 방정식이 대단한 예측력을 갖는 까닭은 한 물체에 가해지는 힘이 '시간의 흐름에 따라' 그 물체의 위치 변화를 확정적으로 일으키기 때문이다. 속도는 시간에 따른 위치의 변화이며, 가속도는 시간에 따른 속도의 변화다. 따라서 정확히 말해서 위치는 시간의 '함수' X(t)로 표시된다. 마찬가지로 속도와 가속도 또한 시간의 함수, v(t)와 a(t)이다. 그러면 방정식은 시간에 따른 변화로 표시할 수 있으며, 뉴턴의 방정식은 아래와 같아진다.

$$F=m\frac{\triangle V(t)}{\triangle t}=m\frac{\triangle^2 X(t)}{\triangle t^2}$$

뉴턴 방정식을 이렇게—가속도, 속도, 위치 및 시간에 대해—적으면 많은 정보를 얻어낼 수 있다.

끈의 기본적인 물리학을 이해하는 데 필요한 네 가지 예를 차례로 살펴보자.

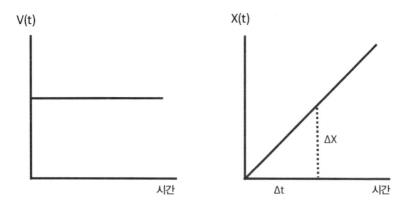

그림 8.1. 차의 속도와 위치의 변화 그래프.

사례 1 외력이 없을 때. 만약 외력이 없다면, F=0이다. 물체의 질량이 영이 아니라고 가정하면, F=ma에 따라 A=△V=0이다. 이것이 바로 뉴턴의 관성의 법칙, 즉 외력이 없다면 물체의 속도는 일정하게 유지된다는 법칙이다. 이 경우 뉴턴이 모는 차는 계속 직선으로 나아간다. 차가 움직일 때 그 위치는 일정한 비율로 증가하므로 단순한 그래프로 나타낼 수 있다.

그래프는 물리학자가 그리는 그림이다. 방정식을 보완하는 훌륭한 시각적 표현인 그래프는 다른 방법으로는 명백하게 드러나지 않을 함수에 관한 정보를 알려 준다. 이런 정보는 그래프를 읽으면 알아낼 수 있다. 가령 그림 8.1에 나오는 속도 그래프에는 기울기가 영이므로, 이 함수가 시간에 따라 불변임—상수 함수—을 (조금만 연습하면) 우리는 즉시 알 수 있다. 위치 그래프 X(t)의 기울기는 임의의 점에서 변화의 비율인데, 그 점에서의 v(t)의 값에 의해 주어진다. 정말 유용한 시각 자료다! 만약 기울기가 가파르면 변화율은 높으며, 완만하면 변화율은 낮다.

사례 2 일정한 힘이 가해질 때. 일정한 외력의 영향을 받는 물체에 대한 뉴턴 방정식은 아래와 같다.

$$F = 일정 = m\frac{\triangle^2 X(t)}{\triangle t^2}$$

만약 뉴턴이 정확성에 관한 한 자신은 타고났다고 믿고서 아무 망설임 없이 250F의 액셀러레이터에 발을 계속 올려놓고 있으면, 일정한 힘을 차에 가하게 된다. F=ma에 따르면 차는 일정한 비율로 가속된다. 일정한 힘에 의해 일정한 가속도가 생기는 이 현상은 갈릴레오가 피사의 사탑에서 떨어지는 물체를 관찰했을 때 작용하던 바로 그 힘이다. 그 경우 일정한 힘은 중력이었다!

그래프로 보자면, a(t)는 상숫값이기 때문에 앞서 나온 v(t)처럼 보이며, v(t)는 일정하게 증가하기 때문에 앞서 나온 X(t)처럼 보인다. 문제는 X(t)가 어떤 모습인지를 알아내는 일이다. 이것이 매력적인 질문인 까닭은 방정식의 예측력을 증명해 주기 때문이다. 즉 일정한 힘의 영향을 받고 있을 때 차가 임의의 시간 t에 어디에 위치하는지를 알려 주기 때문이다. 그래프를 통해 이를 알 수 있는데, 그러려면 한 점에서 함수의 기울기가 변화율임에 주목하자. 가령 가속도의 값을 1이라고 가정하면, t=1일 때 v=1이며, x(t)의 변화율이 v(t)이다. 따라서 t=1일 때, 변화율 즉 X의 기울기는 1이다. 마찬가지로 t=2일 때 v=2이며, 따라서 x(t)의 기울기는 2이다. 계속 이런 식으로 증가한다. 그런 함수를 그리면 그림 8.2와 같은 모습이다.

이제 남은 문제는 함수 X(t)의 '정확한' 형태를 얻는 방법이다. 이 문제를 다루면서 뉴턴은 더 심도 있는 수학이 필요하다고 깨달았다. 물체가 단지 특정 시간의 간격 동안이 아니라 시간상의 임의의 주어진 '순간'에 어떻게 움직

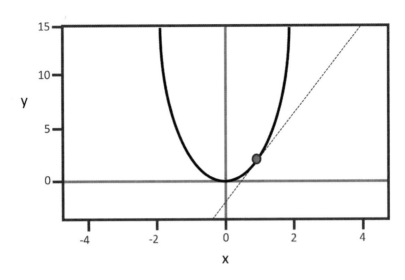

그림 8.2. t=1, 2, 3에서의 기울기 직선들이 그려진 x(t)의 포물선 그림이라면 더 나을 것이다(이 그래 프는 부적절한 듯하다. x(t) 그래프라면 보통 세로축에 x 좌표, 가로축에 t 좌표를 써서 표현 해야 하는데, 아무 맥락 없이 y와 x 좌표를 사용한다-옮긴이).

이는지를 알려 줄 수학이 필요했던 것이다. 독일에서는 고트프리트 라이프니 츠가 똑같은 생각을 하고 있었다. 라이프니츠는 물리학, 언어학 및 정치학 등 여러 방면에서 활약한 사람이었다. 놀랍게도 물체의 운동을 아주 작은 변화 수준에까지 이해하고자 뉴턴과 라이프니츠는 둘 다 독자적으로 미적분이라 는 수학 분야를 발명했다. 미적분은 변화의 수학이었다.

미적분에서는 오래된 이전의 기호 대신에 '순간적인' 변화율을 나타내기 위한 '도함수'가 도입되었다. 이것은 시간 간격 t를 무한소로 보낼 때의 변화 율에 해당한다. 도함수를 손에 넣었으니 이제 우리는 '미분방정식'이라는 새 로운 수학 도구가 생겼다. 그러면 일정한 외력하에서 운동하는 물체의 뉴턴 방정식은 아래와 같다.

$$F = 일정 = m \frac{\partial^2 X(t)}{\partial t^2}$$

그래프에서 보면, 함수의 첫 번째 도함수는 그 함수의 한 점에서의 기울기이며, 두 번째 (위의 식에 나오는) 도함수는 그 점에서 함수의 곡률에 해당한다. 이 방정식의 관건은 위치의 함수 $X(t)$를 찾는 일인데, 이 함수의 두 번째 도함수가 항상 일정한 값을 내놓는 그러한 함수를 찾아야 한다. 이 시점에서 대다수 수학자 및 물리학자는 $X(t)$의 형태를 함수와 그래프에 대한 이전의 지식을 바탕으로 과감히 추측한다. 그걸 방정식에 '끼워 넣어' 방정식이 만족되는지 살펴보고 적절히 조정한 다음에 이렇게 외친다. 자 봐라, 해가 나왔다! 우리가 다루는 위의 사례에서 그 해는 포물선인데, 포물선의 가장 기본적인 형태는 $X(t) \sim t^2$다. 숙달되면, 함수와 그래프 형태 사이의 관계가 직관적으로 이해된다. 임의의 점에서 $X(t)$의 도함수를 취하면, 즉 기울기를 알아내면 일정하게 기울기가 증가하는 속도 함수를 얻게 된다. 속도의 도함수를 취하면, 일정한 힘이 가해질 때 발생하는 일정한 값의 가속도 함수 $a(t)$를 얻게 된다.

미적분의 위대한 가치는 한 함수를 변화의 수학을 통해 다른 함수로부터 유도할derive 수 있다는 것이다. 그래서 도함수derivative라는 이름이 붙었다. 도함수는 물리학과 공학에서 그리고 나중에 보겠지만 음향학에서도 매우 위력적인 도구다. 그래프 그리기는 본질적으로 수식 계산 없이 도함수를 알려 주는 일이다. 왜냐하면 함수의 형태―함수의 모양과 기울기(변화율) 및 오목한 정도, 이 모두가 도함수와 관련된다―를 보면 굳이 방정식을 살피지 않고도 물체의 운동에 관한 정보를 알 수 있기 때문이다.

사례 3 일정하지 않은 힘이 가해질 때. 고전적인 예는 용수철에 달린 물체의 운동이다. 그 물체를 살짝 당겼다가 놓아 보자. 그러면 물체는 정지해 있다가 가속운동을 하게 된다. 그럼 이번에는 더 많이 당겼다가 놓아 보자. 물체는 더 빠르게 가속할 것이다. 가속도와 당겨진 거리 X는 서로 비례하는 선형적 관계에 있다고 밝혀졌다. 따라서 이 사례의 뉴턴 방정식은 FαX의 형태를 가지며, 다음과 같이 표현된다.

$$\frac{\partial^2 X(t)}{\partial t^2} = \alpha X(t)$$

여기서 비례상수 α는 질량 m과 용수철의 탄성강도 k에 의해 정해진다. 이 방정식에서 드러나듯이 함수 X(t)의 두 번째 도함수는 원래 함수를 다시 내놓는다.

용수철에 매달린 물체의 운동은, 용수철이 매달려 있든 아니면 마찰 없는 표면에 누워 있든, 가운데의 평형 위치를 중심으로 오가는 진동 운동이다. 이 운동을 시간에 따라 그래프로 나타내면 파동 모양의 곡선이 된다. 힘이 물체의 변위—정지 위치로부터 이동한 거리—에 비례하는 물리계는 전부 이와 똑같은 현상이 일어나며 위에 나온 뉴턴 방정식의 형태를 만족한다. 파동 모양의 곡선은 사인 함수로서, x(t)=x(t)=sin(t)라고 적는다. 사인 함수의 두 번째 도함수를 취하면 다시 원래의 사인 함수가 얻어진다.[1]

위에서 나온 방정식은 진동하는 단일 입자를 기술하는데, 이를 통해 우리는 난제 하나를 더 깊이 이해할 수 있다(피타고라스, 갈릴레오, 케플러, 그리고 뉴턴까지도 고민하게 만든, 끈의 진동이라는 난제 말이다). 게다가 음파, 그리고 브라이언 이노의 신시사이저도 더 깊이 이해할 수 있다. 사인 함수의 그래프를 보면 직관적으로 우리는 그것이 순수한 파동 운동을 기술한다고 알 수 있다. 하지만 정확히

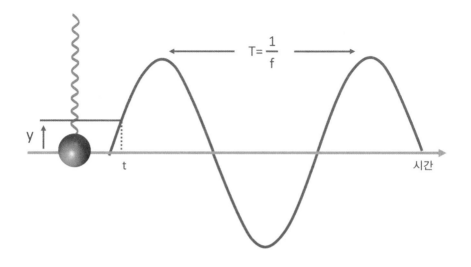

그림 8.3. 용수철에 매달린 물체가 평형 위치를 중심으로 오가는 진동을 기술해 주는 사인 함수.

어떻게 그런지를 이해하기 위해 진동하는 한 입자의 예를 연속적인 한 대상의 진동으로까지 확장시켜 보자.

사례 4 일정하지 않은 힘이 가해지는 또 다른 경우. 기타 줄을 튕겨서 줄의 아주 작은 조각을 확대해서 바라보자. 끈에 관한 단순하지만 정확한 모형에서는 원자들이 용수철에 의해 서로 연결된 끈(지극히 작은 개별적 물체)으로 이루어져 있다고 상상한다. 이러한 균일한 원자들의 사슬에서 각각의 원자는 평형 위치 주위에서 독립적으로 위아래로 진동하며, 이 운동은 용수철에 매달린 물체의 운동 방식과 똑같다. 여기서 이 위아래 이동 거리를 'u'라고 하자.

그런데 여기서 개별 물체들은 자신들이 매달린 용수철을 통해, x-방향으로 분포된 이웃 물체를 끌어당기게 되고, 이로써 환상적인 일이 벌어지기 시

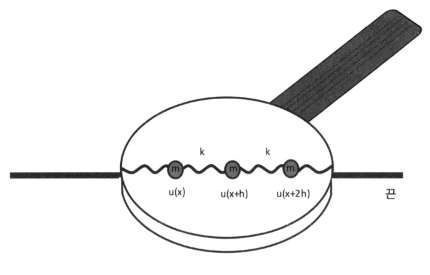

그림 8.4. 확대/끈.

작한다.

　한 물체가 그 옆의 물체를 끌어당기고 그 옆의 물체가 또 그 옆의 물체를 끌어당길 때, 파동이 끈을 따라 이동하여 각각의 물체가 위아래로 진동하게 만든다. 이로써 진동 운동이 한 입자로부터 다른 입자로 전달된다. 즉 교란이 이동된다. 물론 끈은 우리가 기술한 물체들의 사슬처럼 조각나 있지 않고 한 연속적 실체를 이루고 있으므로, 도함수를 이용해야 지극히 작은 거리만큼 떨어져 있는 물체들의 운동을 기술할 수 있다. 축구장에서 팬들이 파도타기를 하는 모습을 떠올려 보자. 멀리서 보면 개별 인간은 거의 분간할 수 없고, 다만 인간 파도가 관중석을 따라 이동하는 것으로 보인다. 팬들끼리의 거리는 도함수처럼 행동하기에, 팬들 사이의 거리는 거의 영으로 줄어든다. 따라서 이 경우 뉴턴 방정식은 전체 끈의 위아래 운동을 끈의 시간과 위치의 함수

u(x,t)로 기술하는데, 이는 아래와 같은 멋진 형태를 띤다.

$$V^2 \frac{\partial^2 u(x,t)}{\partial x^2} = \frac{\partial^2 u(x,t)}{\partial t^2}$$

이제 변수가 x와 t 둘이므로, 그 각각에 대한 도함수가 위의 방정식에 나온다. 이 방정식은 자신만의 이야기를 들려준다. 즉 한 점에서 끈의 곡률(x에 대한 두 번째 도함수)이 그 점에서 끈의 가속 운동(시간에 대한 두 번째 도함수)을 발생시킨다는 것이다. 이것이 바로 진동하는 끈의 운동을 기술하는 방정식이다. 피타고라스가 살아서 이 통찰을 우리와 함께 즐길 수 있으면 좋으련만! 이 방정식의 해도 역시 사인 함수인데, 이 함수의 형태는 진폭(높이)과 파장(한 마루에서 다음 마루까지의 거리)에 의해 정해진다. 사인 함수는 두 가지 순수한 유형으로 나타난다. 하나는 사인파이고 다른 하나는 그 도함수인 코사인파인데, 코사인파는 사인파를 이동시킨 것일 뿐이다. 놀라운 사실은 임의의 개수의 사인 함수들의 합도 역시 사인 함수라는 것이다. 이때 파동들의 진폭과 파장은, 파동의 속성을 보존하여 파동 방정식의 해들에 계속 남아 있게 되는 방식으로 합쳐진다. 순수한 파동들의 이러한 더하기 성질이 바로 푸리에 개념의 핵심이다. 브라이언 이노의 작곡의 바탕인 이 개념에 의하면, 진동하는 끈이 갖는 임의의 형태는 순수한 진동들을 더함으로써 얻어질 수 있다. 다시 말해 u(x,t)에 대한 방정식은 순수한 한 파동만을 기술할 뿐만 아니라 파동들의 임의의 합도 기술한다.

푸리에 개념: 시간에 따라 변하는 임의의 복잡한 파형(가령 복잡한 음파)은 상이한 진동수와 진폭의 순수한 사인파들로 분해될 수 있다.

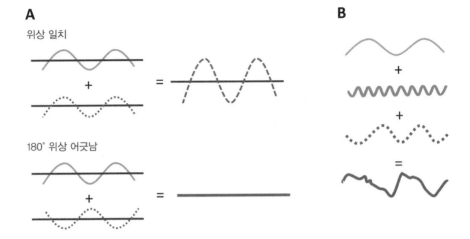

A

위상 일치

B

+

=

180° 위상 어긋남

+

=

+

+

=

그림 8.5. 왼쪽 그림(A)은 두 파동의 보강간섭과 소멸간섭을 보여 준다. 오른쪽 그림(B)은 상이한 진동수들의 순수한 사인파들을 합쳐서 복잡한 파형을 만들어내는 푸리에 개념을 보여 준다.[2]

이런 의미에서 순수한 사인파를 이용하여 임의의 복잡한 주문제작 파형을 만들 수 있다. 정말로 마법이라고 할 밖에! 6장에서 설명했듯이 연못에 돌두 개를 던지면 각각 별도의 파형이 만들어지다가 결국에는 서로 접촉하게 된다. 이때 파동들은 간섭을 일으키는데, 간섭은 서로를 키우는 방식(보강간섭) 아니면 죽이는 방식(소멸간섭)으로 일어날 수 있다. 두 파동의 마루들이 서로 만나면 보강간섭이 일어나며, 그 결과로 생긴 파동은 진동수는 동일한 채 진폭이 커진다. 만약 한 파동의 마루와 다른 파동의 골이 서로 만나면 두 파동은 상쇄를 일으킨다.

따라서 푸리에 변환은 파동들 사이에 간섭 현상이 일어난다는 사실에 근본적인 바탕을 두고 있다. 연못에 떨어지는 수많은 물방울은 각각 파동을 만드는데, 이 파동들은 서로 간섭을 일으켜 수면에 아름다운(때로는 혼란스러운) 패턴을 만든다. 이제 우리는 푸리에 개념을 수학적으로 표현할 준비를 마쳤다. 말로 하면 방정식은 아래와 같다.

시간에 따라 변하는 복잡한 파동＝사인파들의 합

시간에 따라 변할 수 있기에, 자명하지 않은(복잡한) 신호를 함수 F(t)라고 하자. 매우 위력적이고 아름답고 어디에나 적용되는 푸리에 '변환'은 F(t)를 구성 요소인 파동들—각 파동은 진폭 A와 진동수에 의해 특정된다—로 분해하는 수학 방정식이다. 방정식은 아래와 같은 형태다.[3]

$$F(t) = \sum_n A_n Sin(W_n t) = A_1 Sin(W_1 t) + A_2 Sin(W_2 t) + A_3 Sin(W_3 t) + \cdots$$

그림 8.5B에 보면, 파동 함수 F(t)는 등호 아래의 굵은 곡선으로 표현되어 있다. 이 함수는 파동들이 보강간섭이나 소멸간섭을 할 수 있다는 성질(그림 8.5A)을 이용하여 그 위의 순수한 사인파들을 합쳐서 생긴다. 전자장치들도 이 개념을 이용하여 발진기oscillator에서 전자음을 만들어낸다. 이것이 바로 현대의 신시사이저의 기본 원리다.

푸리에 변환은 복잡한 함수를 그것의 구성 성분인 순수한 파동들로—각각의 파동의 진폭과 진동수를 특정함으로써—분해하는 수학 연산이다. '역逆 푸리에 변환'은 그 반대 수학 연산으로서, 진폭들과 진동수들을 입력받아 복잡한 파형을 출력하는 과정이다. 푸리에 변환은 물리학, 공학 및 컴퓨터 과학의 전 분야에서 가장 많이 쓰이는 도구 중 하나다. 전자회로에도 사용되며, 전자기파를 통해 지구와 인공위성 간에 신호를 송수신하는 과정에서 근본적인 역할을 한다. 그리고 우주의 구조가 어떻게 생겨났는지 이해하는 데에도

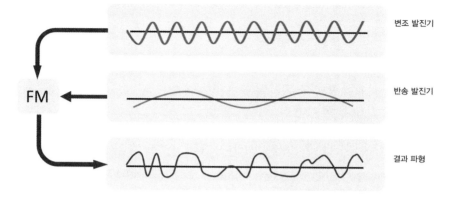

변조 발진기

반송 발진기

결과 파형

그림 8.6. 브라이언 이노가 작곡할 때 사용하는 주파수 변조 합성(진동수와 주파수는 동일한 용어로
서, 영어로는 둘 다 frequency이다. 특히 주파수는 파동 중에서도 전자기파와 관련하여 주로 쓰
인다-옮긴이).

푸리에 변환은 필수적이다.

이제 우리는 공명이라고 하는 우주적 현상을 이해하는 데 필요한 준비를
마쳤다. 소리, 음악, 그리고 양자 우주의 여러 경이로운 현상들은 공명이 없다
면 발생하지 못한다. 공명의 물리학은 색소폰이 특정한 음을 연주할 수 있는
까닭, 그리고 한 입자가 입자가속기에서 생성될 수 있는 조건을 설명해 준다.
사실 공명은 모든 물리학 분야에서 가장 흔한 현상 중 하나다. 간단히 말해서
공명은 진동하는 에너지가 하나의 물리적 실체에서 다른 실체로 매우 효율
적으로 전달될 수 있게 해 주는 수단이다. 많은 대상들, 특히 악기(그리고 앞으
로 알게 되겠지만, 양자장)는 고유 진동수natural frequency를 갖고 있다. 즉 그 물체를
교란시키면 이 고유 진동수(또는 진동수들의 집합)로 진동을 하는데, 고유 진동수
는 그 물체를 구성하는 재료의 성질에 따라 결정된다. 고유 진동수의 가장 단
순한 예는 용수철에 매달린 물체다. 이때 고유 진동수를 결정하는 단 두 가지

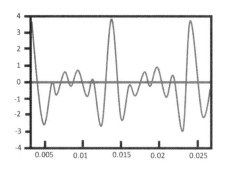
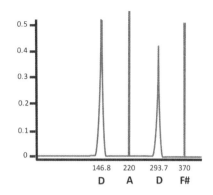

그림 8.7. 왼쪽 그림의 신호는 D장조 화음의 시간에 따른 진폭의 변화를 나타낸다. 오른쪽 곡선은 왼쪽 신호를 푸리에 변환한 그래프로서, 진동수에 따른 진폭의 세기를 보여 준다. 오른쪽 그림을 보면 네 가지 진동수만으로 왼쪽 신호를 재구성할 수 있다. 그것들이 바로 D-장조 화음의 네 음이다.

파라미터는 용수철의 질량과 강도다.

뉴턴의 운동 제2법칙을 용수철에 매달린 물체에 적용하면 계의 '고유' 진동수에 관한 수학 관계식은 다음과 같다. $W=\sqrt{\dfrac{k}{m}}$ 이 식을 보면 금세 알 수 있듯이 더 단단한 용수철일수록 더 빠르게 진동하며(k값이 크기 때문에), 물체가 더 무거울수록(m이 클수록) 계는 더 느리게 진동한다. 만약 고유 진동수와 다른 어떤 임의적인 진동수로 물체를 밀고 당기는 외력이 존재한다면 용수철은 여전히 진동하겠지만 진폭(물체가 이동하는 거리)은 작아진다. 그러나 만약 외력에 의한 진동수가 물체의 고유 진동수와 일치하면 놀라운 일이 벌어진다. 진동의 진폭이 급격히 커지는 것이다. 바로 이것이 악기와 입자가속기가 작동하는 방식의 핵심이다.

끈은 용수철에 연결된 많은 물체들의 선형적인 사슬이라고 볼 수 있다. 따라서 끈은 많은 공명 진동수들의 집합을 가진다. 실제로 우리는 푸리에 개념을 사용하여 이런 진동수들의 집합을 알아냈다. 사실 악기는 음계의 음표들에 대응하는 한 벌의 불연속적인 진동수들에 맞춰 공명하도록 설계되어 있다. 악기의 핵심은 한 가지 이상의 진동수(가령 진동하는 리드 또는 플루트에서 나는 공기 흐름)를 택하여 악기 몸체의 어떤 진동수를 공명하게 할지를 제어하는 것이다. 가령 목관악기의 경우 그 제어법은 악기의 소리 구멍을 닫는 것이다.

뉴턴의 운동 법칙은 진동과 공명의 비밀을 풀어헤쳤으며, 이로부터 푸리에 개념을 통해 우리는 단순한 파형으로부터 복잡한 파형을 이해하고 만들 수 있다. 곧 알게 되겠지만, 푸리에 개념은 자연의 네 가지 힘 모두에 적용되며 우주의 구조를 이해하는 데에도 핵심적인 역할을 한다. 여러분께 힌트를 하나 드리겠다. 만약 우주의 구조가 진동 패턴의 결과라면, 무엇이 그 진동을 발생시켰을까? 정말로 우주는 악기처럼 작동하고 있을까?

9

반항하는 물리학

이론물리학자 짐 게이츠는 나와 무척 친한 은사이자 초중력 이론의 선구자다. 내가 임페리얼 칼리지에서 초중력 이론을 연구하고 있을 때 게이츠는 이런 말을 했다. 이론물리학을 한다는 것은 소리가 존재하지 않는 행성에서 자란 사람이 음악을 작곡하라는 과제를 떠맡는 일이라고. 바로 그것이 140억 년 전에 우주에 정확히 무슨 일이 벌어졌는지 연구하면서 드는 느낌이다. 때때로 나의 발전을 가늠해 보고 연구의 방향을 제대로 잡고 있는지 알려 주는 유일한 잣대는 나의 박사과정 지도교수인 브란덴버거 교수한테서 배웠던, 반항과 모험의 건강한 감각뿐이었다. 가끔씩 방향을 틀어서 새로운 것을 끌어안아야 옛것을 되살릴 수 있다.

흥미롭게도 내가 물리학 대학원을 '떠나던' 날에 양자장 이론, 즉 QFT가 내 눈길을 사로잡았다. 게이츠가 설명해 준 적이 있는 여러 단계 중 하나가 내게 찾아왔던 것이다. 무엇이 빅뱅을 일으켰는지에 대해 생각하기란 소리가 없는 행성에서 음악을 작곡하려는 것과 흡사하다고 느끼는 단계 말이다. 길을 잃은 나는 어떤 근본적인 것, 실재와 더욱 연결된 어떤 것을 찾고 싶었다. 양자역학의 핵심에 놓여 있는 슈뢰딩거 파동 방정식의 창시자인 에르빈 슈뢰딩거가 1946년에 《생명이란 무엇인가?》라는 책을 썼다. 양자역학이 생명체에 어떤 역할을 하는지를 연구하도록 촉발한 책이다. 그 책을 읽고 나는 생물물리학 분야에 흠뻑 빠졌다. 어쨌거나 생물이든 무생물이든 둘 다 분자로 이루어져 있고 분자는 양자역학의 지배를 받고 있으니 말이다.

무생물은 원자들이 규칙적인 반복을 통해 조직화됨으로써 생길 수 있다. 이징 모형에서 다루었듯이, 상이한 형태의 자기장을 발생시키는 규칙적인 전자스핀이 그런 예다. 슈뢰딩거는 생명의 바탕이 되는 유전 암호가 나선과 같은 유사 주기적 구조를 가진다는 독창적인 결론을 내렸다. 나선의 수직축을 위에서 아래로 내려다보면 원이 보이는데, 이 원은 파동처럼 주기적이다. 하지만 측면에서 보면 주기성이 사라진다. 왓슨, 크릭 및 윌킨스는 DNA의 이중나선 구조를 발견하여 공동으로 노벨상을 받았다. 구조와 생성 사이에는 놀라운 관련성이 있다. 이중나선 구조 덕분에 생명체는 평생 동안 유전 물질을 저장하는 데 필요한 역학적 안정성을 유지할 수 있다.

그런 연유로 나는 물리학을 그만두기로 마음먹었다. 누군가 상담할 사람이 필요했다. 제럴드 구럴닉 교수는 힉스 보손의 발견자 가운데 한 명으로 유

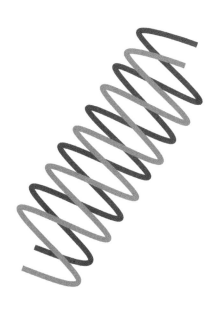

그림 9.1. DNA의 이중나선의 유사 주기적 구조.

명하다. 테디베어 같은 몸짓에다 중서부 억양을 지닌 구럴닉 교수는 그 정도 위상의 물리학자답지 않게 사람들이 다가가기 쉬웠으며 우리 연구팀의 성공을 늘 응원해 주었다. 그의 은사 중 한 분인 줄리언 슈윙거처럼 그도 빠른 자동차를 운전하길 좋아했고 맥주 한 잔 들이켜며 정담을 나누길 즐겼다. 이야기를 재밌게 잘했기에 그의 강연은 청중들로 발 디딜 틈이 없었다.

"물론 물리학을 그만두는 건 좋네… 하지만 과학을 그만두진 말게." 교수는 정말 걱정스러운 표정으로 내게 말했다. "그밖에 관심 있는 게 뭔가?"

나는 생명의 양자적 기원을 이해하고 싶다고 대답했다. 잠시 깊이 생각하더니 교수가 말했다. "나한테 생각이 있네. 내가 화학에서 노벨상을 놓쳤다는 걸 말했었나?" 입자물리학 이론가가 그런 말을 하니까 나는 분명 농담이려니 했다. 알고 보니 구럴닉 교수의 박사과정 지도교수인 월리 길버트(Walter

Gilbert가 본명. 월리 Wally는 애칭 – 옮긴이)가 왓슨과 함께 분자생물학 연구에 참여한 적이 있는데, 그때 구럴닉 교수도 참여하길 원했다고 한다. 길버트 교수는 입자물리학을 그만두고 새로 생물학에 몰두하게 되면서, 구럴닉 교수를 참여시키고 싶었던 것이다. "결코 나는 하지 않았을 걸세!" 구럴닉 교수가 말했다. "하지만 DNA 염기서열을 연구해서 노벨상을 받으리라고 누가 생각했겠나! 자네한테 해 줄 말이 있는데, 우선 월리한테 지금 전화 좀 해야겠네."

교수는 전화기를 들더니 번호를 눌렀다. "월리, 나야. 네가 만나봐야 할 학생이 있어. 생물물리학을 할까 고민하는 친구네. 지난번에 확인해 보니, 자네가 하버드 프로그램의 책임자더군." 전화선의 저쪽 끝에서 뭐라고 하는 소리가 들렸다. "좋아. 학생이 다음 주에 자넬 보러 갈 거야."

다음 주에 길버트 교수는 무려 세 시간 동안이나 자신의 과학자 인생을 들려주었다. 내 상황에 십분 공감하면서 하버드 의과대학에 일자리를 주선해 주었다. 바이러스의 3차원 원자 구조를 알아내는 데 이용되는 X선 결정학 연구직이었다. 드디어 짐을 싸서 브라운대학교의 물리학 대학원을 나와야 할 때가 왔다.

나는 대리석으로 장식된 하버드 의과대학이라는 '더 푸른 초원'으로 옮길 준비를 마쳤다. 브라운대학교의 물리학과 대학원생은 장기간 샤워를 하지 않은 학생들의 몸 냄새와 진한 커피 향이 뒤섞인 퀴퀴한 냄새가 풍기는 작은 공간에 익숙해져 있었다. 작은 창, 밤늦게까지 이어지는 연구, 기타 여러 문젯거리들이 일상이었다. 거기서 한참 세월을 보내다 보면, 감옥 건축가가 물리학과 건물을 설계했다는 소문을 들어도 다들 딱히 놀라지도 않았다.

책이 가득 든 상자를 들고 바루스 앤 홀리 건물의 112번 연구실을 나오는데, 교재 한 권이 눈에 들어왔다. 그때 이후로 다시는 보지 못한 그 책은 제목

일부가 《양자장 이론》으로, 한 급우의 책상 위에 놓여 있었다. 주위에 아무도 없었던지라 슬쩍 한번 들춰 보았다. 내 기억에 서문에 이런 구절이 나왔다. "양자장 이론은 특수상대성이론과 양자역학 간의 통합을 추구하는 이론으로서, 모든 물질 및 물질들의 상호작용이 장의 조화로운 진동으로 구성된다고 주장한다. 전체 우주가 그러한 장들의 교향악단이라는 비전을 우리에게 제시하고 있다."

하필 내가 물리학을 그만두는 그날, 이 보물을 어떻게 발견할 수 있었을까? 뇌 속에 전기가 번쩍 흐르면서 새로운 신경 연결망이 생성되는 '느낌'이었다. 책 상자가 무거웠기에 곧 자리를 떠났지만 그 책의 모습은 계속 머릿속에 남았다. 나는 걸려들고 말았다.

호글 연구실에서 치명적인 화학물질을 피해 다니며 힘든 여름을 보냈다. 내 지도교수인 짐 호글은 위스콘신 대학의 군group 이론 수업에서 배운 대칭성 원리를 이용하여 최초의 동물 바이러스인 폴리오바이러스(소아마비의 병원체 – 옮긴이)의 3차원 원자 구조를 밝혀낸 사람이었다. 성공한 이력이 있는 창의적인 사람인데도 늘 나의 추측성 아이디어들을 흔쾌히 들어주곤 했다. 호글 교수한테서 나는 자극을 받았다. 어느 날 호글 교수는 지나가는 말로, 그러나 진지하게 이렇게 말했다. "알다시피, 나는 생물학에 이바지하려는 물리학자에게 아주 관심이 많네. 하지만 물리학자는 생물계의 복잡성을 존중해야 한다네. 이 세계는 구형의 소들cows로 만들어진 게 아니라고." 호글 교수는 물리학자들이 복잡한 현상을 이해하려고 내놓은 온갖 단순화 과정을 점잖게 비웃고 있었다. 방정식에서 대칭성을 찾는 일은 원대한 방법이며, 구형의 소는 불규칙적인 실제의 것들보다 다루기가 한결 쉬웠다. 완벽한 구의 표면에 산다고 상상해 보자. 표면 위 어디에 있든지 간에 전부 똑같이 보일 테니까.

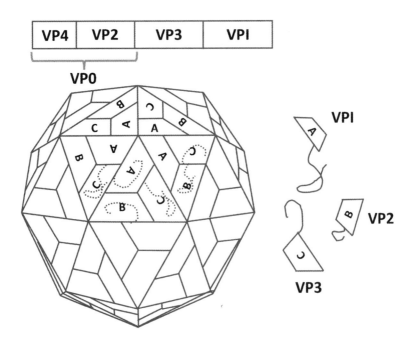

그림 9.2. 폴리오바이러스의 정이십면체 대칭. 글자 A, B, C가 표시된 면들은 삼각형의 캡시드(바이 러스의 핵산을 둘러싸고 있는 단백질막-옮긴이)를 구성하는 단백질들이다. 스무 개의 삼각 형 캡시드가 열두 개의 꼭짓점에서 만나 3차원 정이십면체 대칭을 이룬다.[1]

생물학과 랑데부하기 전에는 대칭의 힘이 물리학 특유의 것이라고 여겼는데, 틀린 생각이었다. 바이러스도 다양한 정도의 대칭성을 갖추고 있었다. 레고 조각처럼 개별 단백질들은 자체적으로 모여서 바이러스의 정이십면체 구조를 조직한다. MIT의 생물물리학자인 친구 브랜던 오그부누에 따르면, 생물계에서 대칭성은 분자에서부터 유기체 전체에까지 작용하여 진화 적합도를 극대화시킨다고 한다. 직접적인 사례가 바로 우리 다리의 좌우대칭이다. 정글에서 잘 달리고 사냥을 훌륭하게 해내려면 두 다리는 길이가 같아야 한다. 또한 바이러스 기능의 다양한 대칭성은 숙주 세포에 결합하기 위한 역학적 안정성과 효율성을 제공한다. 게다가 바이러스는 수십만 개의 원자들로 이루어져 있기에, 3차원 공간 내의 원자들의 정확한 위치를 알아내어 구조를 결정하기란 매우 어렵다. 구조상으로 볼 때, 바이러스와 그 구성 요소인 분자는 양자적 실체이기 때문이다.

대칭성이 입자물리학과 생명의 기능 사이의 핵심적인 연결고리 같긴 했지만, 마음 한구석에는 과학의 환원주의 논쟁이 깊숙이 잠복해 있었다. 이 논쟁은 노벨상 수상자인 필립 앤더슨이 쓴 "더 많아지면 달라진다"라는 제목의 짧은 기사를 통해 큰 주목을 받았다. 나는 그 기사를 호글 연구실에서 일할 때 읽었다. 대칭성과 기초물리학에 관한 내용이었다. 입자물리학자들이 더 짧은 거리와 더 큰 에너지를 연구할수록 새로운 대칭성이 발견되었고, 이로써 근본적인 입자 상호작용들이 단순하게 설명되었다. 이런 현상들의 기본 메커니즘을 설명하는 것이 바로 양자장 이론이다. 한편 앤더슨은 이렇게 주장했다. "입자물리학이 근본 법칙들의 속성을 더 많이 알려 줄수록, 그런 법칙들은 과학의 나머지 진짜 문제들, 그리고 사회의 진짜 문제들과 더욱 무관해진다." 그는 아래 인용문에서 핵심을 찔렀다. 입자물리학에서 발견되는 높은 수준의 대칭성이 복잡한 현상들이 발생하는 규모에서는 더 이상 작동하지 않는다는 사실을 말이다.

기본 입자들로 이루어진 방대하고 복잡한 집합체의 행동은, 알고 보니 몇 가지 입자의 속성들을 단순히 외삽해서 이해할 수 없는 것이었다. 복잡성의 각각의 수준에서 완전히 새로운 속성이 출현하는데, 새로운 행동을 이해하려면 근본적으로 다른 성격의 연구가 필요하다.[2]

다시 말해 짐 게이츠의 바이러스와 같은 생물계는 양자장 이론에서 기술되는 것과 동일한 기본 입자들로 이루어지지만, 그 전체는 부분들의 합이 아니다. 원자 및 분자들이 많이 모여 복잡성이 증가하면 원래 존재하던 대칭성이 상실되기 때문이다. 한 가지 질문이 남았다. 복잡한 바이러스가 더 적은 대칭성을 갖더라도 여전히 대칭성을 갖는다는 것이다. 기본 입자에서부터 생명체, 나아가 우주 자체에—아울러 음악에—이르기까지 무관해 보이는 현상들 간에 대칭성과 대칭성 붕괴가 상호작용하고 있는 듯했다.

호글 교수는 생물학이 더욱 발전하려면 물리학이라는 토대가 필요함을 분명히 내게 알려 주었다. 왜냐하면 언젠가 생물학은 발전을 거듭하여 바이러스의 행동에 양자역학이 어떻게 관여하는가와 같은 질문을 제기해야 할 테니 말이다. "아직은 아니네"라고 호글 교수는 시인했다. 내가 실험실 생화학자로 적합하지 않다는 속뜻을 그런 식으로 기품 있게 전달했던 것이다. 지나고 보니 감사하게도 호글 교수의 말이 옳았다.

대학원에 되돌아가자 구럴닉 교수가 반겨 주었다. 왜 양자장 이론이 물리학의 근본 언어인지, 그리고 대칭성 및 대칭성 붕괴가 그것과 무슨 상관이 있는지 알고 싶은 마음에 불타, 그렇게 나는 물리학과 대학원으로 다시 돌아갔다. 생명이 어떻게 출현했는지도 언젠가는 알게 될 것이다. 브란덴버거 교수는 이미 그 연구를 진행 중이었다. 앨런 구스의 우주 급팽창 이론을 파헤치면서 브란덴버거 교수는 어떻게 양자 영역이 현재 우주의 거대 규모 구조에 씨앗을 뿌렸는지 단서를 찾아냈다. 그런 구조가 생명은 아니었지만, 생명이 존재하려면 행성과 별이 존재해야 한다. 브란덴버거 교수가 QFT에 새로 관심을 갖게 되었는데, 마찬가지로 나도 그 이론에 생물물리학을 통해 관심을 갖게 되었다. 정식 교육을 받은 물리학자답게 나는 아름다움과 우아함이 대칭성에서 비롯된다고 늘 확신했지만, 생물학은 '붕괴된' 대칭성에 심오하고 아름다운 무언가가 있다고 가르쳐 주었다. 브란덴버거 교수와 나는 궁극적으로 우리를 낳게 되는 초기 우주의 미묘한 비대칭성을 이해하는 연구에 착수했다.

나는 위험을 감수했다. 재즈 솔로를 한창 하고 있을 때 의도적으로 틀린 음을 연주해야 할 순간임을 깨닫는 것과 비슷했다. 재즈 선생 중 한 분이 이런 말을 한 적이 있다. "이 음계들, 연습곡들, 그리고 긴 음표들을 전부 연습하고 또 연습하면, 언젠가 솔로 중에 틀린 음을 연주할 때 마치 곡예사처럼 떨어지는 법을 알게 될 거라네." 나는 이미 연구 중에 틀린 음을 연주하기로 결심했고, 떨어졌으며, 그 과정에서 아주 많은 것을 배웠다.

10

우리가 사는 우주

소리 우주론자인 브라이언 이노가 던져 준 우주의 구조에 관한 단서를 궁리함과 동시에 나는 그 문제를 오래된 방식으로도 살펴보고 있었다. 즉 아인슈타인의 일반상대성이론의 관점에서도 탐구하고 있었다. 카플란 선생님의 사무실에서 시공간에 관한 아인슈타인의 혁명적인 이론을 들었던 그날 이후로 나는 그걸 완전히 이해하기 위한 기나긴 여정에 올랐다. 결국 약 20년 후 대학원생일 때 그걸 완전히 이해하여, 우주의 시공간 구조를 이해하는 데 아인슈타인의 장 방정식을 적용할 수 있게 되었다. 그것은 여태껏 묵묵히 해 왔던 암기식 문제 해법과 대학원 과정의 시험과는 전혀 딴판이었다. 이제 새로 숙달한 음계로 색소폰을 연주하듯이 아인슈타인의 장 방정식을 마음껏 다룰 수 있었다. 나는 우주를 갖고서 놀이를 하는 우주론자였다. 시공간을 놀이터로 삼아 그 안의 물질들을 가지고 놀았다.

우주 공간은 여러분을 지금 읽는 이 책으로부터 분리하는 공간과 똑같은 것이다. 오랜 세월 동안 철학자와 천문학자들은 가정하기를, 공간이 텅 비어 있으며 물질과 같은 진짜 실체가 움직여 다니는 불활성의 매질이라고 보았다. 이처럼 명석한 철학자들도 수천 년 동안이나 헛짚고 있었지만, 아인슈타인—그의 천재성은 기존에 인정된 물리학 개념의 기본 가정에 의문을 던진 용기에서 일정 부분 찾을 수 있다—은 공간이 그 속에서 움직이는 물질보다도 훨씬 더 흥미로운 것임을 밝혀냈다.

아인슈타인이 의문을 던진 첫 번째 개념은 중력이었다. 오래전에 피사의 사탑에서 행한 갈릴레오의 실험 덕분에 질량이 다른 두 공이 떨어지더라도 동일한 비율로 가속된다는 사실이 증명되었다. 아인슈타인은 이 실험을 지구 및 태양계 바깥으로 데려갔고, 그렇게 함으로써 중력과 운동에 관한 뉴턴의 설명을 영원히 바꾸어 버렸다. 그는 사고실험을 하나 실시했는데, 그것의 현대식 버전은 이렇다.

한 사람은 지구에 정지해 있는 우주선 안에 있고, 다른 사람은 우주 공간에 떠 있는 우주선 안에 있다고 상상하자. 지구에 있는 사람은 지구의 중력을 경험하지만 자신이 움직이지 않고 있다고 인식한다.[1] 우주 공간에 있는 사람은 우주선이 움직이지 않는 한 중력이 없기 때문에 허공에 둥둥 떠 있을 것이다. 하지만 우주선이 가속을 하면 그 사람은 자신이 무게를 갖는다고 느낄 테다. 우주선의 바닥에 몸이 밀릴 것이기 때문이다. 아인슈타인이 내린 결론에 의하면 어떤 사람이 일정한 중력장 아래서 정지해 있든 아니면 텅 빈 우주 공간에서 가속하고 있든 이 두 상황을 분간할 방법이 없다. 두 상황 모두 물리적으로 등가이며, 오직 상대적인 운동 상태에만 의존할 뿐이다. 바로 이 '등가원리'가 일반상대성이론의 핵심이다.

이 단순한, 거의 유치할 정도의 생각이 수학의 무척 아름다운 분야인 미분기하학을 중력 물리학의 최전선에 적용하도록 이끌었다. 미분기하학은 좌표계를 기술하는데, 아인슈타인은 좌표계 자체를 살아 움직이게 함으로써 자신의 이론을 일반화했다. 즉 일반상대성이론을 창시했다. 이 이론에서 그는 공간과 시간의 구조 자체가 물질의 구조에 의해 지배된다고 주장했다. 그리고 공간과 시간이 통합된 하나의 단일한 실체인 시공간 개념을 고안하여, 그것이 물질과 에너지의 존재로 인해 어떻게 휘어지는지, 그리고 물질이 시공간의 휘어짐에 따라 어떻게 운동하는지 설명해냈다. 위대한 물리학자 존 아치볼드 휠러가 명쾌하게 말했듯이, "물질은 시공간에게 어떻게 휘어질지를 알려 주고, 휘어진 시공간은 물질에게 어떻게 움직일지를 알려 준다."

따라서 아인슈타인의 우주선 사고실험의 경우, 한 승객이 가속을 느끼는 이유는 지구가 공간을 휘게 만들어 중력을 발생시키기 때문이다. 다른 승객의 경우에는 우주선의 추진체에 가해진 에너지가 공간을 휘게 만들고, 다시 이 휜 공간이 우주선을 가속시킨다.

아인슈타인이 그 사고실험을 하고 있을 무렵 물리학의 가장 큰 난제 중 하나는 태양 주위를 도는 수성의 공전 궤도였다. 뭐가 문제였냐면, 궤도가 뉴턴의 중력 이론으로 예측되는 경로를 따르지 않았던 것이다. 1915년 아인슈타인은 자신의 휘어진 시공간 이론이 수성의 비정상적인 공전 궤도를 설명해 준다고 알아차렸다. 수성은 태양에 매우 가깝기 때문에 뉴턴 이론에 따른 공전 궤도가 태양의 큰 중력 효과 때문에 바뀌게 된다. 아인슈타인은 수성의 궤도가 태양의 중력이 주위의 공간과 시간을 왜곡시키는 방식을 드러내 준다고 확신했다. 하지만 1919년에 아인슈타인의 두 번째 예측이 사실로 입증되자 '모든' 우주론자의 인생이 바뀌었다. 그 전에 아인슈타인은 태양 뒤에 위치한 별이 일식 도중에 보일 수 있다고 예측했었다. 별에서 온 빛이 태양 '주위의' 휘어진 시공간 경로를 따를 것이기 때문이었다. 그의 이론은 옳았다. 하지만 이것은 빙산의 일각이었다. 태양계를 넘어 아인슈타인의 방정식은 놀랍게도 전체 우주의 시공간을 기술할 수 있다.

아름답고 경이롭지만 일반상대성이론을 실제로 다루기란 지극히 어렵다. 일반상대성이론은 물체의 운동은 물론이고 중력의 시공간 장의 곡률을 기술하는 방정식들을 제공하는데, 이 방정식들의 정확한 해를 찾기가 쉽지 않기 때문이다. 하나의 방정식으로 정의되는 뉴턴의 중력 이론과 달리, 일반상대성이론은 서로 연관된 열 개의 미분방정식을 한꺼번에 풀어야 한다. 하지만 아인슈타인과 당대의 물리학자들이 해를 찾기를 멈추지는 않았다.

그의 이론은 태양계에 잘 들어맞아 수성 궤도의 비정상적인 운동을 해결했다. 하지만 우주에 적용하자 아인슈타인도 무척 당혹해할 수밖에 없었다. 그의 이론이 우주가 팽창해야 한다고 예측했기 때문이다. 그때까지의 관찰 결과는 우주가 정적이라고 알려 주었다. 똑똑하기 그지없는 아인슈타인은 자신의 방정식에 하나의 항을 도입하여 팽창 문제를 '해결'했다. 그 항이 바로 우주상수인데, 이 상수가 끼어들면서 팽창을 멈추는 작용을 한 것이다.

그러다가 1927년에 천문학자 에드윈 허블은 자신의 관찰 데이터를 아인슈타인에게 보여 주었다. 아인슈타인은 우주상수를 도입하는 바람에 일생일

대의 실수를 저질렀음을 깨달았다. 허블은 역사상 최초로 은하들의 사진을 찍음으로써 은하들의 속도와 거리를 계산해낼 수 있었다. 만약 우주가 정적이라면 모든 은하는 위치와 무관하게 동일한 속도를 가져야 했다. 하지만 아인슈타인을 비롯해 모두가 깜짝 놀란 허블의 관찰 결과는 모든 은하가 서로 멀리 떨어져 있을수록 더 빠르게 이동한다는 사실을 보여 주었다. 그 결과를 보고 아인슈타인은 우주가 팽창하고 있음을 단박에 알아차렸다.

알고 보니 팽창은 아인슈타인 방정식의 해를 찾는 데 도움이 되었다. 코페르니쿠스가 1500년경에 태양계에 적용했던 것—우리가 우주의 중심이 아니라는 것—과 동일한 원리를 우주에 적용할 수 있었기 때문이다. 그리하여 개별적으로 네 명의 물리학자들이 완벽하게 대칭적으로 팽창하는 우주를 기술하는 아인슈타인의 이론을 이용하여 정확한 해를 찾아냈다.

코페르니쿠스 원리가 통하는지 알려면, 우리는 시간을 거슬러 가야 한다. 우주는 팽창하고 있기에 우리는 이론적으로 시계를 거꾸로 되돌려 우주를 축소시킬 수 있다. 우주가 수축되면, 별과 행성과 은하들 속의 물질은 더더욱 작은 공간 속으로 압축된다. 만약 시계를 아주 많이 거꾸로 되돌리면, 이 모든 물질 속의 원자들이 변하기 시작한다. 에너지가 낮은 보통의 규모에서 전자들은 원자의 핵 주위에 머문다. 높은 밀도에서는 열에너지가 치솟아 전자들을 원래 궤도에서 떼어낸다. 따라서 빅뱅 직후의 초기 우주는 뜨겁고 조밀한 자유전자, 핵 및 광자들로 가득 차 있었다. 유아 상태의 우주는 들뜬 물질과 복사의 형체 없는 분포로 이루어져 있었다. 특정한 구조를 이루고 있지 않는 펄펄 끓는 플라스마로서, '태초의 불공'—일종의 코페르니쿠스적 우주(태양을 중심에 둔 코페르니쿠스의 우주처럼, 태초의 불공으로 이루어진 우주라는 뜻으로 저자가 쓴 용어인 듯함-옮긴이)—이었던 셈이다. 이런 우주가 아주 흥미로워 보이지는 않지만,

최소한 아인슈타인 방정식을 이용해서 알아낸 우주인 것은 맞다. 초기 우주를 이렇게 보자면 결국 내가 탐구하는 질문이 제기될 수밖에 없다. 즉 무엇이 갓 발생한 플라스마를 우리가 오늘날 밤하늘에서 보는 별, 은하 및 행성으로 바꾸었단 말인가?

어떤 사람들은 훌륭한 물리 이론이라면 결함이 없어야 마땅하다고 여길지 모른다. 특히 만물의 이론을 추구하는 내 동료 중 일부가 그렇게 생각하는 듯하다. 나는 우리가 그렇게나 완벽한 이론을 가지리라고 기대하진 않는다. 자연은 위대한 즉흥연주자처럼 언제나 우리가 이론으로 설명하고 예측하기 힘든 경이로운 현상을 늘 새로 내놓을 것이다. 훌륭한 물리 이론이라도 대체로 폐기될 운명에 늘 처해 있다. 아인슈타인의 팽창하는 우주 가설도 마찬가지다. 그 가설은 은하들의 가벼운 원소들의 비율 및 후퇴하는 은하들에 대한 허블의 법칙을 멋지게 예측해내지만, 그 가설만으로는 무엇이 그런 구조를 생성시켰는지 알 수 없다. 따라서 그 이론의 정확한 예측은 그대로 이용하되, 그 이론이 짚어내지 못하는 영역에서는 굳이 그 이론을 고집할 필요가 없다. 우주적 대사건의 진범을 찾아 나서 보자.

팽창하는 우주 가설의 가장 중요한 예측은 아마 최초의 원소들이 생성되던 기간에서 나온다. 이리저리 돌아다니는 뜨거운 전자들이 점점 흩어지면서 식게 되자, 전자의 운동은 덜 요란스러워졌다. 양성자들이 전자들을 잡으려고 대기 중이었기에, 최초의 가벼운 원소인 수소가 막 생겨나려 하고 있었다. 수소가 생성될 조건은 빅뱅 후 38만 년 후에 마련되었는데, 그때 우주는 절대온도로 3000도까지 냉각되었다. 화씨 5000도 정도의 훈훈한 날씨였던 셈이다. 이 온도에서 서로 반대 전하를 띤 양성자와 전자 사이에 인력이 작용하여 서로 결합함으로써 수소가 생성되었다. 하지만 이 전자들 대다수는 여전히 매우 활동적이었기에 아직 수소는 불안정했다. '안정한' 수소를 형성하기 위해 전자들은 가장 낮은 에너지 준위로 떨어져야 했기에, 여분의 에너지는 절대온도 3000도인 광자의 형태로 방출되었다. 말 그대로 우주는 번쩍번쩍 빛났다.

이 예측은 1948년 조지 가모, 렐프 엘퍼 및 로버트 허먼에 의해 처음 나왔다. 아인슈타인 방정식은 과거 수십 억 년 전의 우주에 관해 정확히 말하고 있었다. 하지만 훨씬 더 감동적인 사건은 초기 우주에 남아 있던 희미한 빛을 발견함으로써 이런 획기적 예측의 증거를 찾아낸 일이었다. 그 사냥은 빅뱅 패러다임은 물론이고 초기의 플라스마로 가득 찬 우주가, 누구나 짐작했듯이 균일했다는 예측을 검증한 중대 사건이었다.

오랜 세월 동안 우주론자들은 온 우주에 퍼져 있으리라고 예상되었던 (과거에서 온) 복사를 찾고 있었다. 우주가 팽창했을 때 생긴 빛 파동은 원래의 파장보다 1000배나 더 길게 늘어졌다. 그래서 전자레인지에 쓰이는 마이크로파 광자에 해당하는 파장을 가진 빛 파동들이 우주에 가득 퍼지게 되었다. 1967년에 우주배경복사Cosmic Microwave Background, CMB가 뉴저지의 벨 연구소에서 발견되었다. 우주배경복사를 '우연히' 발견한 공학자 아르노 펜지아스와 로버트 우드로 윌슨은 노벨물리학상을 받았다. 이산적인 전파 신호를 탐지하려고 만든 망원경을 다루던 중에 펜지아스와 윌슨은 자꾸만 간섭을 일으키는 신호들 때문에 골치를 앓았다. 그걸 제거하려고 둘은 망원경을 광범위한 여러 입력 신호들로부터 차단시켰다(그런 신호들에는 다른 전파, 기계 자체의 열, 그리고 심지어 비둘기 배설물 등이 포함되었다). 그런데도 한 특정한 배경 잡음을 제거할 수 없었는데, 그건 온 우주로부터 균일하게 들어왔다. 그 신호는 기계에서 나는 것도 지구에서 나오는 것도 아니라고 둘은 결론 내렸다. 그것이 바로 우주론자 로버트 헨리 딕, 짐 피블스 및 데이비드 윌킨슨이 프린스턴대학에서 조만간 찾으려고 준비하고 있던 신호였다. 프린스턴 연구팀은 그런 배경복사를 찾으려고 딕 복사계라는 측정장치까지 제작해 놓았다. 더군다나 그 배경복사의 세기를 알아낼 지식까지 갖추고 있었다.

드디어 CMB가 정체를 드러냈다. 찬연히 빛나면서 항상 우리를 둘러싸고 있는 이 복사는 최초의 안정된 원자들이 생길 때 우주에 찍힌 빛의 발자국이었다. CMB 광자들은 우주론적 원리와 팽창 우주 패러다임을 확인시켜 주었지만, 초기 우주의 이 화석 발자국에는 심각한 문제점이 하나 숨어 있었다. 이 문제를 발견하면서 판도라의 상자가 열렸고, 급기야 팽창하는 우주의 아인슈타인적 전망에 결점이 드러나고 말았다.

표준 빅뱅 우주론에 따르면, CMB 빛 복사의 입자들은 전부 온도가 동일해야 한다. 그런데 한 기체 내의 모든 입자가 거의 온도가 동일하다면, 입자들은 그러한 평형, 즉 균일성에 도달하기 위해 어떤 순간에 서로 상호작용을 했어야 한다. 과거에 인과적 접촉을 했어야 한다는 말이다. 정반대의 두 방향에서 오는 CMB 복사를 생각해 보자. 전자기복사—가시광선이든 전파든 마이크로파든 간에—는 물리학이 허용하는 최댓값인 빛의 속력으로 이동한다. 우주 팽창을 거꾸로 돌려, 빅뱅 후 38만 년으로 복사가 시간을 거꾸로 하여 빛의 속력으로 이동하는 모습을 상상해 보자. 한 방향에서 나온 복사는 우주의 한 특정 영역으로 되돌아갈 것이고, 반대 방향에서 나온 복사는 다른 영역으로 되돌아갈 것이다. 두 영역이 '우리'에게 도달하려면 시간이 걸릴 텐데, 하지만 그런 두 영역이 서로 접촉을 했더라면, 둘은 우리와 반대 방향에 있기

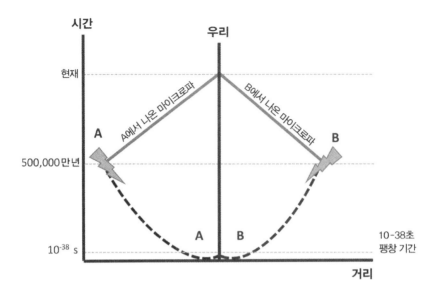

그림 10.1. 영역 A와 B는 서로 상호작용할 수 없는 영역들에서 나온 동일한 온도의 마이크로파를 나타낸다. 빅뱅 모형에는 이 두 영역이, 만약 우주의 수명보다 더 오래 존재하지 않았다면, 열적 평형에 이르기 위한 인과적 수단이 없다.

때문에 (각각이 우리에게 도달하는 시간보다) 시간이 더 걸릴 것이다. 그렇다면 먼 은하들의 후퇴 속도를 통해 측정한 우주의 팽창 속도를 감안할 때, 당혹스러운 결과가 도출되고 만다. CMB 복사의 그러한 두 영역이 서로 인과적 접촉을 하려면 우주의 수명보다 더 긴 시간이 걸린다. 이를 가리켜 '지평선 문제'라고 한다. 빅뱅 패러다임의 성공, 그리고 CMB 플라스마에서 관찰된 열적 평형의 예측이 다시 자신의 몰락을 가리키고 있는 것이다.

CMB 발견 직후에 한 젊은 대학원생 브루스 파트리지와 그의 지도교수 데이비드 윌킨슨은 검출기를 하나 만들었다. 빅뱅 후 38만 년에 나온 복사선이 획기적으로 균일한지 알아보기 위한 장치였다. 둘은 CMB 비등방성anisotropy

ISOTROPY AND HOMOGENEITY OF THE UNIVERSE FROM MEASUREMENTS
OF THE COSMIC MICROWAVE BACKGROUND*

R. B. Partridge and David T. Wilkinson†

Palmer Physical Laboratory, Princeton, New Jersey

(Received 2 March 1967)

A Dicke radiometer (3.2-cm wavelength) was used to make daily scans near the celestial equator to look for possible anisotropy in the cosmic blackbody radiation. After about one year of intermittent operation we find no 24-h asymmetry with an amplitude greater than ±0.1% (of 3°K). There is, however, a possibly significant 12-h anisotropy with an amplitude of about 0.2%.

그림 10.2. 파트리지와 윌킨스가 《피지컬 리뷰 레터스》(1967년 4월 3일자)에 실은 논문의 초록. CMB의 내재적 비등방성을 검출하기 위한 최초의 시도가 논문의 내용이다.

이라는 불규칙성을 찾기를 희망하고 있었는데, 성단과 은하와 같은 불규칙적인 구조가 어디에서 비롯되는지 알아내기 위해서였다.

요지는 이렇다. 만약 태초의 불공에 아주 미미한 요동이 존재했다면, 그런 요동은 우주의 팽창과 함께 커져서 대규모의 변동—중력적 불안전성을 초래함으로써 물질의 중력 붕괴로 인하여 (별과 은하와 같은) 구조를 촉발하는 변이—을 낳았을 것이다. 비등방성이 대규모 구조를 탄생시키는 씨앗이라고 보는 아름다운 이론이었다. 그런 비등방성을 찾으면 우주가 어떻게 혁명적으로 시작해 지금의 우주로 진화해 왔는지 알게 될 것이다. 파트리지와 윌킨스로서는 안타깝게도 그들의 탐지기로는 어떠한 비등방성도 관찰할 수 없었다. 하지만 추적은 계속되었다.

그런 문제들이 있는지 나는 여러 해가 지난 후에 알게 되었다. 그 무렵 파트리지는 펜실베이니아주의 해버퍼드 칼리지의 교수였다. 그는 모든 면에서 신사였으며, 명쾌하고 체계적이며 매우 잘 구성된 강의로 유명했다. 자상하고 따뜻한 성품의 교수였기에 아주 우둔하고 소심한 학생들도 스스럼없이 다가갈 정도였다. 나도 그런 학생 중 하나였다. 윌킨슨도 나처럼 우주론자가 되기 전에 색소폰을 연주한 적이 있었지만, 결국에 나의 학부 시절에 큰 영향을 미친 사람은 파트리지 교수였다. 학부 2학년 때 파트리지 교수는 MIT 출신의 동료인 앨런 구스를 해버퍼드대학으로 데려와 수업 시간에 강의를 한 번 맡겼다. 그 무렵 물리학은 늘 흥밋거리이긴 했지만, 나는 약간 반항적이었다. 아프리카 문양의 큰 메달 같은 목걸이와 맬컴 X 티셔츠 차림에 레게머리를 하고 있었다. 교실 뒷자리에 앉아서 수업은 듣는 둥 마는 둥 했고, 헤드폰에서는 퍼블릭 에너미의 친혹인 성향 랩이 늘 울리고 있었다. 그때가 1990년이었는데, 파트리지와 윌킨슨이 1967년에 처음으로 찾으려고 시도했던 CMB의 비등방성을 나사의 인공위성이 나서서 찾는 실험을 진행 중이었다.

앨런 구스는 우주 급팽창 이론의 고안자였는데, 이 이론은 지평선 문제의 해법을 제시했을 뿐 아니라 비등방성 질문에 대한 실마리를 내놓았다. 만약 우주가 유아기 때 지수적 성장의 단계를 거쳤다면, 앨런은 복사가 이동한 거리는 이 급격한 팽창 덕분에 엄청나게 커졌으리라고 제안했다. 이 이론은 우주의 나이 제한에 걸려 서로 인과적 접촉을 할 수 없었던 두 영역 사이의 상호작용을 설명했다. CMB 관찰 결과에 부합하는 대이론이 아닐 수 없었다. 게다가 앨런의 급팽창 이론은 양자적 속성이 있어서, 가정상의 CMB 비등방성의 속성과 기원을 예측할 수 있었다. 초기 우주의 이 양자적 측면은 브란덴버거 교수가 열정적으로 탐구하던 주제였다. 그때까지만 해도 나는 급팽창이 앞으로 연구할 중요한 부분이 될 줄은 꿈에도 몰랐다.

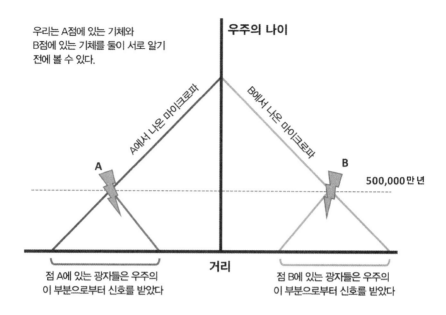

그림 10.3. 영역 A와 B는, 서로 온도가 같으면서도, 표준 빅뱅 모형에서 서로 상호작용할 수 없는 영역들로부터 나온 마이크로파 복사를 나타낸다. 초기 우주의 지수적 팽창, 즉 급팽창의 기간이 존재했다면 인과적 연결이 가능하기에 CMB의 균일성이 설명된다.

내 헤드폰이 너무 꽉 끼었기도 해서겠지만, 당시 나는 앨런이 해버퍼드에 방문한 일이 중대사인지 모르고 있었다. 그래도 앨런이 중요한 인물임은 알았기에, 나의 반항심을 약간 누그러뜨릴 준비 정도는 되어 있었다. 어쨌거나 카플란 선생님과의 만남 이후로 아인슈타인 이론의 위력을 들은 적은 그때가 처음이었다. 내가 학부 2학년생으로서 배우고 있는 판에 박힌 물리학과 수학을 훌쩍 뛰어넘는 내용이었다. 그건 우주론이었다. 우주의 진화를 전체적으로 살펴보고 탐구하는 일로서, 아인슈타인의 수학적 명석함을 고스란히 보여주었다. CMB는 장대했고 우주의 구조 생성 이론도 마찬가지로 장대했으며, 이제 급팽창이라는 개념까지 나왔다. 나로서는 소화하기가 벅찼다.

더군다나 펜실베이니아대학과 프린스턴 고등연구소의 유명한 우주론자들이 앨런의 급팽창 강의를 들으러 와 있었기에 학생들은 주눅이 들어 감히 질문할 생각도 못했다. 강연이 끝나자 파트리지 교수는 이렇게 말했다. "우선 학생들한테서 질문을 좀 받겠습니다." 내 손이 잠시 떨렸다가 본능적으로 다시 움츠러들었다. "스테판, 질문할 게 있는 듯한데." 파트리지 교수가 잽싸게 말했다. 나를 너무 잘 아는 교수님이었다. 한심하고 순진하다는 느낌이 밀려와 나는 풀이 죽었다. 그래도 뭘 깊이 생각하고 자시고 할 것 없이 불쑥 내뱉었다. "급팽창 이론이 일을 하나요?" 파트리지 교수의 입문 수업에서 우리가 배우기로, 물체에 힘이 가해져 물체를 일정 거리만큼 이동시킬 때면 언제나 일이 발생한다. 급팽창이 우주를 팽창시키고 있다면, 무슨 힘이 우주를 급팽창시키는지 나로서는 아리송했다. 아무런 일이 발생하지 않는데도 우주가 팽창할 수 있단 말인가? 물리학의 경이로운 점은 우리가 불변이라고 여기는 '규칙'이 깨질 때다. 나는 알고 싶었다. 앨런의 대답은 이랬다. "대단한 질문이군요. 급팽창은 우주의 팽창을 촉발하기 위해 일을 합니다. 이 일을 하는 행위자를 '급팽창 장inflation field'이라고 부릅니다." 파트리지 교수는 자기가 끼어들어 내게 질문을 유도했고 앨런이 내 질문에 진지하게 반응한 것이 내 인생에 얼마나 긍정적인 영향을 미쳤는지 미처 몰랐다. 지금도 나는 학생들에게 '말 못 할 질문'을 주저 없이 던지라고 권한다. 그런 질문은 대체로 어려운 것이니까.

마침내 파트리지와 윌킨슨이 CMB 비등방성을 처음으로 알아낸 지 30년이 지나서 우주배경탐사선, 즉 COBE 위성이 그것을 직접 측정했다. 4년 동안 우주에서 CMB를 추적한 끝에 COBE 위성에 탑재된 측정 장치인 차등 마이크로파 복사계가 미약한 변이를 탐지해냈다. 결국 우리의 기원에 대한 실마리를 끈질기게 추적한 끝에 우주론자들은 드디어 정확한 과학의 황금시대로 진입했다. 이 발견 덕분에 급팽창은 훨씬 더 중요해졌다. 그게 없었다면 완전한 불완전성이 지평선 문제를 더욱 어렵게 만들었을 것이다. 왜냐하면 거의 완전한 열적 평형 상태의 복사와 더불어 복사 패턴의 아주 미세한 변동까지도 설명해낼 다른 이론이 필요했을 테니까. 급팽창은 그 문제에도 해결책을 제시했다. 하지만 그게 다가 아니었다.

발견이 이루어질 때마다 심오한 질문들이 튀어나왔다. CMB (복사의) 바다는 확인되었다. 그 속의 비등방성도 마찬가지로 확인되었다. 그러는 내내 조금씩 천문학자들은 우리 우주의 가장 큰 구조를 꼼꼼하게 지도로 작성해내고 있었다. 허블우주망원경이 우주로 향하는 지구의 눈이 되었다. 이 망원경은 우리 이웃에 있는 성운 및 충돌하는 은하들처럼 굉장히 역동적인 천체들을 촬영했다. 하지만 기술 발전 덕분에 여러 측면에서 촬영이 가능해졌다. 전파 신호에 민감한 망원경, 마이크로파 신호에 민감한 망원경, 적외선이나 감마선에 민감한 망원경이 전부 따로 영상을 촬영할 수도 있고 아니면 서로 협동하여 촬영할 수도 있다. 관찰 가능한 가장 먼 거리까지 샅샅이 뒤져 이 망원경들은 관찰 가능한 우주의 지도를 제공했고 우주의 경이를 고스란히 보여 주었다. 겔러와 허츠라가 우주의 대규모 구조를 담은 지도로 보여 주었듯이, 은하단들이 늘어서 이루어진 우주의 장벽과 꽃실 모양이 선명하게 드러났다. 밝혀진 바에 의하면 우주의 가장 큰 구조는 균질적이고 등방정인 분포를 갖고 있다. 공식적으로 이것은 우주론적 원리라고 알려져 있다. 오랜 세월 동안의 과학적 탐구, 기술 발전, 그리고 인간의 창의성이 여러 수준의 구조가 우주에 스며들어 있음을 밝혀냈다.

계층적 우주 구조의 기원은 오리무중이지만, 급팽창은 어떻게 초기 우주의 양자 요동이 (만약 급팽창이 없었다면) 완전히 균일했을 태초의 불공에 비대칭성을 일으킬 수 있었는지, 그리고 그런 비대칭성이 시공간의 급팽창에 의해 확대될 수 있었는지 이해하는 데 큰 역할을 했다. 후속 관찰에서는 초기 우주의 비등방성에 조화로움harmony이 있음이 드러났는데, 이 조화로움은 우주적 지평선이 존재하지 않고서는 생겨날 수 없었다. 지평선을 제대로 이해하려면 소리에 주목해야 한다.

11

· · · · · · ·

소리의 블랙홀

우주라는 거대한 그물 속의 모든 활동은하active galaxy(중심부에 매우 밝은 전자 기복사 방출원인 활동은하핵을 가진 은하 - 옮긴이)에는 가장 밀도가 크고 가장 은밀한 것이 도사리고 있다. 바로 블랙홀이다. 블랙홀은 일반상대성이론에서 최초로 정확히 풀 수 있는 계들 중 하나였으며 처음에는 순전히 이론적 개념이라고만 여겨졌다. 하지만 블랙홀은 우주론의 우주적 지평선과 비슷한 어떤 지평선을 두르고 있었다. 지평선이 소리에 미치는 역할을 탐구함으로써 우리는 음악과 우주적 구조 사이의 관련성을 찾는 연구에서 더욱 심오한 통찰을 접할 수 있을 것이다.

아인슈타인의 열 가지 방정식을 다룰 때 느끼는 어려움은 뉴턴의 한 가지 방정식과 비교하면 엄청나게 크다. 일련의 물체들이 용수철에 함께 매달려 운동한다고 상상해 보자. 뉴턴의 미분방정식을 적용하여 한 개별 물체의 운동을 알아낼 수는 있다. 하지만 물체들이 시로 이어져 있기에, 한 물체의 운동은 용수철에 매달린 다른 물체들의 운동에 그리고 그 물체들의 운동방정식에 영향을 미친다. 서로 엮인 한 벌의 미분방정식들이 있어야지만 물체들의 전체 운동을 알아낼 수 있다. 그런 까닭에 한 방정식을 풀려면 다른 방정식들도 전부 풀어야 한다. 비슷한 상황이 2장에서 논의했던 자기장의 이징 모형에서도 발생했다. 거기서는 이웃 원자들의 스핀이 서로 영향을 미치는 바람에 계의 전체적인 상호작용 에너지에 영향을 미쳤다. 더군다나 아인슈타인의 방정식들은 물질과 물질 간의 관계가 아니라 물질과 공간 간의 관계란 점을 떠올리면 어려움은 한층 더 가중된다.

아인슈타인의 열 가지 미분방정식에 깃든 마법을 제대로 이해하려면, 우선 그 방정식들의 한 해를 살펴보면 도움이 된다. 하지만 무척 복잡한지라 그것을 만족하는 물리적 시공간 구성을 떠올려 보기란 쉬운 일이 아니다. 앞서 뉴턴 방정식에서처럼 그래프를 살펴보거나 함수 형태를 추측하는 방식은 여기서는 더 이상 통하지 않는다. 심지어 오늘날 강력한 컴퓨터의 도움을 받아도 흥미로운 천체물리계의 중력장에 대한 정확한 해를 찾을 수 없다. 그렇기는 하지만 아인슈타인이 자신의 이론을 개발한 직후에 물리학자들은 그의 새로운 시공간 개념에 열광하여 열심히 해를 찾아 나섰다. 첫 출발부터 그들은 디랙의 믿을 만한 방법으로 무장하고 있었다. 바로 대칭성의 힘을 이용하자는 것.

수학적 대칭성은 방정식의 복잡성을 줄일 수 있다는 점에서 위대하다. 두 입자 X와 Y의 진동을 기술하는 별도의 두 방정식이 있다고 상상하자. 만약 X의 행동이 Y와 똑같다면 '대칭적인' 상황의 한 사례라고 할 수 있다. 그러면 두 미분방정식은 하나로 줄어들 수 있으며, 일단 X나 Y 하나에 대한 해를 찾으면 다른 입자에 대한 해도 저절로 나온다.

때때로 자연은 실제로 이처럼 매우 대칭성이 큰 뜻밖의 상황을 내놓으며, 물리학자들은 이를 통해 해를 발견하는 환희를 만끽할 수 있다. 아인슈타인 방정식의 경우, 구형 대칭이 좋은 출발점이었다. 구는 태양과 같은 별들의 구조를 모형화할 수 있다. 구의 기하학은 중력이 한 조밀한 중심점 주위에 방사형으로 펼쳐지는 균일한 장으로 축소될 수 있도록 해 준다. 그처럼 자연스럽고 단순한 개념이기에, 아인슈타인이 자신의 이론을 내놓은 지 고작 몇 달밖에 안 지났을 때, 독일의 수학자이자 천문학자인 카를 슈바르츠실트가 아인슈타인 방정식에 대한 구형 대칭 해를 하나 구했다. 여기에는 작은 결점이 하나 있었다. 반지름이 점점 더 작아지는 상황을 고려할 경우, 반지름이 슈바르츠실트 반지름이라는 값에 도달하면 거기서 방정식은 특이점이라는 것을 내놓았다. 특이점은 수학적으로 말해서 어떤 수를 영으로 나눌 때 생기는 유형의 상황이다. 물리학자들은 특이점을 좋아하지 않는다. 대체로 특이점은 무한대의 에너지나 힘의 영역을 의미한다. 대다수의 특이점은 우리의 이론이 뭔가 잘못되었음을 알려 주곤 한다. 하지만 이 특이점은 우리의 구형 친구들, 즉 별들에 관해 새롭고 매우 경이로운 어떤 것을 내포하고 있었다.

성간 먼지의 무거운 구름들이 모여서 응축되어 복사파를 방출하기 시작하면 별이 탄생한다. 태어난 지 몇십 억 년 이내에 모든 별은 늙고 결국에는 죽는다. 하지만 별의 내세는 매우 흥미롭다. 불타는 일생을 마치고 나면 연료를 소모하고 식는데, 바깥쪽으로의 복사 압력이 낮아지면서 마침내 자신의 안쪽으로 향하는 중력 때문에 붕괴한다. 1931년에 노벨상 수상자인 인도인 물리학자 수브라마니안 찬드라세카르는 죽어 가는 별의 모든 질량이 매우 작은 부피 내로 붕괴할 때, 백색왜성이라는 매혹적인 물체를 생성한다는 사실을 밝혀냈다. 백색왜성은 이전 별의 전자들이 중력에 저항하는 반발 압력으로 유지되고 있는 잔해물이다. 언젠가 우리 태양도 백색왜성이 되어 대략 지구 크기로 수축하고 말 것이다. 1939년에 로버트 오펜하이머와 조지 볼코프가 리처드 톨먼과 함께 밝혀낸 바에 의하면, 태양보다 대략 고작 1.5배 무거운 별은 중력이 너무 세서 전자들의 반발력으로도 별을 지탱해낼 수 없다. 그러면 백색왜성도 붕괴하여 마침내 중성자가 나서서 중력에 맞서게 된다. 그 결과는? 바로 중성자별이다. 하지만 더 무거워서 태양보다 서너 배 무거운 별은 중성자조차도 중력에 대항할 수가 없다. 결국 핵붕괴가 일어나며, 우리의 물리학 지식은 이 현상 앞에서 휘청거리고 만다. 블랙홀의 세계로 들어가 보자.

블랙홀은 일반상대성이론의 슈바르츠실트 해가 나올 때까지만 해도 이론적 실재에 지나지 않았지만, 별의 진화 과정이 규명되면서부터는 물리적으로 가능한 현상으로 급부상했다. 1958년에 (쿠퍼 교수가 초전도체에 대한 자신의 해법을 찾아냈을 무렵에) 나의 물리학 영웅 중 한 명인 데이비드 핀켈스타인이 블랙홀을 더욱 흥미롭게 여기게 만들 경이로운 무언가를 발견했다.

핀켈스타인은 조용한 성자 같은 사람인데, 천재성을 머금은 그의 미소는 마치 온 우주가 자기 머릿속에 들어 있다는 듯한 자신감을 드러내 준다. 워낙 영감에 충만한 사람이다 보니, 양자중력의 두 주요 경쟁 이론의 선구자인 리 스몰린과 레너드 서스킨드가 핀켈스타인을 은사로 모셨다는 것도 전혀 놀랄 일이 아니다. 실은 나도 핀켈스타인의 팬이어서 2014년에는 그의 평생 업적 을 기리기 위해 다트머스에서 학회를 주관하기도 했다.

핀켈스타인이 알고 싶었던 것은 빛이 블랙홀 주위의 휘어진 시공간에서 어떻게 움직이는가였다. 어쨌든 중력이 실제로 무거운 물체 주위의 시공간 을 왜곡시킨다는 아인슈타인의 발상을 확인시켜 준 증거도 먼 별에서 온 빛 이 태양 주위에서 휘어지는 현상을 관찰함으로써 나왔으니 말이다. 하지만 핀켈스타인이 알아내기로, 블랙홀 주위에서 빛의 운동은 훨씬 더 기이했다. 시공간을 지배하는 방정식들을 절묘하게 주물러서 핀켈스타인이 밝혀낸 바 에 의하면, 슈바르츠실트 해의 특이점 주위에는 구형의 진창 같은 영역이 있 어서, 만약 빛을 포함하여 무엇이든 이 영역으로 들어가면 결코 빠져나올 수 가 없다. 그런 까닭에 실제로 존 휠러는 이런 현상을 설명하기 위해 블랙홀이 라는 용어를 만들어냈던 것이다. 만약 어떤 빛도 특이점 근처의 슈바르츠실 트 영역을 빠져나올 수 없다면, 우리는 그곳을 결코 볼 수 없다. 이 영역으로 들어가는 것은 무엇이든 어김없이 블랙홀 속으로 사라지고 만다. 핀켈스타인 이 발견한 것은 일방향의 보이지 않는 구면으로서, 그는 이를 지평선이라고 불렀다. 아무도 볼 수 없지만 우리가 평소에 보는 지평선과 완전히 다르지 않 는 이 지평선은 우주의 과거를 엿보여 주므로 흥미롭기 그지없다(빅뱅에서 우주 가 탄생했다고 할 때, 시간을 거꾸로 돌리면 우주의 모든 것은 빅뱅 속으로 빨려 들어가므로, 이런 점 에서 빅뱅은 블랙홀과 비슷하다고 볼 수 있다. 그래서 블랙홀이 우주의 과거를 엿보여 준다고 말하는 듯하다–옮긴이).

핀켈스타인이 연구할 당시에 블랙홀은 공상과학 소설의 소재이자 상상의 차원이긴 했지만, 서서히 정체가 드러나기 시작하고 있었다. 리 스몰린 같은 물리학자들은 블랙홀이 특이점에서 아기 우주를 낳는다고 추측했으며, 또한 우리가 배우기로 블랙홀은 물질을 집어삼켜 질량을 증가시킬 수 있고 아울러 블랙홀의 사건 지평선 근처의 양자 효과로 인해 복사를 방출할 수 있다고 한다. 핀켈스타인의 연구는 블랙홀의 물리학을 구체적인 것으로 변모시켰다. 사건 지평선은, 비록 우리의 감각을 벗어나 있긴 하지만, 우리가 다룰 수 있는 구체적인 수학적 요소였으며, 우리 우주의 구조 그리고 태고의 우주적 지평선을 엿볼 수 있게 해줄지 모른다. 이를 제대로 이해하려면 소리를 살펴볼 필요가 있다. 구체적으로는 소리가 물에서 어떻게 퍼져 나가는지 살펴볼 필요가 있다.

캐나다 물리학자 빌 언루는 블랙홀의 물리학과 소리 사이의 놀라운 유사성을 통해 블랙홀의 신비를 고스란히 드러냈다. 언루는 세계적으로 존경받는 캐나다인 이론물리학자 가운데 한 명이다. 나도 박사학위 논문을 쓰느라 밴쿠버의 브리티시컬럼비아대학에 있는 그의 연구실에서 반년을 보낸 적이 있다. 언루는 구레나룻이 수북한 큰 얼굴에다 주로 작업복 차림이다. 그리고 언루는 뭐든 불확실한 이론이 나오면 지체 없이 공격을 퍼부어 다른 물리학자들의 간담을 서늘하게 만드는 성격이다. 하지만 나한테는 늘 친절해서, 내가 바보 같은 소릴 해도 넘어가 주었다. 물리학 개념과 다른 분야의 개념 사이의 유사성을 그가 통달했음을 나는 브리티시컬럼비아대학에 있던 어느 날 확실히 알게 되었다. 내가 진행한 첫 번째 세미나에서 내가 한 실수를 그가 찾아내 개선책을 제안했을 때의 일이었다. 그의 제안이 완벽하게 옳았음은 일 년 후 사실로 드러났다.

파동 역학의 기본적인 내용을 이용하면 물속에서 소리의 속력을 계산할 수 있다. 다음 방정식을 살펴보자.

$$C^2 = \frac{K}{\rho}$$

이 방정식은 소리의 속력 C와 매질의 강도 K, 그리고 매질의 밀도 ρ와의 관계식이다. 이 방정식에 따르면 소리의 속력은 매질의 강도에 따라 증가하고 밀도가 커질 때 감소한다. 가령 소리는 헬륨보다는 산소처럼 밀도가 높은 기체에서는 느리게 이동하지만, 고체처럼 단단한 매질을 지날 때는 더 빠르게 이동한다. 고체가 기체보다 더 밀도가 높으니까 소리가 고체에서 더 느리게 이동한다고 여길지 모르지만, 고체는 기체보다 훨씬 더 단단한 까닭에 소리가 더 빠르게 이동한다.

블랙홀 지평선을 이해하기 위해 언루는 물고기 한 마리는 하류로 내려가

그림 11.1. 캐나다 이론물리학자 빌 언루. 사진 빌 언루.

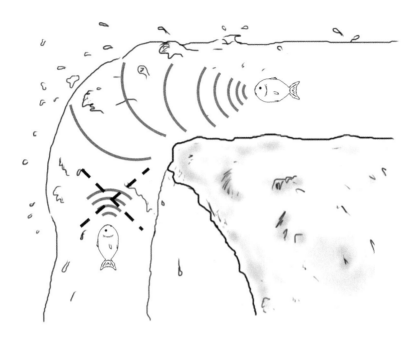

그림 11.2. 소리 지평선은 폭포를 통해 이해할 수 있다. 물고기는 원호들로 표시된 소리를 방출하지만, 소리의 속력은 폭포의 속력보다 훨씬 느리기에 폭포 위의 물고기에 결코 가닿지 못한다.

고 다른 한 마리는 상류에 머물러 있는 상황을 상상했다. 어느 지점에서 아래로 향하는 물고기는 폭포 아래로 떨어진다. 폭포의 물의 속력은 중력의 작용이 더해지므로 상류의 물의 속력보다 훨씬 크다. 급히 아래로 떨어지는 물고기는 상류에 있는 친구가 들어주길 간절히 바라며 "야, 살려줘!"라고 외친다. 하지만 소리는 음파이고, 위의 방정식에서도 설명했듯이 균일한 매질에서는 고정된 속도로 이동한다. 만약 폭포의 속력이 위쪽으로 향하는 물고기의 음파의 속력보다 훨씬 빠르다면, 음파는 폭포 위에 있는 친구에게 결코 가닿지 못할 것이다. 위로 올라가려는 소리의 전투는 패배하고 만다. 폭포 아래로 떨어지는 물고기한테는 소리가 들릴 수 있지만, 위쪽에 있는 친구한테는 침묵

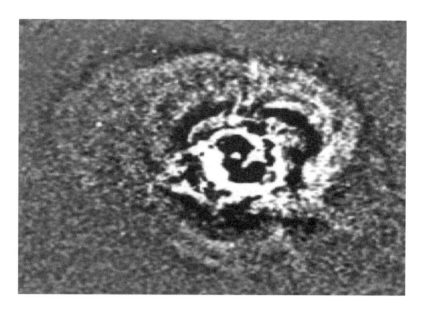

그림 11.3. 흰 영역과 검은 영역은 페르세우스 성단의 블랙홀이 '연주하는' 음파들을 나타낸다.[1]

만이 맴돌 뿐이다. 폭포의 가장자리가 소리의 지평선인 셈이다. 위쪽에 있는 물고기가 보기엔 친구 물고기가 그냥 사라져 버렸다. 눈에서 멀어지고 귀에서도 멀어지면 물고기 사이에도 마음에서 멀어지는 법. 물론 그가 잃어버린 친구를 부르면 그 소리는 물의 흐름의 도움을 받아 거뜬히 아래로 내려가다가 폭포 가장자리 너머로 향할 것이다. 이것이 바로 빛이 블랙홀의 사건 지평선 주위에서 행동하는 방식이다. 그처럼 빛은 블랙홀로 쉽게 들어갈 수는 있지만 또 하나의 실패한 이야기만이 남게 된다.

일반상대성이론의 블랙홀 해는 누구도 내다보지 못했던 예측력을 발휘했다. 사건 지평선이라는 놀라운 실재를 예측해냈던 것이다. 블랙홀 해에 따르면, 만약 물고기가 사건 지평선을 넘어가면 물고기는 블랙홀 바깥의 친구와 통신을 하려고 아무리 필사적으로 노력하더라도 그의 메시지는 지평선 바깥으로 나갈 수 없다. 더욱 참담하게도 일단 물고기가 블랙홀 지평선 안으로 떨어지고 나면, 결코 밖으로 나갈 희망이 없다. 연어 한 마리조차도 결코 빠져나갈 수 없다.

블랙홀 지평선은 음향적 속성을 지닐 뿐만 아니라, 최근에 밝혀지기로 어떤 블랙홀들은 수벌처럼 윙윙거리는 노래를 부른다. 그림 11.3은 페르세우스 성단의 한 은하 중심부의 블랙홀이 생성하는 음파를 보여 준다. 블랙홀이 내는 음파의 음은 피아노의 가운데 C음보다 55옥타브 아래의 B-플랫 음으로 확인되었다.

지평선의 존재는 아인슈타인 이론의 일반적인 특징이며, 우주의 시공간 구조에 관한 논의에 중대한 결과를 내놓았다. 이는 블랙홀 지평선과 우주적 지평선 둘 다에 해당한다. 하지만 우주적 지평선은 사건 지평선과는 조금 다르다. 블랙홀과 달리 그것은 양방향이어서 빛과 물질이 두 방향으로 오가는데, 이는 우주의 팽창과 시간의 경과 사이의 상호작용에 따라 결정된다.

블랙홀 지평선은 엄청나게 큰 중력으로 인한 특이 현상이지만, 지평선이 경계로서 어떻게 작용하는지 이해하는 데 도움을 준다. 최초의 안정된 원자들이 생성되면서 CMB 빛이 방출될 당시에 CMB 비등방성이 생긴 까닭도 바로 그러한 경계, 즉 우주적 지평선이 존재했기 때문이다. 기타의 브리지가 하나의 현이 공명을 일으켜 여러 음을 발생시키는 데 필요한 경계로 작용하듯이, 우주적 지평선으로 인해 우주의 물질 변동 과정에서 특정한 여러 음표들이 생성되었다. 이러한 우주적 지평선의 프렛보드fret board로 특정한 진동들을 발생시키는 메커니즘은 과연 무엇일까? 바로 여기에 양자역학이 개입한다.

12

. . . .

우주 구조의 조화

음악과 우주 구조의 관련성을 찾는 탐구의 여정 도중에 나는 2011년에 프린스턴대학에서 일 년 동안 안식년을 보내면서, 데이비드 스퍼겔과 함께 연구했다. 그는 CMB의 비등방성에 관한 가장 정확한 몇 가지 예측을 해낸 우주망원경 윌킨슨 마이크로파 비등방성 탐사위성WMAP을 다루는 뛰어난 과학자다. 내 연구실 근처에 짐 피블스의 연구실도 있었다. 그는 CMB를 바라보는 올바른 방법은 비등방성이라는 렌즈를 통해서가 아니라 소리 진동을 통해서라는 나의 희망이 옳다고 확인시켜 준 최초의 우주론자 가운데 한 명이었다.

그림 12.1. 137억 년 전의 우주를 담은 이 사진은 전자들이 양성자들과 결합되던 (재결합) 순간에 방출된 빛을 보여 준다. WMAP 과학 팀.

피블스와 대학원생 제자인 저 유Jer Yu 는 우주를 일종의 음악적 현상이라고 본 피타고라스와 케플러의 통찰을 처음으로 입증해냈다.[1] 둘이 알아낸 바에 의하면 초기 우주는 파장이 30만 광년까지 뻗어 있는 음파를 생성했다. 30만 광년은 최초의 안정된 원자들이 생성되면서 CMB 복사가 방출될 때의 우주의 크기다. 그 음파는 이후 최종적으로 우주의 대규모 구조가 형성되는데 이바지했다. 피블스와 유는 1970년에 나온 〈팽창하는 우주의 태고의 단열 섭동〉이란 혁명적인 논문의 서두에서 이렇게 요약하고 있다. "태고의 불공에서 나온 복사를 발견함으로써 은하의 기원에 관한 이론을 전도유망하게 열어젖힐 수 있다."[2]

빽빽하게 뒤섞인 전자, 광자 및 양성자들의 플라스마가 춤추는 댄서들처럼 일치된 동작으로 운동했는데, 만약 아무런 방해도 받지 않으면 가장 잔잔한 해수면처럼 가만히 있었을 테다. 하지만 양자 불안정성으로 인한 원시의 양자 요동이 그 플라스마를 진동시켰고, 이로 인해 고밀도 영역의 에너지가 저밀도 영역으로 이동하면서 음파가 퍼져 나갔다.

이 획기적인 발견에 의하면, 대규모 우주 구조가 초기 우주로부터 진화하려면 초기 우주는 만분의 일 정도 비율로 불규칙성을 지녔어야 했다. 달리 말해, 만약 평균 온도가 10도였다면 불규칙성은 평균으로부터 천분의 일도만큼 벗어나 있는 정도여야 했다. 1992년에 드디어 오랫동안 찾아왔던 이 비등방성이 마침내 COBE 위성에 의해 실험적으로 확인되었다.

CMB 지도의 검은 점, 흰 점 및 회색 점들은 평균, 즉 균일한 에너지(또는 온도)로부터 위아래로 벗어나는 변동을 나타낸다. 이것들이 초기 우주의 음파이며, 우주의 음악이며, 구조 생성의 최초 단계다(여기서 음파라는 말은 저자가 비유적으로 사용하는 말이다. 진공의 우주 공간으로 퍼져 나간 파동이므로 인간의 귀로는 실제 그 '소리'를 들을 수 없다 - 옮긴이). 빛 파동은 대전 입자들이 가속되면서 생기며, 전파되는 데 아무런 매질이 필요하지 않다. 한편 음파는 밀고 잡아당기는 시공간 매질 없이는 존재할 수 없다. 진공을 좋아하지 않는 것이다. 그리고 음파는 역학적이다. 음파는 말소리, 음악 및 잡음을 우리 귀에 전달해 준다. 그런 것들은 우리 귀에 닿든 아니든 간에 매질의 진동이다. (가령 드럼을 칠 때와 같은) 최초의 교란이 일어날 때 진동은 이웃 입자들이 앞뒤로 움직이게 만든다. 그러면 다시 이 입자들은 또 옆의 이웃 입자들을 진동시키며, 일련의 연속적인 압축과 희박화 과정이 생겨나 파동을 매질을 통해 전파시킨다. 공기 속의 이런 진동이 우리 귀에 닿으면 뇌는 이 진동을 소리로 해석한다.

상이한 변동들은 흥미로운 특징이 없어 보이지만, 푸리에 개념을 이용하면 CMB 지도를 순수한 파동들로 분해할 수 있다. 놀랍게도 그림 12.2의 곡선은 음파의 특성을 고스란히 보여 준다. X축은 CMB 음파의 진동수를 나타내고 Y축은 음파가 얼마나 시끄러운지를 나타낸다. 정점들은 공명 주파수를 나타낸다. 나중에 알게 되겠지만, 이 공명 주파수는 우주 구조에 씨앗을 뿌리는 데 지배적인 역할을 한다. 악기가 소리를 내므로, 우리는 악기가 작동하는 방식과의 유사성을 살펴봄으로써 CMB의 물리학을 제대로 이해할 수 있다.

악기가 소리를 어떻게 내는지 구체적으로 살펴보자. 가령 색소폰의 마우스피스에 공기를 불어넣으면 악기 속의 공기 분자들에 의해 압력파가 발생한다. 리드가 다양한 폭의 진동수로 진동하면서 소리의 원천을 생성하는데, 초기에 얼마만큼의 에너지가 있어야지만 공기의 압력 차이가 생긴다. 색소폰 내부에 딱 들어맞을 수 있는 공기 파동은 여러 가지일 수 있다. 기타의 경우 기본 진동수fundamental frequency, 즉 기타가 낼 수 있는 가장 낮은 진동수는 가

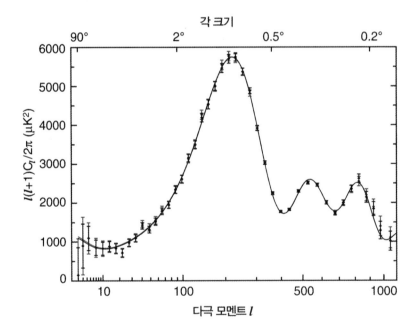

그림 12.2. CMB 비등방성을 푸리에 변환한 그래프. CMB 진동에서 음파와 공명 주파수를 보여 준다. WMAP 과학팀.

장 긴 파동 형태인데, 이 파동은 기타 줄의 양 끝단 사이에 딱 들어맞는다. 기본 진동수를 다른 방식으로 설명하자면, 그 파동을 늘려서 파장의 완벽한 한 사이클이 기타 줄 길이의 두 배가 되도록 했을 때 파동이 갖는 진동수다. 그러면 악기의 길이 L과 파장 λ 사이에는 아래와 같은 유용한 공식이 얻어진다.

$$\lambda = 2L$$

파동의 속력과 주기 T에 관한 유용한 공식도 있는데, 주기는 파동이 한 사이클을 완전히 진행하는 데 걸리는 시간이다. 뉴턴식 사고를 이용하면 이 공식은 금방 얻을 수 있다. 파동이 진행한 거리는 속도와 경과 시간의 곱이다. 따라서 아래와 같은 위력적인 공식이 나온다.

$$\lambda = vT$$

이 공식은 우리가 파동의 이동 속력과 진동 주기만 알고 있으면 기본음의 파장을 간단하게 결정해 준다. 이 기본 파장에 대응하는 기본 진동수에 어떤 정수를 곱하면 더 높은 배음harmonic들이 얻어지는데, 이 배음들은 음색이라고 하는 악기의 고유한 성질에 중요한 역할을 한다.

음색은 매우 중요한 개념이다. 두 악기, 플루트와 클라리넷을 살펴보자. 둘은 똑같은 음표를 연주하더라도 자신만의 특징적인 소리를 내므로 구별이 가능하다. 이 고유한 특징을 가리켜 음색이라고 한다. 한 악기가 한 음을 낸다고 해서 오직 하나의 진동수를 발생시키지는 않는다. 줄을 용수철에 매달린 일련의 물체들로 볼 수 있다고 했던 말을 상기하자. 고유 진동수는 용수철들의 무한한 집합에 의해 결정된다. 줄을 퉁기면 기본 진동수를 기준으로 삼아 줄은 폭넓은 범위의 공명 진동수들로 진동한다. 줄을 만드는 재료에 따라

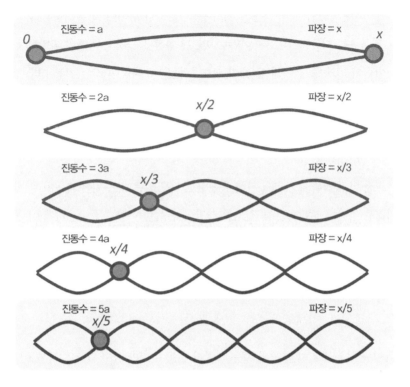

진동수 = a   파장 = x

진동수 = 2a   x/2   파장 = x/2

진동수 = 3a   x/3   파장 = x/3

진동수 = 4a   x/4   파장 = x/4

진동수 = 5a   x/5   파장 = x/5

그림 12.3. 양끝이 고정된 줄에 생긴 정상파. n번째 배음은 줄의 길이의 2/n에 대응하는 파장을 나타낸다. 이런 관례에 따르면 길이 2L=x이다.

특정한 높은 배음들은 진폭이 감쇄된다. 그러다가 결국 소멸하는데, 특정한 고유 진동수들이 마찰로 인해 에너지를 잃으면서 진폭이 영이 되기 때문이다. 그 결과 그보다 더 높은 진동수의 배음들의 상이한 진폭들이 남아서 독특한 음색이 나타난다.

음색은 한 특정한 물체가 특징적인 진동 에너지를 공기 중으로 전파함으로써 생긴다. 한 물체가 자신의 특징적인 운동을 용수철을 통해 이웃 물체에 전달하는 상황을 생각해 보자. 용수철이 마찰이나 열 발산으로 인한 감쇄 효

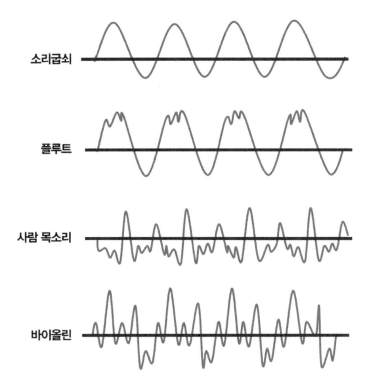

소리굽쇠

플루트

사람 목소리

바이올린

그림 12.4. 물리적 속성이 저마다 다른 여러 악기들은 높은 배음들의 감쇄로 인해 악기마다 고유한
소리 특성을 나타낸다.

과 때문에 영원히 진동을 계속하지 않듯이, 악기에서 생긴 에너지를 공기 속
으로 전달하는 효율은 불완전하며 진동수에 의존적이다. 피아노의 더 높은
진동수는 더 낮은 진동수보다 공기 속으로 에너지를 더 효율적으로 전달한
다. 푸리에 개념을 사용하면, 악기에서 나는 진동수들의 총합이 한 개별 음표
에 대한 소리 스펙트럼이다. 우리의 청각 시스템은 기본 진동수를 '음높이'로
포착하고 다른 더 높은 배음들을 악기의 음색으로 해석한다.[3] 흥미롭게도 소
리굽쇠는 완벽한 사인파를 발생시키지만, 소리는 바이올린 소리만큼 음악적

으로 풍부하지 않는데, 바이올린 소리는 더 높은 배음들의 더 풍부한 스펙트럼을 갖기 때문이다.

초기 우주가 음파를 지속시키는 데 필요한 기본 물리 법칙은 존재하지 않는다. 하지만 플라스마 상태일 때의 초기 우주를 하나의 악기라고 생각한다면, 음향학이 우주 구조 생성을 조명해 준다. 피블스와 유가 알아낸 바에 의하면 CMB가 일종의 매질로 작용하여 거기서 시작된 음향 진동이 30만 년 동안 지속되었다. 그게 사실이라면 우리는 이제껏 설명했던 모든 개념을 CMB를 통해 전파되는 음파들의 결과를 이해하는 데 적용할 수 있다. 빅뱅 직후에, 대사건(아마도 우주의 급팽창)으로 인해 플라스마로 전달된 에너지가 음파를 발생시켰을 테다.

이 음파를 지속시키는 데 두 가지 힘이 관여했는데, 바로 중력과 복사였다. 중력은 물질이 엉겨 붙어서 압력에 과밀도 상태를 마련했는데, 이것을 그대로 놔두었다면 너무 빨리 붕괴하여 우주에 흥미로운 구조가 생성되지 못했을 것이다. 우리로선 다행이게도 빛이 용수철처럼 복원력을 가했는데, 태고의 플라스마에는 빛의 광자들이 가득했던 것이다. 광자가 전자를 산란시킬 때, 광자는 운동량이 변하면서 뉴턴의 제2법칙에 따라 힘을 가한다. 플라스마 속의 전자들을 산란시키는 많은 광자들은 추가적인 중력 붕괴에 저항할 만큼의 압력을 가했다. 그 결과 플라스마는 팽창하여 압력이 감소했다. 그러면 중력이 다시 개입하여 플라스마를 압축시켰는데, 이처럼 반복되는 조화로운 춤이 우주 최초의 소리가 되었다. 우주론의 표준 모형에 따르면 우주는 마치 완벽한 우주 악기처럼 빅뱅 이후 30만 년 동안 이런 소리를 화성의 반복 진행을 통해 울렸다.

CMB 속의 입자들은 상호작용성이 매우 크므로 소리의 속력은 빛의 속력에 매우 가깝다. 이 지식을 바탕으로 기본 진동수의 파장에 대한 놀랍도록 단순한 공식을 CMB 플라스마에 적용할 수 있다.

파동의 이동 속력이 빛의 속력에 가깝고 30만 년 동안 이동했다면, 앞에서 나왔던 음파에 대한 공식을 이용하여 다음 결과가 나온다.

$$\lambda = \nu T = 3 \times 10^8 m/s * 300,000Y \cong 1Mpc$$

CMB 내의 기본 음파가 이동한 거리는 무려 백만 파섹의 규모다! 놀랍게도 겔러와 허츠라가 발견한 은하단들의 분포도 딱 이 크기만큼이다. 피블스가 발견한 극히 작은 음파들이 십억 년의 기간 동안 우리가 오늘날 보는 대규모 우주 구조로 발전했는데, 그 구조는 전부 음파에서부터 시작했다. 그런데 진동하는 정상파들의 혼합에 지나지 않는 소리들이 어떻게 별과 은하로 발전할 수 있었단 말인가?

많은 음악학자들은 음악이란 구조를 갖춘 소리라고 여긴다. 따라서 소리 구조가 우주 구조로 발전했다면, 우주가 음악적이라는 말일까? 전자가 양성자와 결합하여 수소를 이루는 재결합 시에 중력이 승리하면서 음들이 리듬으로 변환된다. 이 리듬은 중심 영역으로 붕괴하여 최초의 별과 원시은하를 생성하는 수소 가스를 나타낸다. 별의 생성 과정은 다음 장에서 더 자세히 논의한다.

요약하자면 이제 우리는 구조가 갖춰지지 않은 초기 우주로부터 구조가 생성되던 첫 순간을 파악했다. 최초의 패턴은 여러 진동수의 음파들이 결합된 상태였다. 이상적인 현과 같은 이상적인 공명기에서는 모든 진동수가 동일한 진폭이나 소리 크기로 생성될 것이다. 하지만 우리가 CMB 데이터를 그것의 구성 진동수들로 분해해 보면, 가장 높은 정점(이른바 음향 정점)이 존재한

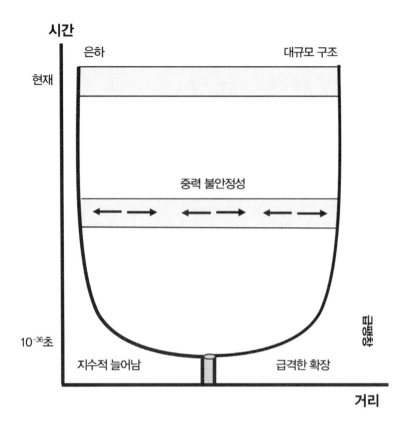

그림 12.5. 재결합 이후의 중력 불안정성의 시기부터 현재 시기의 대규모 구조 생성까지에 초점을 맞춘 100억 년 우주를 도해로 나타낸 그림.

다. 이것은 악기에서 나는 제일 시끄러운 소리에 해당한다. 다른 정점들은 음색을 나타내는데, 악기의 재료와 같은 다른 물리적 요인들에 따라 결정된다. 마찬가지로 우리는 CMB의 다른 음향 정점들이 우주의 물리적 구성에 관한 정보를 알려 주리라고 예상할 수 있다. 놀랍게도 정말로 그렇다! 가령 초기 우주에 분명 존재했을 암흑물질에 관해서 알려 준다.

쿠퍼 교수한테서 배운 바를 상기하자면, 유사성이 깨질 때 새로운 것을 발견할 가능성이 출현한다. 첫째, 우주적 플라스마가 자신의 음악을 연주하는 동안, 우주는 빅뱅 상태에서 시작해 최초의 가벼운 원소들이 생성될 때까지 계속 팽창했다. 달리 말해 일찍이 생성된 파동들이 팽창과 함께 늘어났다는 뜻이다. 이를 이해하려면 풍선 표면에 직선을 하나 그린다고 상상하자. 공기가 차면서 풍선이 부풀면 직선도 따라서 늘어난다. 마찬가지로 빛 파동도 우주가 팽창하면서 늘어나게 된다.

둘째, 간단한 계산에 의하면 음파는 빛의 속력에 가깝게 이동한다. 그렇다면 CMB는 실제로 어떤 소리처럼 들릴까? 어떤 우주론자들이 CMB의 진동수를 소리로 변환했더니, 그 소리는 아주 음악적이지는 않았지만 그렇다고 순수한 잡음도 아니었다. 매혹적인 점은 플라스마 상태에서 최초의 원시적 진동을 일으킨 원래의 양자적 소리가 존재한다는 사실이다. 비록 이 소리가 백색잡음으로 분류되긴 하지만, 볼 줄 아는 이의 눈에는 그 소리의 아름다움이 드러난다.

만약 우주의 구조가 음파의 형태로 시작되었다면, 그 이후로 제대로 모습을 갖춘 더욱 복잡한 구조도 음악적 속성을 지니고 있을까? 음악적인 우주는 음정, 선율, 화음 및 리듬에 해당하는 것들을 갖고 있을까? 내 생각에는 그렇다.

빅뱅 후 150억 년이 지나 음파와 수소들은 별로 발전했고 별들은 모여서 은하가 되었는데 그 과정이 마냥 단순하지는 않았다. 압력밀도파동이 물질들의 응집과 함께 진폭이 커지면서, 처음에는 단순했던 소리 방정식들은 매우 비선형적으로 바뀌었다. 게다가 통상적인 바리온 물질(바리온baryon은 중입자重粒子라고도 한다. 양성자나 중성자가 바리온에 속하며, 바리온은 우주의 구성 물질의 대부분을 차지

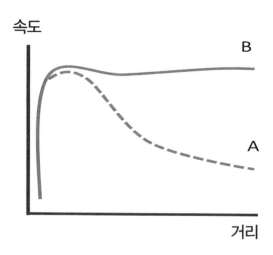

그림 12.6. 은하 주위를 회전하는 별의 전형적인 속도 곡선. 점선은 뉴턴 중력에 따라 예상되는 곡선의 모습이다. 실선은 실제로 관찰된 속도인데, 이를 설명하려면 숨어 있는 암흑(복사를 내놓지 않는) 물질이 필요하다.

한다 - 옮긴이)로 이루어진 태고의 음파들 내의 끌어당기는 중력 에너지는 너무 작았기에 우리가 오늘날 보는 은하 네트워크를 만들어낼 수 없는 상태였다. 중력을 키워서 별과 은하를 만들어내려면 어떤 숨은 형태의 물질이 필요한데, 이것이 바로 암흑물질이다. 암흑물질은 빛이라든가 가시적인 물질과 직접 상호작용할 수 없다. 별이 은하 내에서 얼마나 빠르게 회전하는지를 관찰하여 우주론자들은 암흑물질이 존재한다는 관찰 증거를 모았다. 암흑물질은 자라나는 우주의 화음에 음색을 제공했다.

뉴턴 역학에 따르면 육중한 은하 주위로 회전하는 별의 속도는 별이 은하 중심에서 멀어질수록 감소한다. 하지만 베라 루빈이 알아낸 바에 의하면 별의 속도는 감소하지 않았고 대신에 일정한 값에 근접했다. 암흑물질, 바리온물질 및 광자는 전부 양자장이며, 이들과 연관된 입자들은 우주 초기 단계의 진공에서 창조되었다. 우주론의 주요 연구 분야 중 하나는 우주 태고의 플라스마에서 원소들의 생성을 일으킨 정확한 물리학을 이해하는 일이다.

암흑물질의 적절한 양을 입력하여 컴퓨터 시뮬레이션을 해 보면, 암흑물질과 수소 가스의 꽃실 모양의 그물망으로 이루어진 큰 영역이 생기는 과정이 드러난다. 이런 꽃실들의 마디에서 수소 가스가 응집되는데, 이는 마치 비 온 후 거미줄에 물방울이 맺히는 것과 비슷하다. 원시은하라고 하는 바로 이 영역에서 수소 가스가 중력에 의해 집적되어 최초의 별들을 탄생시켰다. 별 속의 엄청나게 큰 중력 압력은 핵융합을 통해 수소를 더 무거운 원소들로 변환시킨다. 이러한 1세대 별들은 태양보다 백만 배까지 더 무거울 수 있다. 1세대 별들은 100억 년의 시간 동안 살다가 마침내 초신성 폭발을 거치면서 죽는다.

우주의 역사상 별들에는 세 가지 세대가 있었는데 세대별로 중요한 차이가 있다. 1세대 별들, 즉 제3항성군은 수소와 헬륨으로 이루어져 있다. 2세대 별들, 즉 제2항성군은 금속이 빈약하고 제3항성군보다 작다. 태양과 같은 현시대의 제1항성군은 금속이 풍부하고 훨씬 더 작다. 1세대 별들은 대략 빅뱅 후 2억 5천만 년 전에 생성되었다가 몇백만 년 동안만 존재했다. 관찰 가능한 우주에는 대략 100억 조 개의 별들이 존재할지 모른다.

2015년 겨울에 케이맨 제도의 유니버시티 칼리지에서 내가 우주론과 음악에 관해 강연하고 있을 때의 이야기다. 나는 대개 지금껏 이 책에서 논의했던 개념들을 색소폰을 이용해서 증명한다. 학회에 참여한 사람 중에는 천체물리학자 에드워드 귀넌이 있었다. 그는 해왕성의 고리들을 공동 발견한 사람으로 유명한데, 알고 보니 그 고리들은 두 개의 위성이었다. 그곳의 특산품인 케이브루 맥주를 한 잔 마시며 에드워드는 별 표면의 음파에 관해 연구하

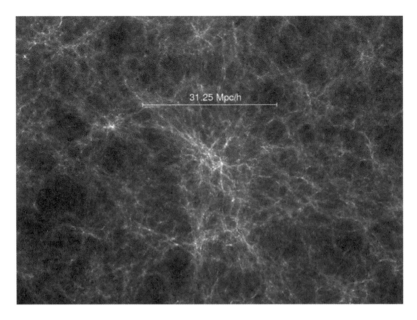

그림 12.7. 별들의 대규모 구조 속의 꽃실 모양 구조들이 서로 교차하는 꽃실들의 원시은하 마디들에 모여 있다.

는 분야인 일진학日震學, helioseismology을 살펴보라고 귀띔했다.

태양은 표면이 뜨거운 플라스마로 되어 있는 거의 완벽한 구다. 태양 표면에는 난류로 인해 음파가 생기는데, 이는 종을 칠 때 종 표면에 생기는 파동 패턴과 비슷하다. 우주의 모든 별이 음악을 연주한다는 걸 알고 나서 나는 얼굴 가득 웃음꽃을 피웠다. 태고의 플라스마에 의해 생긴 최초의 소리가 별이 되었고, 별이 다시 소리를 낸다니 말이다. 알고 보니 몇몇 천문학자들이 일진학을 별에 생기는 음파를 연구하는 수단으로 삼아서 별의 내부 구조를 밝혀내고 있었다. 우주가 음악적이라고 본 나의 전망은 단지 비유가 아니었다. 말 그대로였다.

초기 우주에서 생겨난 파형들이 별을 생성했다. 별은 원소들의 요란한 융합 과정에서 음표와 같은 소리를 낸다. 별은 스스로 조직화하여 쌍성계나 성단과 같은 더 큰 구조를 이루는데, 이는 음악에서의 악구에 해당한다. 게다가 은하 내의 별 수백만 개도 스스로 조직화하여 자기유사적인 프랙털 구조를 이루는데, 바흐와 리게티가 작곡한 음악에서도 그런 프랙털 구조가 보인다. 나는 우주 구조의 조직화 과정이 그처럼 판박이로 음악적 구조를 모방했다는 사실에 감탄했다. 어떤 비유가 우리의 예상을 훌쩍 뛰어넘으면, 그 비유가 그대로 진리가 아닐까 여기지 않을 수 없다.

혁명적인 작곡가 존 케이지한테서 나온 다음 인용구로 이 장을 마칠까 한다.

정의: 음악의 구조는 악구에서부터 긴 악절에 이르는 연속적인 부분들로 나눌 수 있다. 형식은 내용이자 연속성이다. 방법은 음표에서 음표까지의 연속성을 통제하는 수단이다. 음악의 재료는 소리와 침묵이다. 이것들을 종합하는 것이 작곡이다.[4]

13

· · · · · · ·

양자 뇌 속으로
떠나는 여행

어느 날 밤 빌리지 뱅가드에서 있었던 일이다. 인터미션 중에 뉴욕의 가장 뛰어난 재즈 색소폰 연주자 중 한 명한테서 도저히 믿을 수 없는 말을 들었다. "솔로 연주 중에 다음에 연주할 음을 확신하고 있을 때면, 이어지는 음들에 대한 더 많은 가능성들이 열립니다." 2002년 봄에 테너 색소폰계의 내 영웅 중 한 명인 마크 터너가 한 말이었다. 재즈 즉흥과 물리학 사이의 심오한 관계를 오랜 세월 탐구하고 나서 들은 터너의 이 말은 내가 헛짓을 한 게 아니라고 확인해 주었다. 터너의 인정으로 인해 내가 과학 개념과 음악의 관련성을 논할 때마다 다른 음악가와 과학자들한테서 받았던 무시들은 봄눈 녹듯 녹아 버렸다. 즉흥연주 도중에 펼쳐진 가능성들에 관한 터너의 통찰은 초기 우주의 양자역학적 불안정성과도 직접 관련된다. 터너의 말에서 영감을 받아서 다음과 같은 질문을 던졌다. 모든 물질과 장, 그리고 이것들과 관련된 우주 구조가 어떻게 텅 빈 상태에서 생겨나는가? 어쨌거나 특징 없던 초기 우주에서 일종의 마법이 분명 펼쳐져서 최초의 구조를 촉발시켰으리라.

마크 터너는 재즈 음악가로서 흥미로운 길을 걸었다. 초등학교 때 클라리넷을 불면서 음악을 시작했다. 대학에서는 광고 미술 쪽에 잠깐 관심을 두었다. 나중에 진정한 사랑을 찾았는데, 바로 테너 색소폰이었다. 그래서 권위 있는 버클리 음악대학에 가서 재즈를 공부한 다음에 뉴욕으로 진출했다. 여러 해 동안 터너는 맨해튼의 타워 레코드에서 일하다가 드디어 전업 재즈 연주자로 활동하기 시작했는데, 주로 사이드맨sideman을 맡았다. 그러는 내내 터너는 자기 음악을 갈고닦았다. 마침내 터너는, 여러 색소폰 연주자들이 이구동성으로 인정하듯이, 존 콜트레인의 살아 돌아온 현신이 되었다.

재즈 음악가치고 콜트레인 콤플렉스를 겪지 않는 이가 드물다. 콜트레인은 타고난 재능과 더불어 인간으로서는 불가능하다고 할 정도로 열심히 연습했다. 찰리 파커처럼 그는 종종 하루에 열네 시간씩 연습했다! 하지만 콜트레인 하면 떠오르는 자질 가운데 하나는 특유의 다채로움으로 도전해 보지 않은 음악적 시도가 거의 없었다. 화성에 통달한 그의 하드밥 명반《자이언트 스텝스》를 발표한 후에, 콜트레인은 인도 음악의 미분음微分音 체계와 아프리카의 다양한 폴리리듬 장르들을 탐구했다. 거기서 멈추지도 않았다. 생의 막바지 무렵에는 프리재즈의 우주적 소리를 펼쳐냈는데《어 러브 슈프림》이 대표적인 예다. 또한 화성적으로 풍부한 소리의 융단들을 내놓았는데, 급하게 쏟아져 나오는 이 아르페지오들[1]을 들으면 화음이라고 느껴진다. 당연히 당시에 두각을 드러내고자 애쓰던 테너 색소폰 연주자들은 콜트레인의 그늘에서 살아야 했다.

터너는 콜트레인 이후로 자신만의 스타일을 창조해낼 수 있었던 몇 안 되는 테너 색소폰 연주자다. 비결은 베껴 적기transcription[2]였는데, 이를 통해 터너는 주로 존 콜트레인, 조 헨더슨 및 덱스터 고든 등의 여러 거장의 작품을 분석적으로 해부하고 통합할 수 있었다. 이것은 부정행위가 아니다. 음악가들이 대가들의 작품을 숙달하는 데 꼭 필요한 지극히 정당한 노력이며, 나를 포함해 대다수가 그렇게 한다. 하지만 터너가 자기만의 음색을 갖게 된 결정적인 계기는 원 마시Warne Marsh를 탐구한 것이었다. 이 색소폰 주자는 마니아들한테는 잘 알려져 있지만 대중에게는 그리 친숙하지 않다. 터너가 한 경지에 도달한 것은 마시의 '고리가 많은loopy' 스타일을 콜트레인의 소리의 융단 음악과 결합해냈을 때 찾아왔다.[3]

마시의 스승은 작곡가 겸 피아니스트인 레니 트리스타노였다. 1919년에 일리노이주 시카고에서 태어난 트리스타노는 여섯 살 때 눈이 완전히 멀었다. 그런데도 시카고에 있는 명문 아메리칸음악원을 다녔는데, 숙모가 필기를 대신해 주었다고 한다. 뉴욕으로 옮긴 트리스타노는 비밥 재즈에 대한 매우 화성적이고 즉흥적인 기법을 발전시켰는데 그가 어느 인터뷰에서 한 말에 잘 집약되어 있다. "저는 아무것도 작곡하지 않아요… 다른 형태의 음악 및 재즈와 차이점이죠. 음악은 머릿속에 이미 있으니, 해야 할 일은 들리는 걸 들리는 대로 손으로 재생해내는 거예요. 그러면 완전히 자연스러운 음악이 나옵니다."[4]

속지 말자. 말처럼 간단치가 않은 일이다. 특히 즉흥연주의 맥락에서 '자연스러운spontaneous'이라는 단어가 어떤 의미인지 생각해 보면 더욱 그렇다. 그 옛날 프리재즈를 처음 접했을 때 나는 순진하게도 자연스러운 연주를 아무렇게나 하는 연주라고 해석했다. "마음에 떠오르는 대로 뭐든 그냥 연주하세요. 색소폰에 아무 구멍이나 누르고 연주하면 되죠." 이런 식이었다. 겉보기엔 프리재즈 연주자들이 정말로 그렇게 연주하는 듯 보이지만, 이런 식의 자연스러움은 다년간의 연습과 암기, 그리고 '틀린' 음을 고르는 실수를 통해 몸에 익힌 결과다. 즉흥연주의 마법은 트리스타노의 다음 말에 요약되어 있다. "음악은 이미 머릿속에 있다." 하지만 훌륭한 즉흥연주자는 자기 머릿속의 음악을 어떻게 꺼내는 것일까? 이런 경지에 도달하기 위해, 트리스타노의 방법은 음악 이론과 화음에 대한 심오한 이해를 요구하며, 더 나아가 이론을 악기로 구현해내기를 요구한다. 그는 자기 학생들에게 과거의 재즈 대가들의 솔로 연주 전부를 암기하고 따라 하도록 시킨다. 이 레퍼토리가 음악가의 귀를 훈련시켜 더욱 의미 있는 음악을 자연스럽게 창조해낼 수 있도록 만든다.

터너의 말에 감동을 받은 나는 즉흥연주를 떠받치는 과학적 원리가 있을까 궁금해졌다. 이것은 즉흥연주의 이론적 근거를 알아보려는 시도였는데, 사실 2002년에 나는 음악이 과학적이라기보다는 우주가 음악적임을 알게 되었다. 십 대 때 색소폰을 불도록 나를 이끈 즉흥연주와 더불어 음악은 늘 내 곁에서 양자역학—그리고 한술 더 떠서 우주의 구조—의 내적 작동 원리를 이해하는 데 도움을 주었다. 하지만 내가 그걸 이해하는 데에는 촉매—마크 터너—가 필요했다.

터너의 말을 다시 인용해 보겠다. "솔로 연주 중에 내가 다음에 연주할 음을 확신하고 있을 때면, 이어지는 음들에 대한 더 많은 가능성들이 열립니다." 이걸 반대로 하면, 다음에 연주할 음이 더 혼란스럽게 여겨질수록 더 적은 가능성이 열린다는 말이다. 이 말을 진작 들었더라면 더 좋았을 텐데. 나는 활짝 웃으며 터너한테 고마움을 표했다. 그야 모르겠지만 내게는 그 말이 참으로 각별하게 다가왔다. 게다가 양자역학의 가장 신성한 원리 중 하나에 대해 느꼈던 혼란도 그 말 덕분에 일거에 사라졌다. 그 원리란 어떻게 우주가 양자 마법을 이용하여 별과 은하, 그리고 우리를 창조해낼 수 있었는지를 제대로 이해하기 위해 꼭 필요한 것이다. 바로 하이젠베르크의 불확정성 원리다. 이젠 내가 터너한테 말해 줄 차례다.

세계는 불확정성이 만연해 있지만, 고전적인 거시물리학의 이상적인 세계는 그렇지 않다. 거시 세계를 지배하는 물리 법칙과 방정식들—가령 전자기장 방정식과 뉴턴 역학 등—에 따르면, 우리는 물체의 미래 행동을 원리상으로 알 수 있다. 아무리 물체들이 복잡하고 아무리 많은 물체들이 상호작용을 하더라도 말이다. 위대한 프랑스 수학자 피에르 시몽 라플라스가 그러한 철학을 내놓았다. 그의 분석에 따르면, 일단 한 물리계에서 물체의 초기 위치와 속도가 정해지면 그것의 운동 궤적은 아무리 먼 미래까지도 확실하게 알 수 있다. '원리상으로'라고 말한 까닭은 일단 우리가 고전 영역을 벗어나 양자 영역으로 넘어가면 불확정성이 근본적인 역할을 하기 때문이다.

양자역학은 처음에는 사소한 실험상의 특이 현상이라고 여겼던 몇 가지 발견을 설명하기 위한 노력에서 생겨났다. 그 하나가 어니스트 러더퍼드의 금박으로 행한 일련의 실험이었다. 이를 통해 원자는 거의 대부분 빈 공간이며, 양으로 대전된 무거운 핵이 음전하의 구름으로 둘러싸여 있음이 밝혀졌다. 그 구름은 궤도를 도는 전자들로 채워져 있다고 여겨졌는데, 그게 문젯거리였다. 거시 세계에서 궤도 운동을 하는 물체는 필연적으로 원의 중심을 향해 가속된다. 하지만 전자와 같은 대전 입자가 가속하면 전자기파 형태로 복사를 방출하므로 에너지를 잃는다. 이 에너지 손실 때문에 전자는 급속하게 안쪽으로 나선 운동을 하게 되기에 안정된 원자는 존재할 수 없다. 안정된 원자가 없다면 안정된 분자도 생명의 가능성도 없게 될 것이다. 나쁜 소식이 아닐 수 없다. 하지만 실제로는 원자도 분자도 명백히 안정적이다. 고전물리학에는 더 나쁜 소식이다.

설상가상으로 다른 실험들에서도 수소 원자들로 이루어진 기체에 빛을 연속적으로 발사했더니 특정한 색깔의 빛들만이 기체에서 방출되었다. 여러 소리의 어우러짐을 기대하고서 오르간의 모든 건반을 눌렀는데 고작 두 가지 음표만 나온 것이나 마찬가지였다. 기존의 전자기 이론으로는 이 실험 결과를 설명할 수 없었다. 어떤 식으로든 원자 주위에 궤도 운동을 하는 전자들의 연속적인 구름이 어떤 '음표 같은' 것으로 대체되었음이 틀림없었다.

이 두 수수께끼는 여러 가지 발견의 도움으로 풀렸다. 첫째, 막스 플랑크와 알베르트 아인슈타인 이후 순전히 파동 같은 현상이라고 여겨진 빛이 또한 입자처럼 행동할 수 있음을 밝혀냈다. 두 사람은, 빛은 광자라고 하는 에너지의 꾸러미 내지 다발로 존재하기에, 금속 내에 속박된 전자를 당구공처럼 쳐낼 수 있다고 말했다. 당시 물리학자들이 보기에 빛의 광선은 호스에서 나오는 물과 같은 것이었다. 물의 부피가 증가하면 물의 운동량이 더 커질 것이다. 동일한 행동이 빛 파동에 대해서도 예상되었다. 하지만 이와 다른 현상이 광전 효과에서 관찰되었다. 즉 아무리 빛이 강하더라도 동일한 개수의 전자가 튀어나왔던 것이다. 하지만 빛의 진동수를 증가시키자―더 푸른 쪽의 빛을 사용하자―더 많은 전자들이 쏟아져 나왔다. 이 실험에서 두 가지 결론이 도출되었다.

1. 상황에 따라 빛은 파동으로도 입자로도 행동할 수 있다.

2. 빛의 광선이 전자에게 가하는 운동에너지는 빛의 진동수와 관련이 있지 빛의 세기와는 관련이 없다.

믿을 수 없는 결론이었다. 당시의 많은 물리학자들은 광자가 본질적으로 파동이며 빛의 입자적 행동은 오직 파동들이 다발을 이룰 때—브라이언 이노가 푸리에 개념을 이용하여 파동들을 합쳐서 겹친 소리를 만들 때와 흡사하게—에만 등장한다고 여겼다. 하지만 이 설명은 너무 순진했다. 아인슈타인조차 이렇게 말했다. "오늘날에는 누구나 [광자가 무언지] 안다고 생각하지만, 그건 틀린 생각이다."[5]

핵심을 꿰뚫는 아인슈타인의 천재성에 나는 언제나 감탄한다. 이 두 관찰을 통해 아인슈타인은 빛의 에너지에 대한 아름답고도 근본적인 관계식을 발견해냈다. 아래 방정식이 광전 효과의 요체다.

$$E = hf$$

이 방정식은 광자의 에너지 E를 진동수 f와 관련짓는데, 상식적인 생각과 달리 광자가 연속적이지 않은 불연속적인 다발임을 알려 준다. 또한 이 식은 광자의 에너지를 h, 즉 물리학자 막스 플랑크의 이름을 딴 유명한 플랑크 상수와 관련짓는다. 플랑크는 주위와 열적 평형을 이루는 물체, 이른바 흑체 black bodies에서 방출된 복사를 연구했다. 이때의 관찰 결과를 설명하려면 빛이 E=hf라는 관계식에 따라 양자화되어야 함을 알아냈다. 아인슈타인은 이 방정식을 광전 효과에서 빛이 운반하는 불연속적인 에너지에 적용하여 광전 효과를 훌륭하게 설명해냈다.

여기에서 영감을 받아서 젊은 박사과정 학생이자 바이올린 연주자인 루이드 브로이는 광전 효과에 관한 연구를 궤도 운동하는 전자의 문제를 푸는 데 적용했다. 드 브로이는 단언했다. 아인슈타인 말대로 파동이 입자처럼 행동할 수 있다면 왜 입자가 파동처럼 행동하면 안 되겠느냐고. 드 브로이의 해법의 열쇠는 입자적 속성인 운동량을 파동과 관련지어, 전자를 핵 주위를 도는 소형 행성이 아니라 끈에 생긴 정상파라고 여기자는 발상이었다.

우리가 논의했듯이 끈은 진동 내지 주기적 파동을 발생시킬 수 있다. 양 끝단이 고정된 끈을 튕기면 특정한 진동수에서 공명한다. 공명은 끈 상의 파동들이 양방향으로 진행하면서 푸리에 개념에 따라 합쳐지거나 상쇄된다는 사실에서 비롯한다. 이리하여 파형이 위아래로 주기적으로 이동하지만 마디들은 고정되어 있는 정상파가 생긴다. 드 브로이는 전자의 운동량이 정상파 궤도의 파장과 관련될 수 있다는 가설을 세웠고, 그 관계식을 아래와 같이 수학적으로 기술했다.

$$\lambda = \frac{h}{p}$$

이 식에서 p는 전자가 핵의 중심 주위를 돌 때 운동량이며 λ는 파장이다. 놀랍게도 이 식은 (단지 수학적인 관계식만이 아니라) 물리적 실재를 담고 있다. 왜냐하면 파동적 속성인 '궤도' 운동 전자의 파장을 전자가 핵 주위를 얼마나 빠르게 운동하는지, 즉 운동량과 관련짓기 때문이다. 파장이 길수록 입자는 더 느리고 더 가볍다(운동량은 입자의 질량과 속도의 곱임을 상기하자).

드 브로이의 방정식은 전자뿐만이 아니라 어떠한 형태의 양자 물질에도 적용된다. 플랑크 상수는 입자의 파동적 속성에 대한 규모scale를 정해 준다. 플랑크 상수는 지극히 작은 수이기에, 우리는 거시적 물질이 파동적 행동을 하는 모습을 볼 수 없다. 원자 주위를 빠르게 운동하는 양자 입자들에 비해 우리가 너무 느리게 운동하기 때문이다. 만약 우리가 아주 작다면 양자 입자들의 파동적 행동을 볼 수 있을 것이다. 드 브로이가 밝혀낸 입자의 파장과 운동량 사이의 관련성은 유명한 불확정성 원리의 핵심을 차지한다. 그것을 정확하게 정식화한 사람은 하이젠베르크였다.

불확정성 원리를 이해하는 좋은 방법은 순수한 음처럼 진동수가 완벽하게 특정된 파동을 살펴보는 것이다. 자, 그러면 그 파동은 어디에 있는가? 많은 주기적 진동을 지닌 파동은 매우 긴 거리에 걸쳐 분포해 있는데, 이는 특정한 진동수의 파동이 임의의 위치를 갖는다는 뜻이다. 이제 짧은 지속 시간 동안만 존재하는 파동 펄스를 살펴보자. 그 펄스가 어디에 있는지를 찾아낼 수 있지만, 진동수는 잘 정의하기 어렵다. 진동수를 알려면 반복되는 많은 사이클이 필요한데, 펄스는 특정한 진동수를 알아낼 만큼 파형의 폭이 길지 않기 때문이다. 이것이 바로 하이젠베르크의 불확정성 원리다. 즉 위치를 더 정확하게 알수록 진동수는 더 부정확해지며, 그 반대의 경우도 마찬가지다. 하지만 우리가 배우기로 진동수는 운동량에 비례하므로 입자의 운동량을 더 정확하게 알수록 위치는 더 부정확해지며, 그 반대의 경우도 마찬가지다. 이를 수학적으로 기술하면 아래와 같다.

$$\triangle x \simeq \frac{1}{\triangle p}$$

여기서 △x는 위치의 불확정성이며 △p는 운동량의 불확정성이다.

이것은 굉장히 심오한 의미를 품고 있다. 자연을 이해하기 위해 과학자들은 기구를 이용해 자연을 조사하고 측정한다. 그런데 이 불확정성 원리에 의하면, 우리가 아무리 주의를 기울여도 기구가 아무리 정밀해도 양자적 실체—광자든 전자든 쿼크든 중성미자든 간에—의 입자적 속성과 파동적 속성을 둘 다 정확하게 알아낼 수는 없다. 불확정성 원리는 자연과 우주의 근본적인 속성으로서, 우리가 그걸 측정하느냐 여부와 무관하다.

그렇다면 마크 터너의 즉흥연주에 대한 통찰이 과연 무엇이기에 불확정성 원리에 관한 나의 관점을 바꾸어 버렸을까? 그의 말을 상기하자면, 다음에 연주할 음표에 대해 확신할수록 그 후에 나올 음표들에 대한 더 많은 가능성이 열린다고 했다. 이에 따라 불확정성 원리를 다시 풀이해 보자. 입자의 운동량이 더 정확할수록 입자가 넓은 범위의 위치에 놓일 가능성이 더 많이 존재한다. 이것이 양자역학의 핵심이다. 불확정성은 하나의 특정한 물리적 속성에 대하여 양자 입자가 더 적은 제약을 갖게 됨을 말해 준다.

불확정성 원리가 정말로 알려 주는 바는 양자적 실체가 파동만도 입자만도 아니라 이 두 속성을 동시에 갖고 있다는 사실이다. 이 원리의 핵심은 푸리에 개념이다. 특정한 진동수의 몇 가지 순수한 파동들을 합쳐서 하나의 파동 펄스를 만들 수 있다. 따라서 입자적 속성(펄스)이 파동적 속성으로부터 출현할 수 있으며, 그 반대의 경우도 마찬가지다.

양자역학에서 천구의 화음에 관한 피타고라스 이론이 드디어 실현된 셈인데, 하지만 거시적 수준에서가 아니라 미시적 수준에서다. 드 브로이의 가설에서 전자의 모든 '궤도'는 순수한 음에 대응하는 파동이다. 물질과 파동은 하나이며 동일하다. 닐스 보어는 이 개념—양자적 실체는 파동적 속성과 입자적 속성을 둘 다 가질 수 있다—을 상보성이라고 불렀다. 하지만 이 파동-입자 상보성의 근원을 진정으로 이해하기 위해서는, 모든 과학과 물리학을 통틀어 아마도 가장 중요한 방정식인 슈뢰딩거 방정식의 출현을 기다려야 했다.

　지금까지 설명한 양자역학의 버전—불확정성 원리—만 해도 우주의 구조 출현을 이해하는 데 유용한 특징 대다수가 들어 있지만, 우리는 양자역학을 아인슈타인의 상대성이론과 양립될 수 있도록 만들어야 한다. 그것은 우주를 팽창시키는 기본 틀에 관한 이론이기 때문이다. 그렇게 하고 나면 양자역학은 우주의 구조를 이해하는 데 필수적인 두 가지 특징을 다룰 수 있다. 그 두 가지란 바로 진공과 반입자다.

　1920년대 후반에 양자역학 및 아인슈타인의 상대성이론이 발견된 이후에, 폴 디랙은 빛의 속력에 가깝게 원자 주위를 운동하는 전자에 관한 양자 이론을 이해하고자 했다. 디랙은 상대성이론에 관심을 돌렸는데, 통상의 양자역학은 비상대론적인 뉴턴 역학에 대해서만 유효했으며 상대론적 영역에서는 통하지 않았기 때문이다. 일반적으로 아원자 입자들은 빛의 속력 가까이 도달하지 않지만, 초기 우주는 엄청나게 큰 에너지가 들끓는 세계였다. 입자들은 마치 양자 스테로이드 주사를 맞은 것처럼 움직였다.

　빛의 속력에 가깝게 움직일 때 어떤 기준계에서 보면 전자가 음negative의 에너지를 갖는 것처럼 보일 수 있다. 음의 에너지 입자는 다루기가 곤란하기에 물리학자들은 그런 입자를 비물리적이라고 대체로 여긴다. 하지만 디랙은 이런 전통적인 견해를 따르지 않았다. 천재성을 발휘하여 디랙은 음의 에너지 전자를 양의 전하를 가진 새로운 입자라고 주장했다. 최초의 반입자를 제안했던 것이다. 일 년 후에 디랙이 예측한 전자의 반입자인 양전자가 실험을 통해 확인되었고 그 공로로 디랙은 노벨상을 받았다. 상대론과 양자역학의 통합은 모든 입자를 반입자와 연관시켰다. 이로부터 진공에 관한 견고한 이

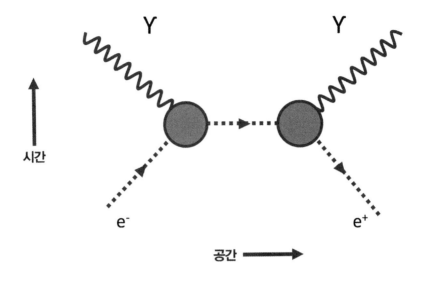

그림 13.1. 전자(e-)와 반전자 또는 양전자(e+)가 서로 소멸하면서 빛의 광자(γ)를 내놓는 과정을 보여 주는 파인만 다이어그램. 점선들은 전자와 양전자의 운동을 나타낸다. 구불구불한 선들은 빛의 운동을 나타낸다.

론이 탄생했다.

만약 전자와 양전자가 충돌하면 총 에너지는 영이다. 둘이 서로 소멸할 때 둘의 질량 에너지는 광자로 바뀌어서 방출된다.

그 역의 과정은 전자 질량의 두 배에 해당하는 에너지를 갖는 두 광자가 서로 충돌할 때 발생한다. 이때 두 광자가 소멸하는 대신에, 진공에서 전자와 양전자가 생겨난다.

알고 보니 이런 식의 일은 언제나 저절로 생긴다. (진공에 관한 우리의 직관과 달리) 진공 자체가 지극히 작은 크기에서 볼 때 하이젠베르크의 불확정성 원리 덕분에 비어 있지 않기 때문이다. 위치와 운동량이 불확정성 원리를 통해 긴밀하게 연결되어 있는 것과 꼭 마찬가지로, 시간과 에너지도 불확정성 원리를 통해 긴밀하게 연결되어 있다. 아래 식이 시간과 에너지에 관한 불확정성 원리를 나타낸다.

$$\triangle E \simeq \frac{1}{\triangle t}$$

이 시간-에너지 불확성성에 의하면, 양자 과정이 발생하는 시간 간격이 작을수록 양자계가 가질 수 있는 에너지의 범위는 더 넓어지며, 그 반대의 경우도 마찬가지다. 우리와 같은 거시적 존재들이 빈 공간을 볼 때는 시간 스케일이 너무 큰지라 에너지의 불확정성을 경험할 수 없다. 그래서 아무것도 지각하지 못하고 그저 비어 있는 시공간이라고만 여긴다. 하지만 우리 눈이 고속 셔터를 장착한 양자 카메라처럼 지극히 짧은 시간 스케일을 탐지해낼 수 있다면, 실제로 우리 눈앞에도 입자와 반입자 그리고 이들의 상호 충돌 과정이 시시때때로 출현할 것이다. 양자장 이론의 이런 특징은 태고의 플라스마의 음표들을 낳았던 최초의 소리들의 기원을 이해할 수 있게 해 준다. 초기 우주를 살펴볼 때 우리는 상상할 수 없을 정도로 작은 시간 스케일을 다룬다. 불확정성 원리에 의하면 우주의 에너지는 매우 불확실하며 끊임없이 변동한다. 우주의 태초에 시공간을 교란하는 이런 변동들은 출현했다가 서로 충돌하는 입자들의 혼동 상태—까마득한 미래에 20세기 물리학자들이 발견하게 되는 CMB의 비등방성을 일으킨 바로 그 상황—를 초래했을 것이다. 아기 우주가 균일하지 않았던 까닭은 불확정성 원리가 그처럼 높은 에너지와 짧은 시간 스케일에서 균일성을 허용하지 않았기 때문이다. 이처럼 코페르니쿠스적 우주의 균일성과 대칭성은 상대론적 스케일에서의 양자물리학에 의해 깨지고 말았다.

14

· · · · · · ·

파인만의
재즈 패턴

— 이메일 원본의 내용 —

From: 〈donharmusi〉

To: 〈salexand〉

보낸 날짜: 2012년, 6월 1일, 금요일, 8:42am

제목: Re: 재즈 색소폰

안녕하십니까? 알렉산더 교수님, 색소폰 연주자 도널드 해리슨입니다. 제가
〈양자 도약〉이란 곡을 녹음한 걸 계기로 연락드리게 되었습니다. 그 곡과 더

불어 비평가들, 음악가들, 그리고 제가 이 재즈 개념에 대해 어떻게 생각하는지에 관한 정보를 첨부했습니다. 이 주제에 관한 교수님의 식견에 비한다면야 저는 풋내기에 불과하지만 그래도 이 곡에 대해 한 말씀 듣고 싶습니다. 이 개념은 제 마음에서 우러나온 겁니다. 제가 딱히 전문지식을 많이 갖추고 있지는 못하니까요. 이런 한계가 있는 작품이시만 교수님이 잠산 시간을 내서 들어봐 주셨으면 합니다. 소감이 있으면 잠시 시간을 내서 알려 주시면 좋겠습니다. 건승하시길 바랍니다.

고맙습니다.

도널드 해리슨

내가 교수로 있는 해버퍼드 칼리지에서 이메일 한 통을 받았다. 전설적인 알토 색소폰 연주자 도널드 해리슨이 보낸 것이었다.

도널드와 나는 많은 이야기를 주고받았는데, 그의 통찰은 내가 양자역학과 재즈 즉흥연주 사이의 유사성을 터너의 통찰보다 훨씬 더 깊이 탐구하는 데 도움을 주었다. 우주 구조의 등장을 살피는 데에는 진공의 구조 및 시공간 내의 입자와 장의 양자적 개념에 대한 이해가 필요하다. 그리고 이 이야기에는 파인만에 관한 내용이 들어 있는데, 흥미진진하게도 파인만의 발견에 따른 양자 운동은 재즈 솔로와 정말로 흡사하다.

당신이 고른 관악기를 손에 들고 연주대 위에 서는 모습을 상상하자. 관악기는 트럼펫이라고 치자. 드럼의 울림이 한 블루스 선율을 받쳐 주는 베이스 소리와 유니슨unison(몇 개의 악기 혹은 오케스트라 전체가 같은 음 혹은 같은 멜로디를 연주하는 일 – 옮긴이)을 하고 있다. 바로 마일스 데이비스의 〈올 블루스〉다. 색소폰 연주자가 막 솔로를 마쳤으니 이제 당신 차례다. 생각일랑 집어치우고 그냥 불어라! 당신은 화음—연주되는 곡의 특징—에 잘 어울릴 음표들을 미리 짐작했을 것이다. 당신의 귀에는 박자와 리듬—마디마다 반복되는 비트들—이 가득 울릴 것이다. 만약 연주하는 곡이 블루스라면 곡의 특징은 분명하게 알아차릴 수 있다. 따라서 연주 중 어느 대목에서든 블루스 음계의 음표들을 연주하기만 한다면, 밴드의 나머지 연주자들과 화성적으로 어울리는 소리를 낼 것이다.

음계의 음표들 전부를 기억하는 더 노련한 즉흥연주자라면 음표들 사이의 상대적인 화성적 중요성을 이해하고 있을 테다. 가령 블루스 음계는 서양 음계의 열두 음표 중에서 여섯 개만으로 구성된다. A 블루스 음계의 경우 그 음표들은 A, C, D, E, E플랫, 그리고 G이다. 미숙한 즉흥연주자는 이 음표들 중에서 아무거나 불어도 괜찮다고 할 수 있겠지만, 노련한 즉흥연주자는 이런 음표들로 '어휘'를 늘릴 것이다. 미국 출신의 명 트럼펫 연주자이자 작곡가인 윈턴 마샬리스의 말은 이를 가장 잘 표현하고 있다.

> 재즈에서 즉흥연주는 그냥 이것저것 죄다 늘어놓는 게 아니다. 재즈도 하나의 언어처럼 자신만의 문법과 어휘를 갖고 있다. 옳고 그른 건 없으며, 단지 어떤 선택이 다른 선택보다 나을 뿐이다.[1]

재즈 어휘는 언어에서의 구句와 비슷하다. 우리는 문자들을 이용해 단어를 구성하고, 이런 단어들을 꿰어서 구나 문장을 만든다. 음표는 문자와 같고, 음계와 화음은 단어와 같으며, 재즈 릭lick(솔로 연주나 선율에 사용되는 일련의 짧은 음표들 - 옮긴이) 또는 패턴은 구와 같다. 그래서 비록 솔로 도중에 음계나 화음을 오르락내리락하면서 연주만 해도 나쁘진 않겠지만, 노련한 재즈 음악가라면 기존의 수많은 릭들을 기억해 두었다가 솔로 도중에 쉽게 풀어낼 수 있다. 마찬가지로 우리도 셰익스피어나 토니 모리슨과 같은 언어 대가들을 모방함으로써 글을 잘 쓸 수 있다. 그러니 굳이 바퀴를 재발명해야 하겠는가? 나도 테너 색소폰 주자인 에릭 알렉산더한테서 긴 리프를 받은 적이 있는데, *그*가 조지 콜먼한테서 전해 받았던 리프였다. 그러면서 알렉산더는 나더러 그걸 철저히 연습해 두라고 당부했다. 즉흥연주는 참신성이 관건이긴 하지만 과거의 대가들로부터 받은 악구들을 얼마만큼 자기 것으로 소화하느냐—이것을 나는 어법語法이라고 부른다—도 중요한 요소다. 하지만 내가 지금까지 설명했던 내용은 단지 즉흥연주의 한 전략일 뿐이고, 근본적으로 즉흥연주는 훨씬 더 심오하다.

전체적으로 앞뒤가 맞는 재즈 선율을 즉흥연주하는 전략은 아주 많다. 주의 깊게만 하면 심지어 반복도 좋은 전략이다. 트롬본 연주자 할 크룩이 즉흥연주에 관한 명저《준비, 겨냥, 즉흥연주!》를 썼다. 이 책의 요점은 재즈 즉흥이 무작위 과정이 아니라는 것이다. 즉흥연주는 기억, 창의성, 그리고 나와 같은 범속한 인물의 경우에는 기나긴 연습 시간의 산물이라고 한다.

모든 시대를 통틀어 가장 위대한 즉흥연주자 중 한 명으로 소니 롤린스를 꼽을 수 있다. 그의 기법 중 하나는 비평가 건서 슐러가 명명한 주제 즉흥the-matic improvisation이다.[2] 역사적인 한 논문에서 슐러는 롤린스의 〈블루 7〉이라는 블루스 곡의 유명한 솔로를 분석했다. 롤린스는 세 음표로 이루어진 주제로 솔로를 시작하는데, 이 주제를 그는 더 복잡한 솔로를 발전시키기 위한 기본 틀로 삼고 있다. 솔로가 진행되면서 롤린스는 단순한 주제를 변형하여 리듬과 화음 면에서 복잡한 변주를 펼쳐 나간다. 주제는 롤린스의 솔로 발전을

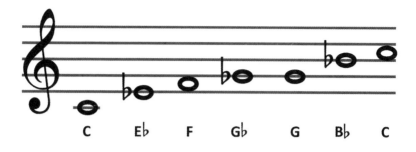

그림 14.1. C블루스 음계의 음표들.

이끄는 골격과 같다. 또 하나의 중요한 주제 즉흥 전략은 솔로 진행 중에 곡의 선율을 단지 장식하는 것이다. 연주자는 솔로 도중에 길을 잃기 십상인데, 단지 선율로 돌아가거나 선율 주위를 맴돌며 연주하는 것만으로도 제자리를 찾을 수 있다.

영광스럽게도 나는 2015년 겨울에 소니 롤린스와 깊은 대화를 나눈 적이 있었다. 주제 즉흥에 관해 물었더니 이런 대답을 들려주었다. "건서 슐러의 논문을 고맙게 여기긴 하네만, 나는 연습을 죽자고 했다가 막상 연주를 할 때는 연습한 대로 하지 않네. 생각과 연주를 동시에 할 수는 없지 않나. 연주할 때 나는 음악을 연주하고 싶진 않네. 대신 음악이 나를 연주해 주길 바란다네."

이제 당신이 한창 솔로 연주를 하고 있다고 상상하자. 양자역학에서는 관찰 행위가 실제로 계를 교란시킨다. 만약 아무도 관찰하고 있지 않다면 전자는 여러 가지 경로를 동시에 이동할 것이다. 소니 롤린스와 도널드 해리슨과 나눈 대화 내용 및 나 자신의 경험에 따르면, 순수한 즉흥의 상태에서는 연주자가 연주되는 음표들을 '관찰하지' 않는 순간들이 존재한다. 전자와 마찬가지로 음표들이 양자 춤을 추는 듯한 순간이다. 아무것도 연주하지 않더라

그림 14.2. 소니 롤린스. 사진 존 애벗.

도 그루브는 계속되는데, 이는 마치 당신이 그냥 앉아서 아무것도 하지 않을 때도 필연적으로 시간이 흐르는 것과 마찬가지다. 모든 즉흥은 새로운 경험이다. 즉 과거에 있었던 일의 반복이 아니라 이전에 없었던 어떤 새로운 것의 진행이다. 받쳐 주는 베이스라인이 낯익게 들릴지 모르겠지만 그건 낯익음을 넘어서 깨끗한 팔레트와 같다. 누구든 새로운 것을 시도할 때면 그러듯이, 당신도 조심해서 곡을 진행해야 한다. 따라서 블루스 음계의 일곱 음에 집중해야 한다. 우선 그 음들을 느리게 연주해 보면 아주 나쁘지는 않게 들리는 걸 금세 알아차릴 것이다. 차츰 당신은 자신감이 상승한다. 밴드 멤버들은 훌륭한 재즈 음악가라면 누구나 그렇듯이 잘 받쳐 줄 뿐 당신을 판단하지 않는다. 당신이 음표들과 함께할 공간을 줄 뿐이다. 당신은 즐기면 된다.

　다음 연주 때, 당신은 그 블루스 음계뿐만 아니라 평소 좋아하던 찰리 파커의 솔로에 나오는 패턴까지 완전히 암기하고 나타난다. 찰리 파커의 솔로에서 좋아하는 몇몇 릭을 찾아내서 철저하게 암기했던 것이다. 이제 솔로를 할 때 어느 시점에서 일곱 개의 음표 전부를 동시에 인식하고 있음을 당신은 알아차린다. 이런 익숙함은 다음에 연주할 음표가 당신이 연주했던 이전의 음표들에 달려 있다는 사실을 확실하게 인식한다는 뜻이다. 이 일곱 음 중 하나를 연주할 가능성은 기억과 레퍼토리에 의해 정해지는데, 더군다나 실시간으로 일어나는 일이다. 마크 터너의 말과 통찰이 현실이 된다.

이러한 즉흥 표현이 리처드 파인만이 양자역학의 한 방법으로 제시한 파인만 다이어그램의 핵심이다. 고전적 뉴턴 물리학의 입자는 어떤 초기 시간에 출발하여 공간 속을 운동하다가 나중의 어느 시점에 멈추게 되는데, 그 결과 결정론적이고 연속적인 1차원 궤적을 그린다. 파인만은 한 양자 입자가 두 점 사이를 운동할 때는 두 점 사이의 '모든' 경로를 고려해야 한다고 말했다. 이 모든 경로는 비록 전부 동일한 값은 아니더라도 양자역학적인 확률을 갖는다. 이는 마치 음악가가 즉흥 솔로에서 어떤 음을 연주해야 할지 결정하기 전에 음계 내의 모든 음표를 고려해야 하는 상황과 판박이다. 음표를 양자 입자로 대체하고 즉흥연주를 확률로 대체하면, 둘 사이의 유사성이 확실히 드러난다.

재즈 즉흥과 파인만 경로 적분 사이의 이런 유사성을 알아냈을 때 나는 정신이 이상해지고 있는 게 아닌가 싶었다. 그런데 도널드 해리슨이 내게 이메일을 보내와서 나와 비슷한 생각을 알리자 나 말고도 제정신이 아닌 사람이 또 있구나 싶어서 위안이 되었다. 재즈의 측면에서 해리슨은 오직 시작 음표와 끝 음표만 정해져 있을 뿐 그 중간에는 시간의 흐름 외에는 아무것도 정해져 있지 않다는 핵심 개념을 말하고 있었다. 이런 상황에서 음악가는 두 음표

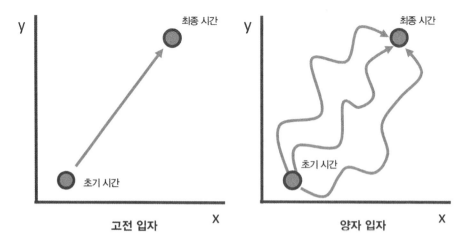

그림 14.3. 고전적인 경로는 고유한 하나의 곡선을 이룬다. 오른쪽은 양자 경로로서, 두 점 사이의 모든 가능한 경로를 고려한다.[3]

를 이어 음악의 길을 즉흥적으로 연다. 종결 내지 '표적' 음은 즉흥연주가가 그 길을 어떻게 이동하는지에 중심적인 역할을 한다. 《플레잉 인 더 야드》란 앨범에서 소니 롤린스의 솔로는 D음으로 시작해서 표적 음 G로 끝나는데, 화성적으로 두 음표는 완전5도와 관련되어 있다. 음계의 다른 음표들은 시작 음표와 종결 음표를 이으며 시간의 흐름에 따라 하나의 경로를 이룬다.

노련한 즉흥연주가는 한 선율을 실제로 연주하기 전에 모든 가능한 음표 즉 경로들을 고려한다. 연주되고 있는 것은 음표들의 한 경로이지만, 그건 사실 모든 가능성이 합쳐진 결과다.

그렇다면 우주는 이 모든 경로를 어떻게 '고려'할까? 각각의 경로는 저마다 특정한 확률을 갖는다. 모든 경로에 모든 확률을 더했을 때라야 어떤 입자가 지나갔을 가능성이 가장 높은 실제 경로가 얻어진다. 이 경로가 실제로 관찰되는 경로다. 마찬가지로 노련한 즉흥연주자는 각각의 음표에 대한 확률을

그림 14.4. 즉흥 솔로 도중에 소니 롤린스가 밟은 경로.

전부 '종합'한다.

양자역학의 경우, 이런 모든 확률을 합쳐서 얻어진 경로는 모호하다. 이는 하이젠베르크가 밝혀낸, 양자계에 내재하는 본질적인 불확정성을 나타낸다. 어떻게 이런 마법 같은 행동이 가능할까? 비밀을 밝히자면 이렇다. 즉 각각의 잠재적인 경로는 한 양자 파동에 대응하며, 이런 파동들은 입자에는 없는 고유한 속성이 있다. 그 속성이란 각각의 파동이 다른 양자 파동들과 보강간섭 내지 소멸간섭을 할 수 있다는 것이다. 따라서 믿음직한 푸리에 개념을 적용할 수 있다! 실제 경로에서 벗어나는 대다수의 경로들은 다른 경로들과 소멸간섭을 일으켜 결국에는 드러나지 않는다. 마찬가지로 나머지 다른 경로들은 서로 보강간섭을 일으키기에, 관찰되는 고전적인 경로가 드러날 확률을 증가시킨다. 이런 사실은 음악과 관련해서 매혹적인 질문 한 가지를 제시한다. 음표들도 파동이므로 일종의 간섭 현상이 콜트레인, 롤린스, 터너 및 해리슨 같은 '양자' 재즈 즉흥연주자들이 모든 가능성 중에서 어느 음표들을 연주할지 결정할 때 뇌 속에서 발생할 수 있지 않을까? 정교한 뇌 스캔만이 답을 알려줄 것이다. 알고 보니 음악가와 비음악가들을 상대로 음악적인 사고를 할 때의 뇌 작용을 스캔해서 연구하는 사람 중에 마이클 케이시라는 내 동료가 한

명 있다.

파인만 경로 적분은 양자역학을 개념화하는 중요한 한 부분으로서, 이를 이용하면 물리학자들이 쉽게 입자가 어디로 가는지를 시각적으로 파악하고 수학적으로 해석할 수 있다. 마치 일부 재즈 연주자들이 자신들이 연주하게 될 선율을 개념화하는 방법을 개발해낸 것과 마찬가지다. 파인만의 경로 적분이라는 훌륭한 개념적 도구 덕분에 물리학자들은 양자 물질의 파동적 및 입자적 속성들이 어떻게 함께 작용하여 양자 운동이 발생하는지 이해할 수 있게 되었다. 한편 에너지가 높은 경우에는 입자 및 입자와 관련된 파동이 장으로 대체되어야 함을 파인만과 동료 연구자들이 알아냈다. 경로 적분은 또한 양자장 연구의 기본 틀이 되었는데, 이는 양자 입자의 운동뿐만 아니라 진공 상태의 생성과 소멸까지도 그것으로 기술할 수 있다는 뜻이다. 양자장의 즉흥적 속성이 어떻게 진공에서 작동하는지 이해하는 일은 우주 내 물질의 구성 요소들을 생성하는 데 필수적이다. 그런 구성 요소들이 CMB 내의 광자, 전자 및 양성자들의 우주 바다를 구성하는 플라스마를 발생시켰다. 다음 장에서 우리는 우주 구조의 음악적 측면을 또 하나 보게 될 것이다.

15

우주의 공명

우주의 음향적 속성과 우주 구조의 기원을 더 깊이 파헤치면, 우주 속에 있는 것들의 다수는 양자장의 공명에서 출현했음을 알게 된다. 이는 마치 음들이 진동하는 현의 공명에서 생겨나는 것과 흡사하다. 양자장 이론은 요즈음 우주의 근본적인 통합 패러다임이다. 우리 대다수한테 익숙한 장의 한 예는 자기장이다. 통상적인 접촉성 힘들과 달리 자기장은 서로 간에 접촉 없이도 힘을 가한다. 보이지 않는 자기장이 양쪽 자석에서 방출되기 때문이다. 역선力線은 눈에 보이지는 않지만, 막대자석 주위에 종이를 놓고 그 위에 쇳가

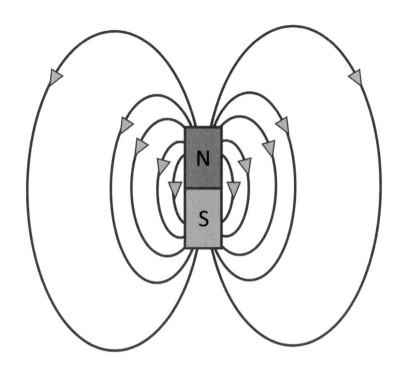

그림 15.1. 선들은 막대자석에서 나오는 자기 벡터장의 방향을 나타낸다. 자기장의 세기는 중력과 비슷하게 거리의 제곱에 따라 감소한다.

루를 뿌리면 역선을 눈으로 볼 수 있다. 쇳가루들은 한쪽 자극에서 다른 자극으로 휘어지는데 이것이 장의 역선들이다. 선들이 더 많이 휠수록 자기력이 더 강하다. 우주의 불가사의 중 하나를 꼽자면 자기장이 은하와 은하 사이의 거리까지도 미칠 수 있다는 것이다. 어떻게 그럴 수 있는지 그리고 왜 그런지 우리는 지금도 모른다.[1]

면밀히 살펴보면 자력선은 자석의 북극과 남극 주위에 집중되어 있다. 이는 자력선이 극에서부터 떨어져 나온다는 사실을 알려 준다. 따라서 자기장은 (휘어짐에 대해) 공간의 모든 점마다 하나의 방향을 갖고 (세기에 대해) 하나의 수를 갖는 함수에 의해 수학적으로 기술될 수 있다. 이런 유형의 함수를 가리켜 벡터장vector field이라고 하는데, 자기장의 경우 그 방향을 나타내기 위해 (자기장을 나타내는 기호) 위에 화살표를 붙인다. 하나의 점으로 기술되는 입자와 달리, 장은 공간 전체에 매끄럽게 분포할 수 있는 실체다.

양자역학이 처음 나왔을 때 물리학자들은 이미 전기와 자기 같은 연속적인 장의 존재를 알고 있었다. 사실 제임스 클럭 맥스웰은 전기장과 자기장을 결합해서 종종 벡터 퍼텐셜vector potential이라고 불리는 또 하나의 벡터장을 내놓았다. 전자들이 원자 내의 에너지 준위를 뛰어넘어 양자 도약을 하려면 광자와 상호작용하여 광자를 방출해야 한다. 그런데 장―전자기장, 즉 광자의 벡터 퍼텐셜을 포함하여―을 양자화시키는 물리 법칙은 우리가 8장에서 현의 단순한 사인파 진동에서 얻었던 방식과 비슷하다. 푸리에 개념을 이용하여 임의의 복잡한 현의 진동을 표현한 것과 똑같은 방식을 벡터 퍼텐셜에 적용하여 그것을 정수 진동수만큼 차이가 나는 파동들의 무한한 합으로 표현할 수 있다. 가령 한 특정한 진동수의 광자는 양자화된 진동수를 갖는 벡터 퍼텐셜의 순수한 사인파라고 볼 수 있다. 그러므로 광자장(양자화된 벡터 퍼텐셜 장)은 정숫값의 광자들의 무한한 집합일 것이다. 이징 모형의 양자 스핀들이 상호작용하여 자기장의 양을 결정하듯이, 상이한 양자장들은 서로 상호작용을 통해 우리가 이 세계에서 관찰하는 온갖 행동을 내놓는다.

입자가속기를 이용하여 물질의 구조를 살펴봄으로써 우리는 이제 모든 물질 및 네 가지 힘의 매개자들이 장에서 생겨남을 안다. 우주 내에서 우리 눈에 보이는 물질에 관한 한, 기본적으로 두 가지 유형의 장―페르미온과 보손―이 존재한다. 보손은 힘을 매개하는 장이며, 페르미온은 물질의 내용물을 구성한다. 원자의 경우 페르미온은 전자이고 보손은 광자다. 둘은 상호작용을 하는데, 전자는 에너지 준위가 낮아지는 양자 도약을 할 때는 광자를 방출하고, 에너지 준위가 높아지는 양자 도약을 할 때는 광자를 흡수한다. 이제 전자와 광자를 넘어서 우주에는 몇 가지의 페르미온과 보손이 존재하는 셈이다. 그리고 양자, 즉 장의 조화로운 진동이 입자다. 보손 장들 중에서 세 가지가 중력, 전기약력(높은 에너지에서 약력과 전자기력이 하나로 통합된 힘 - 옮긴이) 및 강력을 일으킨다. 훨씬 더 놀라운 사실은 모든 전자—여러분 몸속에 있는 것이든 별 속에 있는 것이든 나아가 온 우주에 가득 퍼져 있는 것이든—가 진공에 가득 퍼진 하나의 보편적인 전자장electron field에서 생기는 진동이라는 사실이다. 이런 구도가 참이라면, 우주 어디에나 전자, 광자 및 다른 입자들로 가득 차 있지 않은 이유는 무엇일까? 글쎄, 한 가지 직접적인 해답은 우주는 장으로 가득 차 있지 입자들은 존재하지 않을 수 있다는 것이다. 무언가가 장의 모든 퍼텐셜에너지를 입자로 변화시키게끔 개입해야 하는데, 이는 마치 언덕 위에 있는 공을 밀어서 아래로 굴려야 운동에너지가 축적되는 것과 흡사하다.

우주배경복사CMB를 살펴보면 입자들로 가득 차 있다. 하지만 우주에서 가장 낮은 에너지 상태는 진공 상태이며, 그것은 우주가 가질 수 있는 가장 대칭적인 상태이기도 하다. CMB가 존재하기 이전의 시간으로 거슬러 올라간다면, 우주는 진공이었으며 입자들은 어쨌든 이 진공으로부터 출현했다. 앞서 논의했듯이 시간-에너지 불확정성이 작용하여 우주의 초기 단계 동안에 진공으로부터 입자들이 생성되었다. 하지만 이 진공 요동이 입자와 반입자를 생성하기는 하지만, 서로 금세 소멸되고 만다. 진공 요동만으로는 입자를 오랫동안 지속시키기엔 역부족이다.

현재 관찰되는 입자들—은하뿐 아니라 우리 몸의 뼈에도 있는—이 존재하기 위해서는 진공 요동이 반물질보다 더 많은 물질을 생성해야 했다. 이를 위해서는 바리온생성baryogenesis이 필요했다. 이 가상적인 과정이 우주에 비대칭성을 초래하여 반물질보다 물질이 더 많아지게 되었던 것이다.

앞서 논의했듯이 CMB를 발생시킨 복사로 가득 찬 시기보다 우주의 급팽창이 먼저 일어났다. 급팽창은 표준 모형의 어떤 입자들도 존재하지 않던 시기에 극히 짧은 순간에 일어난 사건이다. 만약 급팽창이 타당하다면 오늘날 우주의 구조를 구성하고 있는 관찰된 입자들을 생성하는 데 결정적인 역할을 했어야만 한다. 이 책을 쓰는 현재, 바리온생성의 정확한 이론이 무엇인지 아울러 구체적으로 그것이 언제 발생했는지에 관해 일치된 의견은 없다. 그래도 몇몇 제안들이 있는데, 아래와 같은 세 가지의 기본적인 범주로 구분된다.

1. 바리온생성이 급팽창 동안에 발생한다.
2. 바리온생성이 급팽창 직후에 발생한다.
3. 바리온생성이 전기약작용electroweak interaction이 지배적이던 시기 동안에 일어난다.

바리온생성이 언제 발생하느냐와 무관하게 어떤 보편적인 특성들이 존재하며, 이 특성들이 만족되면 우리에게 관찰되는 물질이 우주에 생성된다고 한다. 이 조건들은 위대한 러시아 물리학자 안드레이 사하로프의 이름을 따서 명명되었다. 사하로프는 러시아 핵무기 프로그램에 중요한 역할을 했기에 소련 수소폭탄의 아버지라고 불리기도 한다. 하지만 나중에는 핵무기의 확산에 반대하여 세계평화의 주창자이자 소련의 인권 옹호자로 활약했고 그 공로로 노벨평화상을 받기도 했다. 핵무기 연구 대신에 사하로프는 우주의 물질 기원으로 관심을 돌렸고, 초기 우주가 진공에서 물질을 생성하는 데 필요한 조건들을 최초로 내놓았다. 바리온생성에 관한 그의 주장에서 핵심 내용은 세 가지 유형의 대칭성 위반이다. 사하로프의 조건들을 논하기 전에 음악과의 중요한 유사점 한 가지를 살펴보는 게 유용할 테다. 바리온생성의 물리학을 명확히 이해하는 데 도움을 주는 이것은 바로 공명이다.

앞서 말했듯이 공명이 생기려면 진동하는 외력이 고유 진동수를 갖는 한 물체에 가해져야 한다. 진동하는 물체의 진폭은 만약 이 외력이 그 물체의 고유 진동수로 진동하면 급격하게 커진다. 끈이나 악기와 같은 더 복잡한 물체들은 폭넓은 범위의 고유 진동수를 수용한다. 그러므로 한 외력이 가해질 때 넓은 범위의 공명 진동수를 생성할 수 있다. 양자장은 확장된 물체와 비슷하며 끈처럼 많은 공명 진동수로 진동할 수 있다. 모든 양자장이 서로 상호작용을 할 수 있으므로, 한 양자장은 마치 외력처럼 행동할 수 있고 다른 양자장은 이러한 상호작용에 반응하여 공명을 일으킬 수 있다. 진공 속에 들어 있는 양자장은 자신의 정지 질량-에너지에 해당하는 진동수로 진동되도록 만들 수 있다. 아인슈타인의 아래 공식을 사용하면

$$E = hf = mc^2$$

한 양자장의 구동 진동수 f가 질량 m인 다른 양자장에 가해질 때 만약 구동 진동수 f가 다음 값이면 진동 양자를 공명시킬 수 있다. $f = \dfrac{mc^2}{h}$ 그러므로 입자는 양자장의 공명하는 진동이며 기타 줄을 튕겨 음표를 발생시키는 방식과 비슷하게 구현될 수 있다. 줄 튕기기가 상호작용하는 양자장에서 비롯되

는 외력이며, 생성된 입자가 발생된 음표인 셈이다. 하지만 이 유사성을 실제 우주에 적용하려면 진공 악기가 반입자와 같은 어떤 진동들은 허용되지 않도록 조금 조정되어야 하는데, 이는 진공의 어떤 대칭성 붕괴와 연관되어 있다.

이제 다시 사하로프로 돌아가서 진공 대칭의 어떤 유형을 깨트려야 하는지 배워보자. 근본적인 상호작용들—이는 보손과 페르미온 사이의 모든 상호작용을 의미한다—에 관한 표준 모형의 대칭성을 자세히 살펴보면 놀라운 내용이 하나 있다. 이 모든 상호작용이 시간의 순서를 거꾸로 해도, 상호작용의 공간적 방향을 바꾸어도(마치 거울을 보는 일처럼), 그리고 입자의 전하를 거꾸로 해도, 대칭적이라는 것이다. 파인만 다이어그램에서 전자와 양전자의 사례를 떠올려 보자. 첫째, 입자의 전하 부호를 바꾼 다음에 시간 순서를 바꾸고 마지막으로 다이어그램을 왼쪽에서 오른쪽으로 반사시키자(거울 반사). 놀

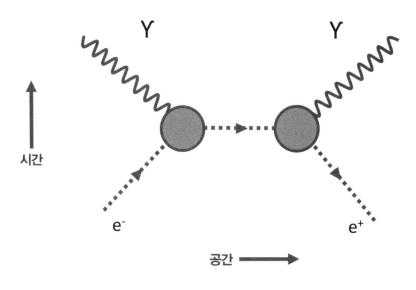

그림 15.2. 파인만 다이어그램의 한 예.

랍게도 다이어그램은 동일한 물리 현상을 기술하는데, 달라진 거라고는 전자와 양전자가 시간을 거슬러 이동하여 광자를 내놓는다는 사실뿐이다. 이는 입자가속기 내에서 매우 정밀하게 검증되어 사실임이 확인되었다. 사하로프가 알아낸 바는 대칭성들의 이 조합이 초기 우주에서는 깨졌어야 한다는 것이었다. 너욱 흥미진진하게도 이런 대칭성 붕괴를 설명하려면 새로운 물리학이 필요하다.

깨져야 하는 첫 번째 대칭은 바리온류baryon current다. 바리온류란 전선에 흐르는 전류electric current와 비슷한데, 다른 점이라면 공간에 존재할 수 있다는 것이다. 진공에 관한 표준 모형에서 바리온류의 속도rate는 정확히 영이다. 달리 말해 바리온류가 진공의 바닷속으로 흘러들어 갈 확률과 밖으로 흘러나올 확률이 똑같다. 이 두 과정 사이에 대칭성이 존재하는 것이다. 하지만 바리온류 장과 공명하는 어떤 다른 장은 바리온류의 대칭성을 깨트릴 수 있다. 바리온류의 대칭성을 B라고 명명하자(B는 바리온 baryon의 B). 하지만 이것으로는 바리온생성에 충분하지 않다. 바리온류를 깨트리는 것은 무엇이든 반바이론antibaryon류도 깨트리는데, 진공은 바리온과 반바리온 사이의 대칭(디랙이 발견한 물질과 반물질 간의 대칭)도 갖기 때문이다. 반바리온들이 생겨나서 생성되는 바리온들을 소멸시키면 우주에는 아무것도 남지 않을 것이다. 따라서 상호작용을 통해 한 입자를 반입자와 관련시키는 대칭—이것을 C라고 부르자—도 역시 깨트려져야 한다. 마지막으로 새로운 물리학을 사용하여 우리가 B와 C를 동시에 깨트린다면, 반바리온을 이겨내고 생성된 바리온들은 배경복사와의 열적 평형에 도달하지 못하도록 보호를 받아야 한다. 그렇지 않으면 새로 생성된 바리온들이 열탕 속에서 녹아 없어질 것이기 때문이다. 몇 가지 바리온생성 모형들이 시중에 나와 있는데, 전부 다 급팽창이 발생한 후에 바리온생성이 일어난다고 제안한다. 아마도 소리의 우주는 공명을 촉발시킨 장으로부터 비롯한 바리온생성 메커니즘을 품고 있을 수 있을 텐데, 이는 사하로프의 조건들 전부를 단번에 만족시킬 수 있을 것이다.

2005년에 마지못해 스탠퍼드 선형가속기 센터SLAC에 일하러 다녔는데, 거기서 나는 박사후 과정 연구를 계속하다가 몇 달 동안 새로운 아이디어가 전혀 떠오르지 않아 좌절하고 있었다. 그러던 중에 문득 일 년 전에 임페리얼 칼리지에 있을 때 꾸었던 꿈 하나가 떠올랐다. 아무래도 그 꿈은 이샴 박사와 관련된 것 같았다. 꿈속에서 우주 공간에 나이든 한 남자가 흰 가운 차림으로 전광석화처럼 어떤 방정식들을 적고 있었다. 애처롭게도 나는 너무 멍청해서 방정식을 이해할 수 없다고 볼멘소리를 해댔다. 그러자 칠판이 사라지고 남자는 한 방향으로 나선을 그리며 두 팔을 천천히 돌렸다. 당시에는 그 꿈이 별거 아니라고 여겼다. 하지만 이샴 박사가 계속 꿈의 세세한 내용, 가령 남자가 팔을 돌리는 방향이 어디를 가리키는지 등을 나한테 물었다. 그 무렵 스탠퍼드의 이론가들은 우주의 급팽창 및 그 가설에 내재된 대칭성에 사로잡혀 있었다. 그제야 나는 깨달았는데, 꿈속의 남자가 팔을 돌리는 방향은 어떻게 우주 급팽창의 대칭성이 깨져서 바리온 비대칭성이 생기는지를 귀띔해 주는 내용이었다. 캠퍼스를 걸으며 나는 울적한 기분을 털어내고 활짝 웃었다. 우주 급팽창으로부터 바리온생성을 이해할 기회를 잡았던 것이다.

무척 신이 나서 컴퓨터과학부 건너편의 한 카페에 맥주를 마시러 갔다. 마침 박사후 과정 지도교수이자 SLAC의 이론물리학 연구팀 팀장인 마이클 페스킨이 유명한 박사후 연구원 한 명과 카페 앞을 지나가고 있었다. 나는 손을 흔들면서 진공의 대칭 붕괴와 바리온생성 사이의 관련성을 한 가지 알아냈다고 알렸다. 박사후 연구원이 히죽거리며 말했다. "뭐, 또 희한한 아이디어 하나 나왔나 봐요." 하지만 페스킨 교수는 늘 이론가가 자신의 이론을 깊이 파고들게끔 기회를 주는 편이었다. 우리는 따로 만나서 이야기해 보자는 약속을 잡았다.

이론물리학계에서 마이클 페스킨은 "신탁을 전하는 사람"으로 통한다. 콧수염을 기르고 안경을 쓴 얼굴에 젠체하지 않는 성품의 그는 물리학 지식을 모조리 꿰고 있는데, 특히 양자장 이론과 초대칭에 일가견이 있다. 나를 포함해 대다수의 박사후 연구원들은 페스킨 교수와 이야기하길 두려워했다. 성품이 나빠서가 아니라 페스킨 교수와 이야기하다 보면 자신의 물리학 지식이 초라해져서 슬슬 도망칠 궁리나 하게 되기 때문이었다. 내가 페스킨 교수를 처음 만난 건 대학원 마지막 해에 끈 이론 여름 워크숍에서였다. 거기서 페스킨 교수는 입자물리학의 표준 모형을 주제로 강연을 했다. 이론가들 사이에서는 페스킨 교수가 물리학의 콜롬보 형사라는 소문이 있다. 젊은 세대의 독자를 위해 설명하자면, 형사 콜롬보는 1980년대의 인기 TV 연속극에 나오는 주인공이다. 머리가 덥수룩한 이 형사는 살인 용의자를 공손히 대하는 순진한 사람처럼 보이지만 그런 습관은 작전이었다. 콜롬보는 용의자에게 짜증을 일으키는 멍청한 질문을 던져서 모순된 주장을 하게끔 유도하여 결국 자백을 하게 만들었다.

스탠퍼드 선형가속기 센터는 이론 세미나를 열기 가장 힘겨운 곳 중 하나로 유명하다. 나도 세미나 도중에 종종 목격했는데, 젠체하지 않는 이 사내가 공손히 손을 들고서는 고음의 목소리로 진지하게 이렇게 묻곤 했다. "죄송하지만, 조금 혼란스러운데요." 세미나 발표자는 처음에는 이 혼란스러워하는 가여운 페스킨을 안타깝게 여기다가 이내 미끼에 걸려들고 만다. 그 '혼란스

그림 15.3. 입자물리학 이론가 마이클 페스킨. 스탠퍼드 SLAC에서 본 저자의 박사후 과정 지도교수였다. 사진 마이클 페스킨.

러운' 가여운 사람이 발표자의 발표 내용 전부를 헛소리로 만든 걸 깨닫고 나면—쿵!—그의 기분은 가여움에서 공포로 급변하고 만다. 그러니 페스킨 교수 밑에서 박사후 연구원이 되어 그의 연구실에서 3년을 지낸다는 것이 어땠을지 상상들 해 보시라!

내가 아이디어를 말해 주자, 페스킨 교수는 좋은 생각이라고 한 다음에 나더러 긴 계산을 해 보라고 일러주었다. 이러쿵저러쿵 떠들 게 아니라 직접 계산을 해 보라는 말이었다. 말을 듣고 보니 그 계산이 실제로 몇 달 걸릴 정도임을 알아차렸다. 곧 나는 동료 스탠퍼드 박사후 연구원인 이란 출신의 명석한 끈 이론가 샤힌 셰이크 자바리와 팀을 꾸렸다. 나는 그 해에 평생 교수직을 찾고 있었던지라 그 연구 프로젝트를 완성하려고 결사적으로 매달렸다. 어느 정도 연구가 진척되어 마침내 결론에 다다르고 있다고 확신하고서 샤힌과 내가 페스킨 교수를 만나러 갔을 때마다, 우리는 이런 말을 들었다. "아, 유감이네만, 조금 혼란스럽네." 그러기를 열한 달이 지났다. 시간이 얼마 남지 않았다.

여러 달 동안 연구한 후 우리는 놀랍고 기쁘게도 급팽창 장이 진공의 CP 대칭을 깨트렸음을 증명했다(C는 charge, P는 parity에서 나온 것임. CP 대칭이 깨어졌다는 것은, 우주가 물질과 반물질의 완벽한 균형으로 인해 진공 상태로 존재하는 것이 아니라 물질이 반물질보다 많아져서 우주에 물질이 존재하게 되었다는 뜻이다 - 옮긴이). 그런데 그러한 급팽창 과정의 핵심은 공명이었다. 시공간은 휘어지고 늘어날 수 있으므로, 아인슈타인이 밝혀냈듯이 시공간의 교란이 빛의 속력으로 이동하는 중력의 파동—중력파—을 출렁이게 할 수 있다. 일반적으로 우주의 급팽창이 중력파를 발생시키는데, 연못에 던져진 돌처럼 급팽창 장이 시공간 구조를 교란시키기 때문이다.

대다수의 급팽창 모형들은 중력파에는 두 가지 종류가 있다고 본다. 하나는 왼손잡이 방식으로 회전하는 것이고 다른 하나는 오른손잡이 방식으로 회전하는 것이다. 똑같은 축구공을 동일한 방향으로 던지더라도 왼손으로 던지느냐 오른손으로 던지느냐에 따라 축구공이 다르게 회전하는 경우처럼 말이다. 하지만 우리가 최초로 발견한 내용은 급팽창 도중에 급팽창 장이 오른손잡이 중력파보다 왼손잡이 중력파와 훨씬 더 큰 진폭으로 공명한다는 사실이었다. 그리고 왼손잡이 중력파는 물질과 고유하게 상호작용하고 오른손잡이 중력파는 반물질과 상호작용한다. 그 결과 왼손잡이 중력파가 진폭이 더 큰 까닭에 반물질보다 물질과 더 많이 공명하였다. 이 상황은 중력파 발생으로 인한 CP 위반 및 바리온수baryon number(계의 반드시 보존되는 양자수의 하나 - 옮긴이) 생성의 조건을 동시에 내놓는데, 이로써 세 가지 사하로프 조건 중 두 가지가 동일한 작용 요인인 급팽창에 의해 충족된다. 최종적으로 마지막 사하로프 조건—열평형에서 기인하는 조건—도 자연스레 발생하는데, 급팽창 도중에 공간은 창조되는 바리온들보다 훨씬 더 빠르게 확장되기 때문이다.

페스킨 교수가 항상 혼란스러움에 휩싸이는 바람에 샤힌과 나는 더 깊이 연구에 몰두했다. 페스킨 교수는 목표로 삼을 약한 지점들을 정확히 간파해 냈고, 덕분에 우리는 우주의 급팽창 도중에 있었던 바리온생성에 관한 새로운 발견을 할 수 있었다. 온갖 시행착오 끝에 우리는 빛나는 결과를 내놓을 수 있었다. 우리가 새로 알아낸 바리온생성 메커니즘은 급팽창 장의 양자 요동이 어떻게 우주의 구조를 촉발시키고 아울러 (반물질을 이겨내고) 물질을 발생시켰는지와 연관되어 있었다. 급팽창이 이 양자 춤을 실제로 어떻게 추었는지 알려면 특별한 노래 한 곡이 필요하다. 그리고 이 노래는 판도라의 상자를 열어젖힌다.

16

· · · · · · ·

잡음의 아름다움

별, 은하 및 행성과 같은 복잡한 구조들은 태고의 플라스마의 음파에서 생겨난다. 이 소리를 내기 위해 우주는 악기처럼 작동했다. 하지만 음악과의 이런 유사성은 우주가 이런 소리를 만들었음을 우리가 알아차린 데서 끝나 버릴까? 어쨌거나 음악이란 단지 소리 이상의 것임은 두말할 필요가 없을 듯하다. 인간의 귀로 듣기에, 주기적인 파동이라야 대단히 음악적이고 가장 즐거운 느낌을 주니 말이다. 하지만 존 케이지 같은 일부 작곡가들은 다른 의견을 낸다.

나는 이것을 잡음에까지 확장할 것이다. 잡음은 없으며, 오직 소리만이 있을 뿐이다. 나는 다시 듣고 싶지 않다고 여긴 소리를 들어본 적이 없다. 예외라면 우리를 무서워 떨게 하거나 고통이 찾아왔음을 알리는 소리뿐이다. 나는 유의미한 소리를 좋아하지 않는다. 소리가 의미가 없더라도, 나는 전적으로 찬성이다.[1]

잡음은 보통 원치 않는 신호, 즉 제거되어야 할 소리로 인식된다. 좋은 헤드폰이란 잡음을 줄여 주는 헤드폰이다. 원치 않는 잡음은 과학에서도 생긴다. 펜지아스와 윌슨은 자신들이 애써 찾던 전파 신호를 혼란시키는 잡음을 제거하려고 필사적이었다. 역설적이게도 그들이 없애려고 했던 '무의미한' 잡음이 바로 우주배경복사였다! 아마도 존 케이지처럼 우리는 잡음 속의 음악에 귀를 기울여야 할 것이다.

잡음이 어떻게 생기는지 이해하려면 푸리에 개념을 이용하면 된다. 각각 진폭이 동일한 모든 진동수의 파동들을 합치기만 하면, 아무런 특징이 없는 백색잡음 신호가 얻어진다. 우리의 귀가 이 소리를 찍찍거리는 잡음으로 인식하는 까닭은 지배적인 하나의 진동수가 존재하지 않기 때문이다. 저마다의 진동수를 지닌 파동들이 모두 균등하게 전체 소리에 이바지한다. 따라서 백색잡음은 실제로는 가장 민주적인 소리다.

우주론자들은 구조의 '토대 역할을 하는 잡음'을 생성하는 초기 우주에 관한 이론을 탐구 중이다. 그런데 문제는 태고의 플라스마를 낳았던 최초의 진동들이 어떻게 무의 상태로부터 시작되었는지 모른다는 것이다. 우리는 '최초의 소리'의 기원을 실험적으로 확인하지 못했다. 시중에 설득력 있는 이론들이 몇 가지 나와 있긴 하지만, 그 어느 것도 새로운 예측은 고사하고 현재까지의 실험 결과들을 설명하기에도 한참 역부족이다. 이른바 미세조정 문제를 살펴보자. 이 문제의 핵심은 자연의 상수들이 우리에게 알려진 특정한 값들을 왜 갖고 있는지 우리가 모른다는 것이다. 왜 빛의 속력은 우리가 알고 있는 그 값인가? 입자 상호작용의 세기를 가리키는 결합 상수들은 왜 하필 그 값들인가? 우주는 미세하게 조정된 악기를 닮았다. 관찰이 상황을 주도한다. 가령 은하가 회전하는 방식을 살펴보면 암흑물질이 존재한다는 사실이 간접적으로 드러난다. 숨어 있긴 하지만 그게 없다면 은하는 형성될 수 없었다. 따라서 우리는 암흑물질에 대한 모형들을 내놓았는데 과연 어느 것이 옳은가? 훨씬 더 중대한 질문을 던지자면, 초기 우주에 대한 올바른 이론은 무엇인가?

현재로서는 우주 급팽창이 초기 우주에 대한 최상의 이론이다. 표준 빅뱅 이론이 골머리를 앓고 있는 두 가지 중요한 문제를 일거에 해결할 수 있기 때문이다. 첫째는 앞서 논의했던 지평선 문제로서, 우주배경복사 내의 광자들이 어떻게 과거에 서로 상호작용할 시간이 없었는데도 동일한 온도일 수 있는지를 묻는다. 이미 논의했듯이 급팽창은 우주의 부분들이 너무 멀리 떨어져 있지는 않아서 상호작용할 수 있는 시기를 상정함으로써 이 문제를 해결한다. 두 번째 문제는 태고의 플라스마 소리를 발생시키는 데 필요한 진동 에너지 생성에 관한 물리적 메커니즘을 찾는 일이다.

급팽창이 작동하는 방식을 조금 더 자세히 파고들면 답을 찾을 수 있을 것이다. 일반상대성이론에서 중력장 내지 시공간은 일종의 탄성체라고 볼 수 있다. 물질이 중력장과 상호작용할 때 물질은 중력장의 탄성을 변화시킬 수 있다. 급팽창 이론의 시조인 앨런 구스가 알아낸 바에 의하면, 초기 우주 동안에 음의 압력을 지닌 이상한 물질이 시공간—본질적으로 반중력을 발생시키는 에너지—을 지배했다면, 우주는 빛보다 더 빠른 초광속 팽창을 겪었을 것이다. 하지만 이 이론은 아인슈타인의 상대성이론에 어긋나지 않는다. 상대성은 시공간 내의 물체들로 하여금 빛의 속력보다 더 빠르게 이동하지 못하도록 제약을 가하긴 하지만 시공간 자체의 팽창 속도를 제한하지는 않기 때문이다.

급팽창은 매혹적이다. 우주 팽창에 관한 이론이긴 하지만, 양자장 이론 및 대칭성 논의에도 뿌리를 두고 있다. 앨런 구스는 매우 대칭적인 초기 우주는 안정하지 않다는 사실을 알아냈다. 마치 연필 심지를 아래로 하여 책상 위에 세워 둔 상태와 같다. 그런 연필은 회전 대칭성이 크지만 지극히 작은 교란만 일어나도 어느 방향으로도 넘어지고 만다. 이로 인해 똑바로 선 연필의 원래 회전 대칭은 깨어진다. 자발적 대칭 붕괴spontaneous symmetry breaking, SSB라는 이 개념은 물리학의 모든 영역에 적용된다. 내가 리언 쿠퍼 교수의 실험실에서 연구했던 자기장에 관한 이징 모형을 떠올려 보라. 금속의 온도가 영이 아닐 때 개별 스핀들은 무작위로 상이한 방향들을 가리키므로 자기장은 영이다. 자기장의 전체적인 방향이 구형 대칭인 까닭이다. 하지만 강자성체에 아주 가까이 있는 금속은 자기장이 동일한 방향으로 정렬되는 성향이 있다. 따라서 온도가 영으로 떨어질 때 에너지가 최소화되면서 스핀들이 특정한 한 방향을 가리키게 되어 대칭이 깨진다. 이처럼 온도를 낮출 때 대칭성이 약해지는 것이 대칭 붕괴의 한 예다.

양자장 이론에서도 비슷한 현상이 발생한다. 오직 이 경우에만, 대칭 붕괴를 제어하는 요인은 온도가 아니라 우주론자들이 급팽창이라 부르는 장이다. 내가 대학 학부 시절에 앨런 구스에게 급팽창이 일을 할 수 있느냐고 물었던 바로 그 급팽창 말이다. 이 급팽창 장이 영이 아닌 영역에서는 대칭이 깨어지며, 급팽창 장에 의해 운반되는 음의 압력 때문에 이 시공간의 영역은 지수적으로 '급팽창'한다. 이것이 바로 앨런 구스의 급팽창 이론이다.

우주가 지수적으로 팽창하면 마법과도 같은 일이 벌어진다. 양자 진동자quantum oscillator는 불확정성 원리로 인해 결코 멈추어 있을 수 없다고 알려졌다. 급팽창 장의 양자는 진동자들의 큰 집단처럼 행동하는데, 진동하는 현과 매우 흡사하다. 하지만 명심해야 할 중요한 차이가 하나 있다. 우리가 바이올린 현을 켤 때는 일련의 배음들을 생성할 수 있지만 그것들 전부가 동일한 진폭을 갖지는 않는다. 급팽창은 우주를 특수한 종류의 악기처럼 작동하게 하는데, 여기서 급팽창 장의 양자 모드mode 중 대다수는 동일한 소리세기loudness를 갖는 진공으로부터 생성된다(들뜨게 된다). 급팽창하는 시공간은 모든 모드에 대해서 민주적으로 작동하기 때문이다. 하지만 이것만으로는 우주의 초기 구조를 발생시키기에 충분하지 않다. 우주의 대칭성이 아직 너무 크기 때문이다. 따라서 대칭성이 상당히 감소해야 한다.

백 대의 바이올린으로 구성된 오케스트라를 상상해 보자. 각각의 바이올린은 서로 다른 음을 연주한다. 만약 각 바이올린 연주자가 내는 음이 전부 소리 크기가 똑같다면, 여러분 귀에는 라디오 주파수가 정확히 맞춰지지 않았을 때 생기는 잡음처럼 들릴 것이다. 이런 유형의 소리의 극단적인 예가 바로 백색잡음이다. 만약 여러분이 과거로 가서 들을 수 있다고 가정하면, 급팽창 기간 동안 양자 파동들이 바로 그런 잡음 소리를 냈을 것이다. 하지만 급팽창은 훨씬 놀라운 일을 벌였다. 각각의 파동은 한 위상을 지니는데, 이것은 파형에서 위치의 이동 내지 시간 지연을 일으킬 수 있는 양이다. 원리적으로 볼 때 이런 위상들이 똑같아질 이유가 전혀 없다. 이는 마치 돌을 무더기로 연못에 마구잡이로 던지는 것과 같다. 그러니 위상들이 무작위이기에 파동들은 간섭으로 인해 서로 상쇄될 것이다. 하지만 급팽창은 이 위상들을 '동기화'시킨다. 처음에는 모든 바이올린이 서로 다른 음들로 이루어진 불협화음을 연주하다가 이내 똑같은 음에 수렴하는 것과 마찬가지다. 어떤 장—도체—이 그런 상이한 음들을 휩쓸어 버리기 때문이다. 이렇게 보자면 급팽창장은 우주의 도체인 셈이다.

1980년대에 급팽창 이론은 초기의 파동들이 태고의 플라스마에서 음파들을 촉발시키는 데 딱 들어맞는 특성들을 지녔다고 예측했다(만약 그런 특성들이 없었다면 초기 파동들은 급팽창의 양자 요동의 거의 척도 불변인 파워 스펙트럼을 보였을 테다). 파워 스펙트럼은 진동수들의 한 연속적인 범위의 세기를 나타내는 곡선일 뿐인데, 이는 푸리에 개념이 상이한 진동수들의 순수 파동들을 더하여 복잡한 함수를 구성하는 방식과 다르지 않다. 당시에는 이 예측을 입증하거나 반박할 관찰 데이터가 전혀 없었다. 그러다가 1992년 앨런 구스가 해버퍼드의 대학 2학년 수업에 찾아왔던 그해쯤에, COBE 위성이 태고의 플라스마의 이 요동을 측정하여 급팽창 이론이 예측했던 스펙트럼을 찾아냈다. 그 후로도 더욱 정밀한 CMB 측정이 20년 넘게 이어졌는데 내 프린스턴 동료인 데이비드 스퍼겔이 공동으로 주도했던 윌킨슨 마이크로파 비등방성 탐사위성의 측정 결과가 대표적이다. 그랬더니 지금껏 모든 측정 데이터는 급팽창 이론의 예측과 일치했다.

급팽창 이론에 의하면 빅뱅은 급팽창 장이 지배하는 공간의 작은 조각으로 대체된다. 이 미소우주miniverse는 몇 초 만에 엄청나게 커졌다. 140억 살인 우주에 비하면 이 미소우주는 지극히 작다. 급팽창 장의 양자 진동은 공간의 급격한 팽창과 더불어 늘어나서 CMB에 생긴 음파들을 위한 씨앗을 마련했다. 마침내 급팽창 장은 에너지를 잃고서 안착하기 시작한다. 진동하는 용수철이 멈추어질 때 멈추는 지점 주위로 작은 여분의 진동을 일으키듯이 급팽창 장은 남은 에너지로 계속 진동한다. 이 진동은 급팽창 장이 이 단계에서 상호작용하는 물질 장들을 들뜨게 만듦으로써 입자들을 생성한다. 로버트 브란덴버거와 제니 트라센은 이 단계—'예열'이라고 명명한—가 표준 모형의 폭발적인 입자 생성을 일으켰음을 밝혀낸 최초의 우주론자에 속했다.

급팽창 이론은 일반상대론적 효과와 양자역학적 효과를 둘 다 이용하여 우주의 구조에 씨앗을 뿌린 초기 우주에 만연한 백색잡음을 발생시킨다. 급팽창이 끝날 때 이 잡음은, 마치 우주의 마우스피스에 공기를 불어넣을 때 그렇듯이, 태고의 플라스마의 음파로 변형되어 입자 생성을 촉발시킨다. 이 발견은 급팽창 이론이 처음 나온 지 30년이 넘어서 나온 내용인데, 잡음을 생성하는 대안적 이론을 내놓기가 얼마나 어려운지가 여실히 드러난다. 어쨌든 대안 이론은 필요하다. 물론 큰 성공을 거두긴 했지만 급팽창 이론은 완벽하지 않기 때문이다.

급팽창의 첫 번째 중대한 문제점은 태고의 소리가 얼마나 컸는지에 관한 이 이론의 가정에 있다. CMB 파워 스펙트럼의 우주적 음향의 크기 값은 플라스마의 평균 에너지값으로부터 1/10000만큼 벗어나 있다. 관찰된 크기 값으로부터 아주 미세하게 벗어나기만 해도 우주는 생명이 살 수 없는 곳으로 변할 테다. 그랬다가는 우주의 구조들이 너무 빠르게 생성되어 생명이 진화할 충분한 시간이 주어지지 않게 되거나, 아니면 구조들이 전혀 생성되지 않을 것이기 때문이다. 안타깝게도 가장 단순한 형태의 (영의 스핀을 갖는 급팽창 장에 관한 양자장 이론에 의해 기술되는) 급팽창 모형은 백색잡음의 크기를 정확하게 알려 줄 수 없는데,[2] 급팽창 장 자체만으로는 그럴 수가 없다. 따라서 급팽창 장이 자기 자신과 결합하는 방식을 제어하는 어떤 자유로운 파라미터를 도입해야 한다.[3] 급팽창의 가장 단순한 모형에서 이 자체 결합은 일조 분의 일의 정확도로 미세하게 조정되어야 한다. 터무니없이 작은 이 수치에서 조금만 벗어나도 우주는 생명이 존재할 수 없는 곳이 되고 만다. 급팽창 이론에는 말 그대로 수백 가지의 모형들이 있는데, 이러한 다양성에도 불구하고 전부 다 이와 비슷한 미세 조정 문제를 안고 있다. 게다가 급팽창 이론은 이러한 조정이 왜 그토록 미세해야 하는지에 대해 아무런 통찰을 던져 주지 않는다. 표준 모형의 세 가지 근본적인 상호작용—전자기력, 강한 핵력nuclear force 및 약한 핵력—을 기술하는 양자장 이론 또한 미세 조정 문제들을 안고 있다. 한 가지 흥미로운 미세 조정 문제는 전자기력과 강한 핵력의 상대적 세기를 지배하는 파라미터들에 관한 것이다. 만약 이 파라미터들이 관찰된 값과 조금만 달랐더라도 별이 생명의 핵심인 탄소를 만들 수 없었을 것이다.

급팽창 이론의 두 번째 중대한 문제점은 어떻게 급팽창이 시작했느냐는 것이다. 이 역시 미세 조정 문제다. 어떤 조건들의 집합이 급팽창 장으로 하여금 딱 필요한 만큼의 급팽창이 일어날 수 있도록 정확한 속성들—가령 초기 우주가 지녔던 음의 압력 그리고 정확한 퍼텐셜 값을 갖춘 장들—을 가질 수 있게 했을까? 급팽창 이론이 처음 나오고 조금 후에 알렉산더 빌렌킨이 내놓은 견해에 의하면, 만약 우주가 양자역학에 의해 완벽하게 기술된다면 급팽창은 순수한 진공 에너지, 즉 그가 명명한 무의 상태로부터 시작했을 수 있다. 우주의 양자 상태는 시공간이 존재하지 않는 진공에서 시작될 수 있고

거짓 진공(FV)

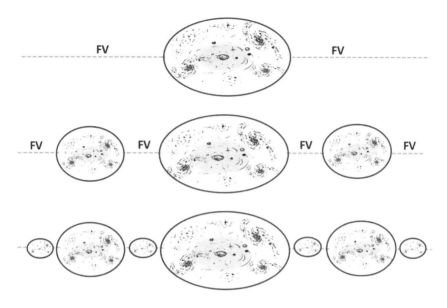

그림 16.1. 이 그림은 거짓 진공 에너지로부터 급팽창 우주들이 마구 생겨나는 모습을 나타낸다. 거짓 진공 에너지가 있는 곳에서는 거품 우주들이 마침내 생성된다. 이 과정은 미래를 향하여 영원히 계속된다.

이어서 양자 터널링quantum tunneling이라는 현상을 저절로 겪게 되는데, 이 현상으로 인해 우주는 급팽창하는 시공간 속에 놓이게 된다. 빌렌킨을 포함한 여러 물리학자들의 연구에 따르면 이 터널링 현상은 여러 번 생길 수 있다. 따라서 빌렌킨이 제시한 우주의 초기 양자 상태는 수많은 상이한 시공간을 탐험할 기회를 얻게 되고, 이 각각의 시공간은 저마다의 '미세 조정된' 상수들을 가진다. 이 시나리오에 따르면 우연히 우리는 올바른 결합 상수coupling constant(어떤 물리적 상호작용의 세기를 결정해 주는 상수 - 옮긴이)들을 지닌 큰 우주 중 한 곳에 살게 된 것이다. 여기서 '올바른'이란 말은, 다만 그런 측정값을 얻을 수 있게끔 우리를 존재하게 해 준다는 뜻이다. 이러한 사고 노선을 가리켜 인류 원리라고 한다. 인류 원리를 도입하는 것을 놓고서 많은 과학자들은 비과학적이라고 여기는데, 왜냐하면 반증 가능하지 않기 때문이다. 우리는 다른 우주를 관찰할 수 없는데, 적어도 대다수는 그렇다고 믿는다. 하지만 뉴욕대학교의 매슈 클레번 같은 일부 우주론자의 가정에 따르면, 초기의 급팽창하는 우주가 다른 거품 우주와 충돌했을 수 있다. 그러면 우주배경복사에 어떤 흔적을 남겼을 테고 이 흔적을 찾아낼 수 있을지 모른다.

네 가지 힘 전부를 통합하기 위해 제시된 끈 이론은 결합 상수들의 값을 정하기 위해 여분의 공간 차원들을 도입한다. 내 동료인 리 스몰린은 자신의 책 《우주의 일생》에서 하버드대학교의 끈 이론가 앤드루 스트로민저와 논의 후 다음과 같이 내다보았다. 즉 끈 이론이 10차원 개념을 도입하여 자연의 결합 상수들의 값을 고유하게 결정하려는 과제는 수많은 방식으로 (우리가 살고 있는) 4차원 시공간을 내놓을 수 있다고 말이다. 스몰린의 주장에 의하면 끈 이론이 우리의 4차원 세계에 제공하는 이 무수한 가능성들이 수많은 결합 상수들로 이루어진 거대한 '풍경'을 펼쳐낸다고 한다. 그런 까닭에 자연의 상수들이 왜 하필 우리에게 관찰되는 그 값들인지를 끈 이론을 통해 예측하기란 거의 불가능할 것이라고 한다.

내가 2003년에 스탠퍼드 선형가속기 센터에서 박사후 연구원으로 있을 때 레너드 서스킨드가 끈 이론의 전체 프로그램을 뒤바꿀 논문 한 편을 내놓았다. 제목은 〈끈 이론의 인류적 풍경〉. 초록에는 이런 구절이 있었다. "좋든 싫든, 이것은 인류 원리에 신빙성을 더해 주는 유형의 행동이다." '이것'이란, 관찰된 결합 상수들에 대해 하나의 고유한 해를 내놓는 대신에 끈 이론이 저마다의 결합 상수들을 갖는 수많은 4차원 세계들을 인정한다는 자신의 견해를 가리킨다. 바로 스몰린의 예측과 일맥상통하는 내용이다. 서스킨드는 끈 이론은 여러 풍경을 가지며 저마다 다른 결합 상수들을 구현하는 수많은 급 팽창 거품들을 생성할 수 있다고 추론한다. 이 대가의 주장이 나를 포함한 젊은 박사후 연구원들에게 미칠 여파를 나는 금세 깨달았다! 우리 디랙주의자들의 꿈이 하룻밤 사이에 끔찍한 악몽이 되어 버렸다. 만물의 이론을 통해 우리 세계의 고유한 해를 찾으려는 시도가 물거품이 되었으니 우리가 계산할 게 무엇이 남았단 말인가?

서스킨드는 나를 자상하게 대했고 과학자로서 내 활동을 늘 지지해 주었기에, 나는 이렇게 스스럼없이 물었다. "이제 풍경과 맞닥뜨렸으니, 우리가 할 게 뭐가 남았나요?" 서스킨드는 대답했다. "우리가 그런 우주 중 하나에 있으니 다행이지 뭔가. 급팽창을 실현시킨 끈 이론의 사례 하나를 여전히 찾으면 되겠지." 물리학계에서 가장 존경하고 숭배하는 거물의 이론이긴 하지만, 나는 여전히 다중우주 개념을 인정할 수가 없다. 내가 반대하는 가장 큰 이유는 미세 조정된 값들이 무엇이어야 하는지와 관련하여 (다중우주 개념이) 아무런 예측도 하지 못하기 때문이다. 그래서 오넷 콜먼의 마음가짐으로, 나는 화음을 바꾸고 초기 우주의 우주론에 대한 다른 접근법들을 연구하기 시작했다.

나는 최근 15년 동안 급팽창 모형 및 급팽창에 대한 대안적인 이론들을 함께 연구해 왔다. 이 모형들은 너 나 할 것 없이 어떤 유형의 미세 조정 사안을 안고 있다. 따라서 초기 우주에 관한 올바른 물리학을 제대로 파악하려면 미세 조정 사안들을 미리 다루지 않을 수 없다. 만약 급팽창 이론이든 다른 대안적 이론이든 성공할 희망이 조금이라도 있다면, 자연의 상수들이 어떻게 생겨났는지를 이해하는 일이 필수적인 것 같았다.

요행히 나는 파리의 푸앵카레 연구소에서 열린 세 달 간의 집중 M-이론 교육 과정에 참가했다. 2000년에 미국의 정치 상황이 유럽에서 별 인기가 없었는데도, 나는 많은 유럽 물리학자와 친분을 맺었다. 특히 크리스 헐이 대표적인데, 그는 M-이론 워크숍의 주요 강연자이자 그 이론의 선구자 가운데 한 명이다. 폴 타운센드와 함께 크리스 헐은 끈 이론이 점 입자를 기술하는 통상적인 장 이론들보다 훨씬 더 큰 대칭성, 즉 (전문적인 수학 용어로) 자기동형사상 automorphism을 지녔음을 알아차렸다. 1995년에 위튼은 서던캘리포니아대학에서 역사적인 강연을 했는데, 여기서 크리스의 계산 결과를 바탕으로 다음과 같은 추측을 내놓았다. 즉 그때까지 제시된 다섯 가지 유형의 끈 이론 모두는 사실 그 바탕이 되는 하나의 11차원 이론이 상이한 방식으로 발현된 것들일 뿐이라고 말이다. 그것이 바로 M-이론이다. 핵심 개념을 말하자면, 그 이론은 끈의 이론일 뿐 아니라 D-막brane이라고 하는 다른 고차원 진동체의 이론이기도 하다.

조지프 폴친스키가 발견한 바에 의하면 진동하는 차원들의 막이라는 이 곡면은 끈들의 종착지가 될 수 있다. 시각화할 수 있는 가장 간단한 사례는 2차원 곡면, 즉 2-막이다. 끈의 종점들이 기타 줄처럼 고정된 경우와 반대로 막의 곡면상에서 변동하는 상황이 허용되기 때문이다. 기쁜 소식은 폴친스키가 이 곡면들이 끈 이론의 오랜 난제 두 가지를 해결했으므로 (관념적인 대상이 아니라) 물리적인 대상임을 알아냈다는 점이다. 첫째, 끈은 쭉 뻗어 있거나 (열려 있음) 아니면 고리로 닫혀 있는데, 오직 닫힌 끈만이 과녁 공간 이중성을 갖는다. D-막을 도입함으로써 폴친스키는 열린 끈도 과녁 공간 이중성을 가짐을 밝혀냈다. 둘째, 끈의 양자 이론에는 또 하나의 전하인 라몽-라몽 전하 Ramond-Ramond charge가 나오는데, 이 전하는 그것이 결합하는 대상이 무엇인

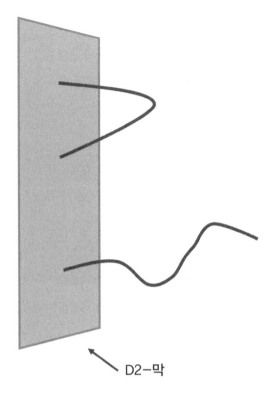

D2-막

그림 16.2. 특별히 관심을 받는 D-막은 D3-막, 즉 3차원 막이다. D3-막 내부에서, 표준 모형의 장들—막에서 끝나는 끈들의 진동과 관련이 있다—은 갇혀 있다. 따라서 잘 갖춰진 D3-막이 우리 우주에 대한 좋은 후보일 수 있다. 이것은 새로운 아이디어가 아닌데, 이미 리사 랜들과 라만 선드럼이 정식화했다.[4]

지 확인되지 않았다. 그런데 폴친스키가 바로 D-막이—점 입자(0-막)가 통상의 전하(전자의 전하)를 운반하는 것과 똑같은 방식으로—라몽-라몽 전하를 운반하는 대상이라는 사실을 밝혀냈다.

당시에 나는 끈 이론에서 급팽창을 구현할 직관적이고도 수학적인 방법을 찾으려 애쓰고 있었다. 물론 나만이 아니었다. 나도 끈 이론을 많이 배웠지만, 다른 박사후 연구원들은 가공할 정도로 더 많이 준비되어 있었다. 나는 차츰 강연이나 물리학 토론에서 슬며시 빠져나와 파리의 재즈계로 흘러들었다. 종국에는 권위 있는 M-이론 워크숍에서도 완전히 자취를 감추고 말았다. 물리학을 전통적인 방식으로 해내지 못할 바에야 나만의 방법을 찾아야 한다고 느꼈다. 연주를 하지 않을 때면 누텔라가 덕지덕지 묻은 냅킨에 다이어그램이며 설익은 방정식들을 끄적이곤 했다. 그러다가 죄다 지워버리고 연습 중인 스탠더드 곡의 화음 진행을 위한 이런저런 메모를 적었다. 내 음악 휴식에는 싸고 입맛 도는 지역 하우스 와인과 누텔라-바나나 크레페가 함께했다.

그러던 중에 그 일이 벌어졌다. 재즈 음악을 배경 삼아 냅킨 한 장에다 D-막 방정식들을 솔로 연주하고 있을 때 문득 사람들의 박수 소리가 들렸다. 실시간으로 박수치는 손들의 움직임이 D-막과 합쳐졌고 반가운 생각이 하나 떠올랐다. 충돌하는 D-막들이 빅뱅을 촉발시킬 수 있다면 어떻게 될까? 때때로 우주론자들은 빅뱅을 우주의 급팽창과 융합시킨다.

마침 그 무렵에 나는 걸출한 인도인 끈 이론가 아쇼케 센이 충돌하는 막들에 관해 쓴 새 논문을 이해하려 애쓰고 있었다. 입자와 반입자가 충돌할 때 둘은 서로 소멸하면서 복사를 방출한다. 하지만 센의 논문에 의하면 한 막과 반막antibrane이 충돌할 때는 서로 소멸하지만 아울러 낮은 차원의 막을 발생시킨다. 특히 D5-막과 반D5-막이 소멸할 때는 D3-막이 생겨난다. 내가 D-막의 물리학을 탐구한 까닭은 그런 막이 급팽창의 미세 조정 문제를 다룰 잠재력이 있었기 때문이다. D-막이 위력적인 개념인 또 하나의 이유는 D-막 상에서 종착점을 갖는 열린 끈들의 운동이 D-막 내에서 양자장을 생성하기 때문이다. 따라서 우리 우주 및 표준 모형의 장들은 3차원을 가진 D-막, 즉 D3-막 내에 존재할 수 있다. 더 흥미로운 점은 결합 상수들이 D-막의 혼합과 늘어남에 의해 제어된다는 것이다. 와인을 몇 잔 더 마신 나는 당시의 끈 이론 분야에서 나와 가장 친한 친구인 산제이 람굴람한테 갔다. 람굴람은 당시 그 분야의 개척자였다. 이런 말을 하면 그가 웃을지 모르겠지만 그는 나를 이러쿵저러쿵 판단하지 않는다. 우리는 친구 사이였다.

우리는 오데옹에 있는 한 브라세리(프랑스식 선술집 – 옮긴이)에서 만났다. 내가 말했다. "산제이… 끈 이론에서 급팽창을 도출해낼 방법을 하나 알아낸 것 같아." 이어서 그림을 몇 개 그려가며 반쯤 익은 아이디어를 들려주었다. 산제이는 어떤 사안이 의심스럽긴 하지만 진지한 문제라고 여길 때면 상대방 눈을 뚫어져라 쳐다보는 습관이 있다. "있잖아, 너는 늘 그런 아이디어를 내놓는데, 뭘 제대로 꺼내든가 아니면 그만하는 게… 그러니까 방정식을 보여 줘봐. 그래야 말할 게 있지." 나는 그의 말을 희소식이라고 여겼다. 산제이는 자식에게 회초리를 드는 부모처럼 내 아이디어를 금세 무너뜨리는 데 아주 능했다. 이번에도 그러려니 했지만 내가 계속 그 아이디어를 화제로 만들었던 것이다. 끈 이론 멘토와 다년간 벌였던 실랑이가 나를 강하게 만들었다. 나는 급히 종이를 잔뜩 들고서 카페 겸 연구실로 달려가 계산을 시작했다. 마음이 들떠서 밤새도록 잠이 오지 않았다. 황홀하기 그지없는 흥분 상태에서 계산을 이어 갔다. 나의 방정식들이 결국에는 통하리라는 확신이 들었다. 계산은 몇 달이 지나서야 끝났다. 계산 결과를 내밀었더니 산제이가 탄성을 내질렀다. "해치웠네!" 짧게 말해서 나는 D-막의 소멸에 바탕을 둔 급팽창의 첫 모형을 내놓았다.

센이 알아낸 핵심 내용에 의하면 D5-막에 사는 관찰자한테는 이 막에서 생겨난 D3-막이 소용돌이와 같은 끈으로 보이는데, 이는 마치 3차원에 사는 관찰자에게 1차원의 물체가 끈으로 보이는 것과 마찬가지다. 두 가지 경우 모두, D5와 D3 그리고 D1의 차원 차이는 2이다. 따라서 소용돌이는 차원 차이가 2이기만 하다면 임의의 차원으로까지 일반화될 수 있다. 끈 이론 이전 시대의 우주론자들은 급팽창이 소용돌이의 중심에서 발생한다는 급팽창 모형을 세웠지만, 미세 조정 문제에 걸려서 그런 모형은 성공하지 못했다. 나는 몇 가지 '건강한' 가정들을 이용하여 미세 조정 문제를 다루어서 급팽창이 D3-막에서 발생할 수 있음을 밝혀낼 수 있었다. 미세 조정 문제 중 하나로서, 결합 상수가 급팽창 이론에 의해 연역적으로 결정될 수 없음을 상기해 보자. 내 모형에서는 결합 상수가 끈 이론의 내재적인 양, 즉 끈의 장력에 의해 결정된다. 나는 (현재 관측되는 값보다) 더 약한 미세 조정 값들을 가졌던 급팽창하는 D3-막 우주의 수학적 해를 찾아냈고 덕분에 결합 상수를 결정할 수 있었다.

런던에 돌아와서 논문의 초안을 세계 최상급의 끈 이론가인 아르카디 체이틀린에게 보여 주었다. 다른 물리학자들한테서 '인간 컴퓨터'라는 별명을 얻은 사람이다. 만약 논문에 엄밀하지 못한 게 조금이라도 있으면 짚어냈을 터였다. 나는 믿을 수 없을 만큼 굳건한 이론임을 확신했다. 체이틀린이 군더더기 없이 말했다. "논문을 제출하세요." 브라보! 논문을 발표한 지 2주 후에 케임브리지, 맥길 및 프린스턴의 일군의 이론가들이 막-반막 상호작용을 바탕으로 급팽창을 설명하는 비슷한 아이디어를 발표했다. 마침내, 나만의 이론을 내놓겠다고 다짐하고 기나긴 세월이 흐른 후 나는 해냈다. "D-반D 막 급팽창에서 비롯된 급팽창"이란 제목의 이 논문은 2001년에 발표되어 다른 논문에서 이백 번 넘게 인용되었다.

내 논문은 끈 이론과 우주론의 한 하위 분야에 크게 기여를 하긴 했지만, 나는 물론이고 더 노련한 다른 끈 이론가들이 보기에도 미세 조정 문제들이 다른 미세 조정 문제들로 대체되었음이 명백해졌다. 즉 하나의 다중우주가 여러 가지 방식으로 급팽창을 구현하는 동안 각각의 우주에 맞게 일일이 결합 상수들을 인류 원리적으로 선택해야 할 필요성이 대두되었다. 마치 프톨레마이오스의 주전원과 같은 기이한 개념을 마주 대하는 느낌이 들기 시작했다. 나는 지금도 끈 이론 및 더욱 정교한 끈 이론 바탕의 급팽창 모형들—내 연구가 이바지한 분야—의 팬이지만, 급팽창 연구의 새로운 방향은 또 한 명의 재즈 물리학자와의 행운의 만남에서 나왔다.

내가 데이비드 스퍼겔을 처음 만난 것은 스탠퍼드 선형가속기 센터에서 박사후 과정에 있을 때였다. 그는 윌킨슨 마이크로파 비등방성 탐사위성을 맡은 주요 과학자 중 한 명인데, 이 탐사위성에서 얻은 결과들을 바탕으로 내놓은 그의 논문 중 한 편은 물리학의 역사를 통틀어 가장 많이 인용된 자료로 통한다. 데이비드는 프린스턴대학의 천체물리학 학과장이며, 간단히 말해서 우리 분야의 거물에 속한다. 혹시 모르시는 독자를 위해 구구한 설명을 했을 뿐이다. 처음 만났을 때 그는 어디서 굴러온 양아치처럼 보였다. 당시 데이비드는 멋쟁이 수염을 기르고 화려한 하와이 셔츠와 바지와 샌들로 치장하고 있었다. 박사후 연구원들은 데이비드를 경이로운 존재로 여겼고 우리 대다수는 겁나서 다가가 이야기도 못 나누었다. 당시 나는 이론 연구팀에서 외톨이가 된 느낌이었다. 어느 날 데이비드가 몇몇 교수 및 박사후 연구원들과 함께 있는데 내가 조심스레 그에게 다가갔다. 정확히 무슨 말을 해야 할지 모른 채 어떤 추측성의 웃긴 말이 입에서 새어 나왔다. 당시 갖고 놀고 있던 정신 나간 아이디어였다. 데이비드는 내 질문을 진지하게 받고선 그 문제를 계속 파헤쳐 보라고 권했다. 다른 교수들이 의아하게 여길 정도였다. 이처럼 데이비드는 계산을 하기 전에 답을 '보는' 능력이 있었는데 아인슈타인이 '사고실험'을 내놓는 방식과 비슷했다.

한참 세월이 흘러서 다시 데이비드와 인연이 닿았는데 이번에도 우연이었다. 나는 급팽창 모형들이 너무 복잡해지고 있다는 불만을 데이비드에게 표했다. 우리는 급팽창이 기존의 알려진 물리적 메커니즘으로부터 발생했을 가능성에 대해 비공식적으로 이야기하기 시작했다. 이런 일을 해낼 수 있는 가장 잘 규명된 물리적 메커니즘은 무엇일까? 우리는 이 문제를 놓고 씨름하다가 드디어 유레카의 순간을 맛보았다. 답은 눈앞에 있었다. 빛이었다! 전자기장은 에너지를 운반한다. 만약 급팽창 이전의 우주가 빛 복사로 가득 차 있었다면 어땠을까? 아마도 이 에너지가 공간을 급팽창하게 만들 수 있었다. 이후 내가 해버퍼드에서 안식년을 맞았을 때 데이비드는 나를 일 년 동안 프린스턴의 객원교수로 초빙했다. 그래서 우리는 나의 박사후 과정 제자인 안토니오 마르치아노와 함께 아주 단순한, 급팽창에 관한 오컴의 면도날(논리적으로 가장 단순한 것이 진실일 가능성이 높다는 원칙-옮긴이) 모형을 세웠다. 빛과 전자의 상호작용에 의해 급팽창이 촉발되는 모형이었다. 이 경우 표준 모형 이외의 다른 기이한 물리학은 필요치 않았고 다만 우주가 특이하게 평평한 상황에서 시작되어야 했다. 이 모형은 우리가 이미 참임을 알고 있는 물리학에 바탕을 둔 새로운 세대의 급팽창 모형들을 대변한다. 많은 연구가 더 이루어져야 하지만 그 모형은 급팽창이 양자중력의 기이한 이론들에 기대지 않고서도 가능하다는 증거다.

17

음악적 우주

미세 조정 문제는 물리학의 전 영역에 도사리고 있다. 재즈 물리학자의 전형이 누굴까 생각해 보니 주앙 마게이주가 떠오른다. 그는 젊은 시절부터 아방가르드 클래식 피아니스트 겸 작곡가이자 쇼토쿠 가라데의 유단자이기도 했다. 내가 주앙을 처음 만난 것은 브란덴버거 교수가 브라운대학에서 세미나를 열어 달라고 그를 초빙했을 때다. 세미나 준비로 우리 연구팀은 주앙과 급팽창 이론의 선구자인 안드레아스 알브레히트가 함께 쓴 논문을 읽고 토론을 해야 했다. 처음 보기엔 희한하기 그지없었던 그 논문은 제목이 이랬다.

〈우주론의 난제들에 대한 해법으로서의, 시간에 따라 변하는 빛의 속력〉. 아, 이런, 어떤 것도 빛의 속력보다 더 빨리 이동할 수 없다고 아인슈타인이 확실히 밝혔지 않나? 도대체 어떤 녀석이 위대한 아인슈타인에게 대드는 거지? 주앙과 안드레아스는 빛의 속력이 초기 우주에서 무한대였다면 CMB 광자들은 서로 상호작용할 시간을 갖게 되어 지평선 문제가 풀린다고 밝혀냈다. 그렇다면 빛의 속력이 나중의 우주에서 우리에게 관찰되는 일정한 값으로 정착하게 되는 어떤 메커니즘—마치 온도가 자성 물체의 자기장 발현을 제어하는 방식과 유사한 메커니즘—이 있을 테다. 지평선 문제에 대해 급팽창 이론이 제공했던 해와 다른 대안적인 해가 존재한다는 의미였다. 게다가 이 둘의 이론은 미세 조정 문제를 푸는 데에도 잠재력을 안고 있었다. 결합 상수들이 다중우주에 무작위로 분포되는 것이 아니라 시간의 흐름에 따라 변할 수 있다는 발상을 품고 있었기 때문이다.

그러다 보니 자연스레 자연의 다른 상수들도 시간에 따라 변할 수 있는가라는 질문이 제기되었다. 왜 유독 빛의 속력만 그래야 하는가? 한 연구팀 회의에서 브란덴버거 교수는 대안적 이론들에 대한 그다운 열린 마음으로 제안했다. 양자중력 이론에서 기본 상수들이 늘 보편적이어야 할 필요는 없지 않겠느냐고. 그의 말이 옳았다. 아인슈타인의 이론에 의하면 빛은 '비어 있는' 공간에서 일정한 최대 속도로 이동한다. 서로에 대해 일정한 속도로 운동하는 기준 좌표계 내에 빛의 속력을 묶어 두는 것은 특수상대성의 수학적 대칭성인, 이른바 로렌츠 대칭이다. 특수상대성의 개념에 의하면 기준 좌표계들은 많이 있을 수 있으며 각각의 기준 좌표계마다 관찰자가 존재한다. 그러한 좌표계들이 서로에 대하여 얼마나 빠르게 운동하는지와 무관하게 이런 기준 좌표계들 각각에서의 빛의 속력은 전부 동일해야 한다. 달리 말해서 지상에

그림 17.1. 이론물리학자 주앙 C. 마게이주.

멈춰 있는 한 관찰자가 다른 기준 좌표계(가령 움직이는 기차)를 볼 때, 그 관찰자가 보기에 기차에서의 빛의 속력은 비록 그 기준 좌표계가 지상에 대하여 상대적으로 운동하고 있는데도 지상에서의 빛의 속력과 동일하다. 바로 이 대칭성 때문에 빛, 즉 전자기파에 대한 우리의 표준 이론이 진공에서 빛의 속력의 가변성을 받아들일 수 없는 것이다. 하지만 빛의 파동이 유리와 같은 다른 매질 내에서 이동하면 로렌츠 대칭은 더 이상 유지되지 않아 빛의 속력이 달라진다. 이것이 주앙의 핵심 주장이었다. 시공간상의 어떤 양자 효과로 인해 아인슈타인이 애지중지하는 로렌츠 대칭성이 근본적으로 깨어져 초기 우주에 빛의 속력이 달라질 수 있었으리라는 말이다. 나중에 밝혀지기로, 끈 이론의 여분 차원들의 모양이 정말로 빛의 속력을 포함한 어떤 상수들을 시공간 구조 전체에 걸쳐 달라지게 만들 수 있다고 한다.[1]

우리가 세미나실에 들어가니 얼굴에 짓궂은 미소를 띤 주앙이 있었다. 평범한 검은 티셔츠에 검은 데님 바지 차림이었다. 칠흑 같은 머리에 잘생긴 얼굴을 한 물리학계의 못된 라틴 아이가 정장 차림의 노련한 선배들과 논쟁하는 모습을 구경하러 온 무리가 여럿 있었다. 교수 대다수는 세미나실 앞에 앉아 있었다. 다들 빛의 속력이 일정하다는 귀중한 개념에 반기를 들려는 주앙과 일전을 불사할 태세였다. 하지만 누구도 예상 못 한 일이 벌어졌다. 무슨 책략인지 그 난봉꾼은 아인슈타인의 이론에 도전하는 주장은 일절 펼치지 않았다.

양자 우주론 분야에서 주앙이 강의한 내용은 "우주의 파동함수를 사진 찍기"라는 제목이었다. '무엇'의 파동함수라고? 양자역학은 대체로 아원자 물질을 대상으로 삼는다. 하지만 앞서 보았듯이 거시 세계의 고전 법칙들은 양자역학으로 인해 생겨났다. 즉 양자 요동이 우주의 압력 파동을 발생시켰는데, 이것이 바로 오늘날 우리가 보는 우주의 모든 구조의 씨앗이 되었던 것이다. 그러므로 양자 우주론의 철학은 양자역학을 우주 전체에 적용하자는 생각이다. 따라서 급팽창 기간 동안 우리는 급팽창 장뿐만이 아니라 시공간 자체까지도 양자화할 수 있다. 그러므로 양자 우주론은 양자중력 이론이라는 영역을 독특하게 펼쳐낸다.

세미나가 끝난 후 주앙과 몇 시간 동안 이야기를 나누었다. 주제는 그가 제시한 변하는 빛의 속력 이론을 끈 이론의 맥락에서 구현하기 위한 새로운 몇 가지 아이디어였다. 내가 보기에 그는 재즈 음악가 소니 롤린스, 존 콜트레인, 마일스 데이비스 및 오넷 콜먼과 닮은 구석이 있었다. 전통을 완벽히 숙달한 뒤에 기존의 권위자들이 뭐라 여기든 어떤 파문이 일든 두려워하지 않고서 전통을 새로운 수준으로 끌어올린 사람들 말이다. 그러한 변화는 의도적인 때도 있었고 즉흥적으로 출현할 때도 있었다. 그런 자세로 나도 가변적인 빛의 속력 이론을 받아들였고 그 순간 카페에서 우리는 함께 물리학을 즉흥연주한 셈이었다. 이날 시작된 관계는 오랫동안 지속되었다. 수앙은 런던의 임페리얼 칼리지로 돌아가서 끈 이론가 켈로그 스텔레와 함께 연구팀을 꾸리면서 나를 박사후 연구원으로 영입했다. 이리하여 가변적인 빛의 속력 이론을 양자중력의 영역에까지 확장하려는 연구에 참여하게 되었다.

기존의 것을 받아들이기와 새로운 것을 즉흥연주하기가 물리학계에서 지금의 나를 만들었다. 그 두 가지는 과학과 음악 양 분야의 대가들한테서 배운 가치였다. 카플란 선생님, 쿠퍼 교수, 브란덴버거 교수, 재런 및 콜먼이 그런 대가들이다. 음악과 물리학을 함께 엮어서 하나의 원리로 파악하게 되면서 나는 음악의 개념들을 이용하여 현대의 물리학과 우주론의 여러 분야에 접근하는 방법을 터득했다. 양 분야의 유사성을 간파하고 나니 물리학이 더욱 접근하기 쉽고 흥미진진해졌다.

우리 선조들의 발자취를 따라간다고 생각하면 마음이 벅차다. 소리를 통해 물리학을 이해하고 물리학을 통해 소리를 이해하려고 했던 위대한 고대 사상가들의 발자취를. 피타고라스는 음악의 기쁨이 어디서 오는지 이해하고자 망치와 현을 연주했다. 케플러는 우주가 음악적이라는 자신의 직관을 이용하여 천문학, 물리학 및 수학 분야들에서 중대한 발전을 이루었다.

음악과 소리는 우리가 관심을 쏟든 말든 늘 존재해 왔다. 음악과 소리는 우주의 핵심 요소다. 음악 작곡의 대칭성은 양자 장에 존재하는 대칭성을 반영하며, 과학과 음악 양 분야에서 이러한 대칭성의 붕괴는 아름다운 복잡성을 창조한다. 대칭 붕괴를 통해 물리학에서는 자연의 상이한 힘들이 생겨나고, 음악에서는 음악적 긴장과 누그러짐이 발생한다.

한 입자가 어디에 있고 어디로 가는지, 이에 대한 불확정성은 재즈 즉흥의 성격을 멋지게 드러내 준다. 오늘날 우리 우주의 구조를 낳은 급팽창에 의해 증폭된 진동 스펙트럼이 잡음의 스펙트럼과 동일하다는 사실 또한 경이롭지 않은가? 이 모든 현상에 근본적인 것이 바로 파동들의 더하기라는 푸리에 개념이다. 우주배경복사의 배음 구조는 양자 잡음으로부터 등장하는데, 이는 상이한 박자와 리듬이 기본 파형, 진동, 균일한 반복, 순환으로부터 생겨나는 것과 흡사하다. 스트라디바리우스 바이올린을 연주자들이 탐내는 데에는 이유가 있다. 그 악기는 연주자를 이전과는 다르게 만들어 준다. 각각의 악기는 저마다의 소리와 특징이 있는데, 우주도 마찬가지다. 바로 그런 까닭에 물리학자들은 암흑물질이나 암흑 에너지의 독특한 흔적을 찾아내려고 CMB의 진동을 살피는 것이다. 그리고 이런 진동은 오늘날 은하단 및 초은하단의 패턴 속에서 쉼 없이 발생하고 있다.

아이에게 이렇게 말해 보라. 우주에서 최초의 별과 은하들은 우주의 탄생 직후 태곳적 플라스마 내의 소리에 의해 만들어졌으며, 이런 별과 은하들이 씨앗이 되어 더 복잡한 패턴의 은하들, 그리고 특정한 공명 진동수에 맞춰 노래하는 별들을 낳았노라고. 게다가 우주에는 이보다 훨씬 더 많은 비밀이 가득하다고. 그런데 모든 유비는 언젠가는 깨진다. 하지만 쿠퍼 교수가 내게 가르쳐 주었듯이, 위력적인 유비는 어떤 이론만으로는 결코 알아내지 못했을 새로운 내용을 말해줄 수 있다. 아이들에게 이런 유비를 가르쳐 주면 나중에 과학과 예술의 경계를 더 높은 수준으로 끌어올릴 것이다.

만약 우리가 지금 음악과 물리학 사이의 유비를 깊이 추구한다면 어떻게 될까? 즉흥연주에 대한 마크 터너의 설명이 내가 양자역학을 이해하는 데 도움을 주었던 것처럼, 음악이 다른 무엇을 우리에게 가르쳐 줄 수 있을까? 만약 음악과 우주 사이의 이러한 유사성을 이종동형isomorphism— 다른 종류의 것끼리의 일대일 대응—으로까지 확장시켜 우주 자체가 음악적이라고 가정하면 우리는 무엇을 배우게 될까? 그러면 새로운 물리학이 탄생하거나 아니면 우주론의 논쟁에서 특별히 선호되는 의견이 나올 수 있을까?

우주가 음악적일 수 있다는 개념은 우주론의 영역에서 '음악'이라는 단어를 사용한다는 점에서 심각한 논란을 낳는다. 음악은 인간이 고안해낸 것이라고 여겨진다. 인간이 소리에 대한 지각을 바탕으로 화음, 리듬 및 선율에 따라 소리들을 조직화하여 만들어낸 것이라는 말이다. 하지만 음악은 또한 리듬과 긴장감을 만들어내거나 곡의 예상되는 화음 진행 방향을 바꾸는 일이기도 하다. 내가 음악적 우주라고 말할 때 정확히 그런 요소들을 가리키는 말이다. 하지만 그 말은 파동 현상을 뒷받침해 주는 어떠한 매체, 즉 물리학과 우주에까지 일반적으로 적용된다. 만약 우주가 음악적이라면 우주는 근본적으로 파동적이며 소리 파형의 시간적 변화로서 표현할 수 있다. 현대 작곡가 스펜서 토펠의 말을 들어 보자.

음악을 정의하기란—사람들마다 음악이 무엇인지에 대한 생각이 제각각인지라—거의 불가능하지만, 아름다운 구조를 지닌 복잡하고 혼란스러운 소리 파형이라고 볼 수 있다. 마찬가지로 하늘을 바라볼 때 우리는 혼란스러움과 더불어 아름다움도 본다. 우주와 음악은 둘 다 파동들의 관계와 구조에 의해 작동한다. 이 둘은 거의 불가해한 복잡성을 지녔는데도 우리는 우리가

보고 듣는 것의 구조를 분간해 내고 그 의미를 파악할 수 있다.[2]

새겨들어 보시라. 만약 우주 '바깥에' 아무것도 없는데 우주가 악기처럼 작동한다면, 우주가 지닌 모든 음악적 요소에도 불구하고 우주라는 악기는 틀림없이 스스로 연주한다. 달리 말해서 우주의 소리가 악기이고 그 악기가 우주의 소리다. 시공간을 포함해 우주를 이루는 우주 안의 모든 것은 반드시 진동한다.

이런 개념을 물리적 개념으로 변환하려면 단지 하나의 파라미터—우주의 팽창 속도—를 진동시키기만 하면 된다. 만약 팽창 속도가 한 순음純音의 진동수로 진동한다면, 내가 명명하기에 리드미컬한 우주가 얻어진다. 통상 이를 가리켜 순환적 우주론cyclic cosmology이라고 한다. 밝혀진 바에 의하면 아인슈타인의 상대성이론은 순환적 우주를 하나의 정확한 해로서 인정한다. 이런 유형의 우주를 접하면 우리는 아리송하기 그지없는 다음 질문을 하지 않을 수 없다. "빅뱅 이전에는 무슨 일이 있었나?" 답은 우주가 연속적인 수축과

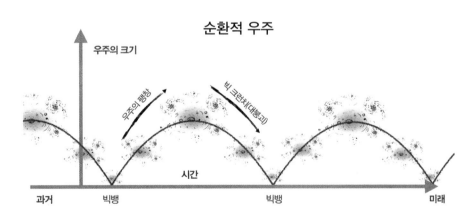

그림 17.2. 리드미컬한(순환적) 우주를 나타낸 그림.

팽창을 겪었다는 것이다. 따라서 시작은 없었다. 빅뱅 특이점은 없었고 시간은 언제나 존재했다. 이것은 우주가 연주할 수 있는 가장 순수한 음이다. 그 음 자체가 우주라는 음계의 진동이다.

이 순환적 우주는 사실은 고대의 개념이다. 순환적 우주론의 가장 초창기 버전 중 하나는 고대 힌두 철학에서 나왔다. 이 경우 우주는 시간이 영원하며 86억 4천만 년 동안 지속되는 순환 주기로 창조되었다가 파괴된다.

콜트레인은 고대 중국과 인도 철학 및 음악을 연구한 결과 현대의 우주론에 가까이 다가갔다. 비록 콜트레인 자신은 그렇게 여기진 않았겠지만, 순환적 구조를 지닌 〈자이언트 스텝스〉에서 보여 준 콜트레인의 즉흥연주는 순환적 우주의 팽창과 수축이라는 우주적 춤을 구현한다고 볼 수 있다. 아인슈타인은 자신의 일반상대성이론이 진동하는 우주를 인정함을 알아차렸다. 이 경우 우주의 시공간은 과거에 이미 무한히 팽창과 수축의 반복을 겪었다. 우리 우주의 빅뱅은 무한한 빅뱅들 가운데 하나일 뿐이었다. 급팽창과 흡사하게 순환적 우주는 장점과 단점을 안고 있기에 우주론에서 현재 활발히 연구가 이루어지고 있다. 순환적 우주의 가장 큰 문제점 중 하나는 유령ghost이라고 불리는 고약한 장의 존재다.

순환적 우주가 얻어지려면 수축하던 과거의 우주가 팽창하는 우주로 다시 출현해야 한다. 우주론자들은 이런 현상을 우주적 바운스cosmic bounce라고 부른다. 공이 떨어지는 모습을 상상해 보자. 공이 방향을 바꾸려면 바닥을 치고 감속되며 멈추었다가 아래쪽을 향했던 속도가 위쪽을 향하는 속도로 바뀌어야 한다. 이 과정은 운동량 보존 법칙과 공의 탄성으로 인해 자연스럽게 일어난다. 마찬가지로 감속하던 우주는 '속력'이 영에 도달하여 멈추었다가 다시 바운스를 일으켜 팽창하게 된다. 이렇게 되려면 시공간을 일종의 '탄성'

공처럼 만드는 장이 필요하다. 유령 장이라고 하는 이 장은 음의 에너지의 무한한 저장고다. 물리학자들은 유령 장을 좋아하지 않는데, 이 장은 양자역학적으로 무한한 양의 빛 에너지로 변환될 수 있기 때문이다. 이렇게 되는 까닭은, 교환 파인만 다이어그램에 따르면, 자연에서 가장 가벼운 입자인 광자는 유령 장으로부터 음의 에너지를 훔쳐서 엄청난 양의 광자들을 생성할 수 있기 때문이다. 그런데 오늘날 유령 장의 그러한 엄청난 특성이 관찰되지 않고 있으니, 만약 순환적 우주론이 참이고 아울러 유령 장에 의존하고 있다면 유령 장은 광자로 붕괴되지 않는 영리한 술책을 부리는 셈이다. 프린스턴 고등과학연구소의 니마 아르카니하메드와 그의 동료들은 그런 일이 실제로 벌어질 수 있는 한 방법을 제안했다. 즉 유령 장 응축이라고 불리는 과정이 음의 에너지를 하나의 유한한 값으로 묶어둠으로써 광자로 계속 붕괴되지 못하도록 한다는 것이다.[3]

우주적인 죽음 이후 우주가 불사조처럼 다시 살아나는 대사건을 유령 장이 실제로 일으키든 아니든 간에, 기이한 어떤 것이 필요하긴 할 테다. 놀랍게도 아인슈타인의 이론은 순음처럼 진동하는 우주를 인정한다. 겉으로는 단순한 듯 보이지만 그 속에는 엄청난 복잡성을 위한 여지를 남겨두고 있는 우주 말이다. 그러나 우주론자들이 순환적인 우주의 가능성에 주목하게 되는 데에는 약 70년의 세월이 걸렸다. 1920년대 초반에 아인슈타인은 자신의 이론이 예측한 영원히 팽창하는 우주에 대한 대안으로서 진동하는 우주를 고려했다. 하지만 1934년 리처드 톨먼이 순환 모형이 열역학 제2법칙—엔트로피는 시간이 흐름에 따라 언제나 증가한다—에 어긋난다고 지적했다. 우주가 한 순환 과정에서 다음 순환 과정으로 넘어갈 때 엔트로피는 증가할 테니 순환 주기는 점점 더 길어질 것이다.[4] 시간을 거꾸로 되돌리면 순환 주기는 점점 더 짧아질 테고 결국에는 빅뱅 특이점에 이른다. 따라서 영원한 순환은 존재하지 않게 된다. 다시 원점으로 돌아가고 말았다. 하지만 급팽창의 미세 조정 문제들이 대두되자 일부 영리한 우주론자들은 과감히 순환적인 우주에 다시 눈을 돌렸다.

많은 우주론자들은 순환적 우주라는 이상한 개념을 선드리기가 마뜩잖긴 했지만, 순환적 우주의 개념 및 톨먼의 문제 제기에 대한 해법을 폴 스타인하트와 닐 터록이 공략했고 나중에 존 배로, 대그니 킴벌리 및 주앙 마게이주가 재검토했다. 그들은 우주가 '빅뱅' 영역으로 수축해 들어가면서 두 전자 사이의 결합 세기가 달라질 수 있는지 연구했다. 정말로 그랬다.

다중우주 가설의 문제점은 이론가가 한 거품 우주의 실제 창조 과정을 기술하기 위해 견고한 수학 계산을 수행하기가 무척 어렵다는 것이다. 리드미컬한 우주의 경우, 사인파 모양의 팽창과 수축의 정확한 해를 얻으면 아기 우주 창조와 관련된 수학적이고 개념적인 사안들이 밝혀질 것이다. 그러려면 확립된 양자중력 이론이 필요할 텐데, 아직 그런 이론은 나오지 않았다. 음악과의 유사성을 최대한 파헤치면 미세 조정 문제를 풀 새로운 방법이 열리듯이 이 사안도 비슷하지 않을까? 그리고 그 유사성이 진동과 원에 바탕을 둔다는 것이 얼마나 놀라운가!

이 책을 쓰면서 나는 재즈와 우주론 사이의 이질동형을 찾으려 했다. 덕분에 나는 미세 조정 문제를 해결하고 다중우주 가설에서도 벗어난 새로운 우주론 메커니즘을 하나 발견했다. 그것은 콜트레인의 〈자이언트 스텝스〉와의 유사성에서 시작하여 그 유사성을 이질동형으로까지 승격시켰다. 존 콜트레인의 솔로 작품 한 곡으로 돌아가자. 콜트레인은 솔로를 아주 길게, 때로는

A Cyclic Universe Approach to Fine Tuning

Stephon Alexander, Sam Cormack, Marcelo Gleiser[1]

[1]*Department of Physics and Astronomy, Dartmouth College Hanover, NH 03755*
(Dated: July 6, 2015)

We present a closed bouncing universe model where the value of coupling constants is set by the dynamics of a ghost-like dilatonic scalar field. We show that adding a periodic potential for the scalar field leads to a cyclic Friedmann universe where the values of the couplings vary randomly from one cycle to the next. While the shuffling of values for the couplings happens during the bounce, within each cycle their time-dependence remains safely within present observational bounds for physically-motivated values of the model parameters. Our model presents an alternative to solutions of the fine tuning problem based on string landscape scenarios.

그림 17.3. 미세 조정 문제에 대한 순환적 우주론 접근법(저자의 논문 초록을 옮겨 놓은 내용-옮긴이).

네 시간까지 하는 것으로 유명했다. 〈자이언트 스텝스〉와 같은 곡은 두 순환이 내장된 구조다. 첫 번째 순환은 화음 사이클이고 두 번째 순환은 리듬 사이클이다. 대체로 세 개의 조 중심이 마치 5도권the circle of fifths(하나의 음에서 다른 음으로 완전5도씩 이동하는 과정을 원으로 나타낸 그림 – 옮긴이) 주위를 회전하는 삼각형처럼 돈다. 그리고 이 화음 회전은 시간이 흐르면서 계속 반복된다. 이것은 콜트레인이 〈자이언트 스텝스〉와 같은 곡들을 즉흥연주하는 내내 유지되는 기본 틀이다. 따라서 나는 곡의 순환이 반복될 때마다 즉흥연주자가 새로운 곡 내지는 이전에 연주했던 곡을 바탕으로 순차적으로 변형된 변주곡을 연주하는 것을 상상했다. 그렇다면 음표들을 결합 상수들의 값에 대응시키고 리듬 순환들을 순환적인 팽창과 수축에 대응시키면 어떻게 될까?

결합 상수들이 순환적 우주의 맥락에서 달라질 수 있으려면, 마치 장처럼 행동해야 했으며 이런 장들이 중력 자체와 상호작용해야 했다. 알려진 바에 의하면 끈 이론에서는 중력과 상호작용하는 결합 장들이 당연히 존재했다. 그리고 이 장들은 바운스 동안에 달라질 수 있다. 결합 상수들이 수축에서 팽창으로 바뀌는 단계 동안에 달라질 수 있음을 알아차리자마자 나는 동료인 마르첼로 글라이저에게 알렸다. 마르첼로는 깜짝 놀라며 "이 아이디어를 논문에 싣자"고 했다. 가변적인 상수를 이용하여 순환적 우주에 대한 일반상대성 방정식들을 한참 주물렀더니, 우리는 미세 조정 문제를 해결할 방법에 대한 통찰력을 던져 주는 멋진 구도를 알아냈다. 결합 장은 우주가 팽창할 때는 변하지 않으며, 에너지는 이른바 퍼텐셜에너지(위치에너지)로서 잠복한다. 사용될 준비만 하고 있지 실제로 사용되지는 않는 것이다. 그런데 우주가 진동을 겪으며 수축에서 팽창으로 변하는 시기에 결합 장은 많은 운동에너지를 얻게 된다. 그러면 결합 장은 마치 언덕의 맨 아래에 있는 공처럼 행동한다. 즉 튀어 오르면서 퍼텐셜 우물potential well을 건너뛰고 아울러 자신의 상숫값을 바꿀 수 있다. 하지만 이 튀어 오름으로 인해 바뀐 상숫값은 이전의 순환에 조

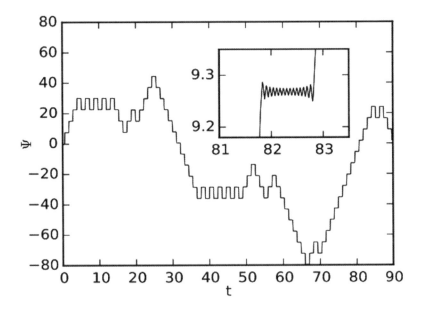

그림 17.4. 결합 장이 우주의 매 순환 동안 바운스를 거치면서 어떻게 진화하는지를 보여 주는 수치 그래프. Y축은 결합 상수의 값을 그리고 X축은 우주적 시간을 나타낸다.

금은 의존하게 된다. 우주가 다시 팽창하면 결합 장의 에너지는 감소하여 퍼텐셜 우물 속으로 되돌아간다. 결합 장의 운동이 각각의 바운스마다 무작위적임을 우리는 밝혀낼 수 있었다. 아득한 과거에 우주가 수조 번의 바운스를 반복적으로 겪었다고 상상해 보라. 바운스 동안 결합 상수들은 무작위로 바뀌었다. 따라서 우리는 요행히도 결합 상수들이 생명에 적합하도록 진화한 이번 우주에 살게 된 것이다. 이 이론에 따르면 앞으로 수십억 년이 지나면 우주가 수축하면서 결합 상수들이 달라질 것이다. 그러면 미래의 물리 법칙들은 우리가 아는 대로의 생명을 수용하지 못할 것이다.

어쨌거나 우리의 삶과 이 삶을 낳은 모든 것―양자 요동, 시공간, 별과 행성―이 무한한 순환들 가운데 하나의 순환에 속할지 모른다는 것은 경이롭고 멋진 일이다. 우리의 우주는 단지 그런 순환되는 음악들 가운데 한 곡이며 다음 순환에서는 다시 새로운 연주가 시작될지 모른다.

18

. . . .

인터스텔라
스페이스

> 우리를 동물과 구분해 주고 합리적인 이성을 통해 우리 자신을 알게 해주는 것은
> 다름 아닌… 영원한 진리들에 관한 지식이다… 필요하고도 영원한 진리들은
> 모든 합리적인 지식의 으뜸가는 원리들이다. 그 진리들은 우리들 속에 내재되어 있다.
> 또한 그 진리들은 우주에 관한 원리들인 만큼이나 우리의 본성에 관한 원리들이기도 한데,
> 왜냐하면 우리의 본성이야말로 전체 우주를 표현하는 핵심이기 때문이다.
> -고트프리트 라이프니츠

    조직화되어 핵 물질을 구성하는 쿼크들의 대칭적 패턴에서부터 DNA의 이중나선 구조까지, 나아가 초은하단 내의 은하들에 패턴에 이르기까지 우주는 구조들로 가득 차 있다. 심지어 이처럼 무수히 많은 구조를 생성하는 바탕이 되는 물리 법칙들조차도 구조를 지니는데, 이는 대칭성 원리와 대칭성의 붕괴 사이의 끝없는 춤에 의해 지배된다. 이 책에서 우리는 음악을 매개로 여

행을 하면서 우주의 이러한 구조들을 밝혀내는 일에 음악적 속성이 있음을 알게 되었다. 화음, 대칭성, 불안정성 및 즉흥연주의 빈틈 등 이 모든 음악적 속성이 함께 어우러져 우주적 구조가 유지된다. 우주를 파헤치는 일은 마치 존 콜트레인의 솔로 작품을 파헤치는 일과 비슷하다. 우주적 구조의 촉매는 양자장들인데 이 장들은 시공간의 팽창과 수축의 순환들을 통해 조화를 이루는 성향을 지녔다. 이런 장들의 초기 진동이 시공간 배경 전체에 걸쳐 마치 진동하는 악기처럼 울려 퍼졌고 이로써 우리 우주의 최초의 구조가 생성되었다. 바로 이러한 진동, 공명 및 상호작용을 통하여 미시 세계가 거시 세계와 연결된다.

아인슈타인도 이 점을 꿰뚫는다. "우주의 가장 이해할 수 없는 속성은 우주가 이해 가능하다는 것이다." 어떻게 물리 법칙들을 통해 별과 행성 그리고 최종적으로 그런 법칙들을 이해할 수 있는 생명체가 존재하게 되었을까? 소리와 즉흥연주와 우주 구조 생성의 관련성, 그리고 가장 흥미로운 구조인 생명체 자체와의 인과적 관련성을 곰곰이 생각하다 보면 질문하지 않을 수 없다. 우주는 어떤 목적을 위해서 구조를 창조했을까? 물리학자가 목적을 이야기하기 시작하면 모호한 영역으로 들어서고 만다. 하지만 목적을 찾는 것은 인간의 기본 성향이 아닐까? 어쨌거나 우리는 수십 억 년 동안의 구조 생성의 산물이다. 인간은 한편으로는 물리적 및 수학적 근거에서 그리고 다른 한편으로는 감정과 목적의식에서 무언가를 추구하는데, 음악이 인간의 그러한 노력 가운데서 아마도 최상의 사례일지 모른다. 음악이 우리에게 깊은 감동을 줄 수 있는 까닭은 우리가 우주와 근본적으로 연결되어 있음을 청각적으로 암시해 주는 것이 바로 음악이기 때문일지 모른다. 이런 생각만으로도 마음이 흐뭇하다. 만약 우주의 기원들이 소리 패턴들 속에 깃들어 있다면, 음악

덕분에 우리가 그러한 기원들에 감각적으로 다가갈 수 있다고 여기는 것이 너무 지나친 생각일까?

앞서 보았듯이 빅뱅 후 소리 패턴의 스펙트럼은 미세하게 조정된 자연의 '상수들'에 의존하며, 심지를 아래로 하여 거꾸로 선 연필이 균형을 맞추듯이 이 상수들은 우주의 구조가 생명이 존재하는 상태가 되도록 미지의 법칙들에 의해 미세하게 조정되어야 한다. 우주를 별, 은하, 그리고 종국적으로 생명이라는 우주적인 곡을 연주하기 위해 스스로 조율하는 악기에 비유하면, 우주는 이러한 자체 조율을 달성하기 위한 수단을 갖추어야만 한다. 음악적 우주라는 유비를 진지하게 받아들여 나는 리드미컬한 우주, 즉 순환적 우주를 이러한 미세 조정 문제의 잠재적인 해로서 제시했다. 앞서 살폈듯이 만약 우주가 순음처럼 무한히 반복되는 팽창과 수축을 겪었다면, 자연의 상수들은 수축과 팽창 사이의 바운스 동안에 새로운 값을 즉흥적으로 내놓음으로써 자체 조정을 할 수 있다. 우주가 (지금 우리의 우주처럼) 팽창하는 시기로 접어들면 결합 장들은 바운스 시기 동안에 얻은 최종적인 값으로 고정된다. 만약 우리 우주가 과거에 많은 순환을 겪었다면 결합 상수들은 마침내 탄소 바탕의 생명에 적합한 새로운 값을 즉흥으로 내놓을 것이다. 하지만 여전히 질문은 남는다. 생명의 출현을 넘어서 우리 우주가 구조를 발달시키는 데에는 무슨 목적이 있을까? 이 장의 나머지에서 이 질문에 답하고자 하나의 사고실험을 제안한다. 그리고 존 콜트레인과 그의 만다라가 이 사고실험의 주제다.

존 콜트레인은 소문난 연습벌레여서 마우스피스를 입에 물고 잠이 들었을 정도였다. 이런 습관에 불을 지핀 것은 바로 우주의 의미를 찾고자 하는 간절한 염원이었다. 인생 후반부에 콜트레인은 자신의 악기를 음악과 우주 사이의 새로운 관련성을 탐구하기 위한 도구로 사용했다. 물리학자들이 실험 기기를 써서 똑같은 일을 하는 것과 매우 흡사했다. 가령 콜트레인은 Ⅱ-Ⅴ-Ⅰ 화음 진행을 통해 연주하는 수많은 방법을 탐구하는 수준을 훌쩍 뛰어넘었는데, 이는 자신의 앨범《자이언트 스텝스》에서 고스란히 드러난다. 브라이언 이노와 마찬가지로 그는 소리와 음악을 이용하여 우주에 관한 영원한 진리를 파고들었다. 음과 시간으로 이루어진 2차원 공간을 확장시켜 다중음주법 multiphonics—관악기에서 여러 배음들을 동시에 내는 주법—과 소리의 융단과 같은 음향 기법들이 포함된 초공간을 개척했다.

콜트레인이 가장 숭배한 우상들 중에 아인슈타인이 있었다. 콜트레인은 학제간 연구에 심취하여 현대 물리학, 동양철학의 순환적 시간관, 서양의 화음 및 아프리카의 폴리리듬 사이의 관련성을 탐구했다. 아인슈타인이 단지 물리학만이 아니라 다른 분야에서도 큰 영향을 받아 위대한 발견을 이루었듯이, 콜트레인도 서양 음악 및 고전적인 재즈 전통을 뛰어넘어 자신의 음악을 우주적으로 만들어 음악을 통해 우주를 표현해야 함을 깨달았다. 콜트레인은 특히 과학자에게 영감을 주는 인물이다. 독자적인 연구를 통해 콜트레인은 아인슈타인의 불변성 원리에서 큰 깨우침을 얻었고 이를 자신의 음악에 녹여냈다고 나는 주장하고 싶다. 콜트레인의 만다라는 물리학의 재즈가 무언지를 알려 주는 핵심이다. 물리학의 재즈란, 이론물리학자의 방법론을 재즈 음악가가 즉흥연주를 위한 '사고실험' 및 전략적 도구로 이용함을 말한다.

콜트레인이 마지막으로 녹음한 세 앨범은《스텔라 리전스》《인터스텔라 스페이스》 그리고《코스믹 사운드》다. 그중에서《인터스텔라 스페이스》는 콜트레인이 아인슈타인의 일반상대성이론과 팽창하는 우주 가설을 연구하면서 영감을 받아 만들었다. 그는 팽창이 반중력의 한 형태임을 간파했다. 재즈 합주에서 중력의 끌어당김은 베이스와 드럼에서 나온다.《인터스텔라 스페이스》에 담긴 곡들은 그러한 리듬 섹션의 중력에서 벗어나 팽창하는 콜트레인의 장엄한 솔로 연주들이다. 콜트레인은 우주의 복잡성이 인간의 행동 속으로 흘러들어온다고 믿었으며, 자신이 그러한 우주적 힘의 통로가 되고자 끝없이 연습했다. 이 앨범 속의 곡인 〈주피터〉를 들어 보면 콜트레인이 자신의 즉흥연주를 통해 목성의 위성들의 궤도를 말 그대로 통과하고 있음을 느낄 수 있다.

몇 년 전에 존 콜트레인의 아들 레비 콜트레인과 만나서 이야기를 나눈 적이 있다. 웨인 쇼터의 70세 생일 파티에서였다. 당신 아버지의 음악과 아인슈타인의 상대성이론의 연관성을 탐구하고 있노라고 레비에게 말했더니 그는 진지한 표정을 한 번 짓고서는 말했다. "정말이지 아버지는 수학과 물리학에 '깊이' 빠져 있었죠." 무엇이 콜트레인의 영혼을 우주에 사로잡히게 했을까?

저명한 작곡가이자 여러 악기의 연주인 데이비드 앰램과 인터뷰를 할 기회가 있었다. 예전에 그는 콜트레인과 만나서 여러 번 대화를 나누었는데 아인슈타인의 상대성이론에 대한 관심도 대화의 주제였다고 한다. 둘은 1956년에 뉴욕 웨스트빌리지의 배로 스트리트에 있는 카페 보헤미아에서 만났다. 앰램은 디지 길레스피와의 합주를 마치고 콜트레인한테 갔다. 콜트레인은 카페 야외 자리에 앉아 파이를 먹고 있었다고 한다.

콜트레인이 "잘 지내세요?"라고 내게 물었습니다. "잘 지냅니다"라고 대답했지요. "아인슈타인의 상대성이론을 어떻게 생각하시나요?"라고 콜트레인이 다시 물었어요. 그는 내가 아는 것에는 별로 관심이 없고 자기가 아는 걸 내게 알려 주고 싶어하는 것 같았습니다. 어리둥절해 하고 있는 나에게 콜트레인은 믿기지 않는 이야기를 쏟아냈지요. 태양계의 대칭성이 어떻다느니, 우주의 블랙홀이라든가 별자리 그리고 태양계의 전체 구조, 나아가 어떻게 아인슈타인이 그 복잡하기 그지없는 현상들을 아주 단순하게 파악했는지까지 이야기하더군요. 그러고는 이랬지요. 자신은 그 비슷한 걸 음악에서 하려고 시도하고 있다고요. 블루스와 재즈의 전통을 바탕으로 자연스러운 원천에서 나온 어떤 것을 추구하고 있다고 했습니다. 하지만 콜트레인이 보는 음악의 자연스러움은 이전과는 완전히 달랐지요.[1]

수학적 복잡성을 이해하는 사람조차도 아인슈타인 이론의 골자를 쉽사리 놓치곤 한다. 한 물리 이론이 단순한 원리를 바탕으로 더욱 복잡한 법칙들과 멋지게 관련을 맺는 경이로움을 간과하는 것이다. 특수상대성이론의 경우 이 '단순한 것'은 빛의 속력의 불변성이었다. 불변성이란 어떤 양을 변하지 않도록 해 주는 변환을 의미한다. 가령 자전거 바퀴를 돌려서 바퀴 위의 한 점을 다른 점으로 변환하더라도 바퀿살은 길이가 변하지 않는다. 불변성과 대칭성 사이에는 심오한 관련성이 있다. 바퀴는 원형 대칭이므로 바퀴의 회전 변환은 바퀴의 모습을 보존한다. 마찬가지로 빛의 속력의 불변성은 시공간의 근본적인 대칭성을 반영한다. 한 관찰자가 시공간 내의 다른 관찰자에 대하여 어떠한 복잡한 운동 상태에 있더라도, 빛의 속력은 불변(상수)이도록 '구속'을 받는다.

이 원리를 수학적으로 나타내 보면 전기장과 자기장은 자연스레 하나로 통합된다. 별도의 방정식들에서 나타나는 온갖 겉보기 복잡성들은 빛의 속력의 불변성을 엄격히 따르는 단순한 한 벌의 방정식들 속으로 통합된다. 과연 그런지 보여 주는 일은 분명 가치가 있다. 그림 18.2의 맥스웰 방정식을 살펴

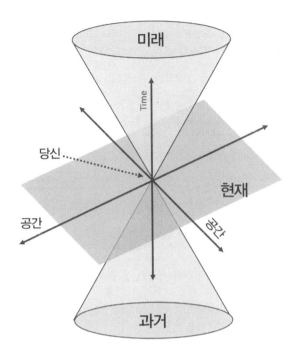

그림 18.1. 민코프스키 4차원 초곡면의 시공간 기하구조. 원뿔면 상의 점들을 변환시켜도 빛의 속력은 동일하게, 즉 불변으로 남는다.

보자.

그런데 빛의 속력의 불변성을 위의 방정식들에 도입하면, 네 개의 방정식들을 다음과 같은 단 하나의 으뜸 방정식으로 적을 수 있다.

$$\frac{\partial F_{\mu\nu}}{\partial x^\mu} = J_\nu$$

으뜸 맥스웰 방정식에 관해서는 몇 마디를 꼭 해야겠다. 공간과 시간을 하나의 4차원 시공간 연속체로 통합한 덕분에 아인슈타인은 4차원에 존재하는 장을 구성할 수 있었다. 게이지 퍼텐셜gauge potential이라고 불리는 이 장은 광

$$\nabla \cdot E = \frac{\rho}{\varepsilon_0}$$

$$\nabla \cdot B = 0$$

$$\nabla \times E = -\frac{\partial B}{\partial t}$$

$$\nabla \times B = \mu_0 J + \mu_0 \varepsilon_0 \frac{\partial E}{\partial t}$$

그림 18.2. 전기장과 자기장에 관한 네 개의 맥스웰 방정식

자의 행동을 기술하며 Aμ로 표시한다. 이 4차원 퍼텐셜 장으로부터 도함수를 취하여 전기장과 자기장 둘 다를 정의할 수 있다. 또한 게이지 장의 4차원 도함수를 다음과 같이 정의할 수 있다. dvAμ - dμAv = Fμv.

여기서 지수 μ는 네 개의 시공간 방향을 나타낸다. 즉 μ = (t, x, y, z). 이로부터 우리는 4차원 도함수를 다음과 같이 정의할 수 있다. dv = ($\frac{d}{dt}$, $\frac{d}{dx}$, $\frac{d}{dy}$, $\frac{d}{dz}$).

으뜸 방정식의 우변은 전기장 및 자기장에 관한 정보가 들어 있지만, 장 세기 텐서라고 불리는 단일한 양 Fμv 속에 포함되어 있다. 방정식의 우변 Jv는 4차원 전류라고 한다. 이것은 통상적인 맥스웰 방정식(방정식 1)에 나오는 3차원 전류와 비슷하다. 따라서 방정식은 단지 4차원 장 세기 텐서가 4차원 전류의 공급원임을 말해줄 뿐이다. 이러한 4차원 대상들을 3차원에 투영하면 서로 다른 네 가지의 3차원 맥스웰 방정식이 나오는 것이다. 빛의 속력의 불변성이 분명히 드러나지 않는 3차원의 경우, 맥스웰 방정식들은 빛의 속력의 불변성이 명백한 한 4차원 대상의 조각들(그림자)이다. 이는 마치 굴러가는 자전거 바퀴가 지면에 드리우는 그림자의 모습이 직선인 것과 비슷하다. 지면

에서는 원형 대칭이 명백히 드러나지 않는다. 콜트레인은 이것을 간파했다! 앰램에게 한 콜트레인의 말을 헤아려 보면, 그는 음악에서도 바로 그러한 원리를 실현하고 싶었던 듯하다. 이 말을 뒷받침할 증거를 내놓고자 한다.

아인슈타인이 대칭성을 이용한 까닭은 시공간의 장들이 상호작용하는 방식을 구속(제약)하기 위해서였다. 가령 전자기장의 경우 4차원 빛 원뿔 주위를 운동하도록 구속을 받은 4차원 장들만이 그림 18.1에 나와 있듯 상호작용이 허용된다. 이를 시각화하는 좋은 방법은 반지름이 r인 구의 표면상에서 움직이도록 구속을 받는 상황을 상상하는 것이다. 만약 (x, y, z) 좌표를 이용해 구면상의 한 점을 나타낸다면, $x^2+y^2+z^2=r^2$을 만족하는 값들만이 허용된다. 이외의 다른 어떤 x, y, z 값들은 허용되지 않는다. 이와 비슷한 4차원 방정식에 구속되어 한 4차원 빛 원뿔상에만 존재하는 장들의 상호작용을 우리는 생각해 볼 수 있다. 이때 그 빛 원뿔을 벗어난 다른 시공간에서는 장들의 상호작용이 허용되지 않는다.

아인슈타인이 시공간 대칭성을 이용하여 얻어낸 또 한 가지 이득은 이전에는 서로 무관한 현상들이라고 여겨졌던 것들 사이의 관계를 밝혀낸 일이다. 상대성이론 이전에는 공간과 시간—마찬가지로 전기 현상과 자기 현상—이 별로 관련성이 없었다. 입자는 시간의 흐름 속에서 자신의 위치를 바꿀 수 있지만, 상대성이론은 공간의 길이를 관찰자의 운동에 따라 달라지는 시간의 길이와 관련짓는다. 마찬가지로 정지한 관찰자에게는 전기장으로 보이는 것이 사실은 움직이는 관찰자에게는 자기장이 된다.

콜트레인이 이러한 상대성이론의 개념들을 자신의 음악에 구현했다고 나는 주장하고자 한다. 유세프 라티프와 논의했던 콜트레인의 만다라가 나의 주장에 단서를 던져 준다. 아인슈타인의 빛 원뿔과 마찬가지로 콜트레인의 만다라는 주요 음계들 사이의 관계들 및 자신의 레퍼토리에 사용했던 화성 기법들을 통합적으로 표현하는 기하학적 구조다. 음악 연습을 중시했던 콜트레인의 태도로 보아, 그 만다라는 음악적 우주의 다층적 패턴들을 드러내 주는 기하학적 도구 역할을 했을 수 있다. 이것을 눈치챈 뒤 나는 만다라에 표시된 패턴들에 주목하여 만다라를 음계들의 관계성을 연습하는 도구로 사용했다.

특수상대성에서 빛의 속력은 불변이므로 상이한 기준 좌표계들에서 그 불변성이 유지되려면 다른 양들이 왜곡되어야 한다. 가령 움직이는 관찰자에게 보이는 기차의 길이는 정지해 있는 관찰자에게 보이는 기차에 비해 수축된다.

마찬가지로 상이한 두 조의 동일한 음표들을 연주한다면 소리가 다르게 난다. 다르게 인식될 뿐만 아니라 둘은 각자의 음계에서 상이한 위치를 차지한다. C장조에서 A-B-C 음을 연주하면 6도, 7도, 8도로 진행하여 으뜸음으로 끝난다. 동일한 음표들을 가령 B장조에서 연주하면 7도에서 시작하여 으뜸음을 거쳐서 으뜸음 위의 단2도에서 끝난다. 이 둘은 자신들이 연주되는 음계의 고정된 지점들(옥타브, 5도)에 대하여 완전히 다른 관계에 놓인다. 우리는 그런 음들이 기차의 길이처럼 하나의 고정된 것—A음 또는 B음—이라고 여기지만, 어떠한 음계에서 연주되느냐에 따라 해당 음계 내의 으뜸음의 고정된 값과 음정들 때문에 그 음들은 서로 달라지고 왜곡된다. 콜트레인의 만다라는 이런 개념을 아주 멋지게 보여 주는 예인데, 여기서 5도, 3온음, 완전4도 사이의 관계가 음계에 따라 상대적으로 달라진다.

언뜻 보기에 만다라는 만만치 않아 보이는데, 따라서 기본 구조를 찾아내려면 불변성을 담고 있는 골자를 추려내야 한다. 특수상대성과 마찬가지로 일단 불변의 구조를 파악하고 나면 그 불변성에서 비롯되는 상호작용들로부터 복잡한 역학관계를 알아낼 수 있다. 첫 번째 단계는 불변성, 즉 개개의 음표들과 무관한 전체적인 기하구조를 확인하는 일이다. 시계의 각 시각마다 세 음표의 무리가 표시되어 있는 모습이 가장 먼저 눈에 띈다. 가령 12시에는 숫자 1 아래에 세 음표의 무리(B, C, C-샵)가 보인다. 이제 우리는 열두 시각을 지닌 시계의 모습을 간파해냈는데, 이것은 서양 음계의 열두 사이클로 환원된다. 만다라에는 또 한 가지 특이한 것이 있다. 콜트레인은 오각형 별의 꼭짓점마다 놓인 다섯 개의 C음을 연결했다. 이제 이 그림은 다음과 같은 의미에서 순환적 기하구조를 지닌다. 음표들을 세어 보면 원을 따라 반복되는 육십 개의 음표가 있다. 하지만 그 원 안에 들어 있는 열두 개의 음표가 육십 개 음표의 원 내부에서 다섯 개의 C 음을 생성한다. 이 C음들을 꼭짓점으로 삼아서 별이 그려져 있다. 그러므로 콜트레인의 만다라는 순환 속의 순환인 셈이다.

오각형 별의 C음들 전부를 확인하면 서양 음악의 12음 체계가 얻어진다. 하지만 만다라 속의 다섯 개 C음을 하나의 C음이라고 여기면 정보가 소실된다. 여기서 정보란 기하구조, 즉 육십 개 음표의 원 속에 든 오각형 구조를 의미한다. 12음 원 속의 오각형을 보존하려고 하면 아주 흥미로운 음계—5음 음계—가 얻어진다. 콜트레인이 앰램에게 했던 말을 되새기며 우리는 이렇게 짐작하게 된다. "콜트레인은 그 비슷한 걸[복잡성을 단순한 어떤 것으로 줄이기를] 음악에서 하려고 시도하고 있다. 블루스와 재즈의 전통을 바탕으로 자연스러운 원천에서 나온 어떤 것을 추구하고 있다." 사실 5음 음계는 전 세계의 모든 문화에서 존재하며 약 2500년 전의 중국과 그리스 시절로까지 거슬러 올

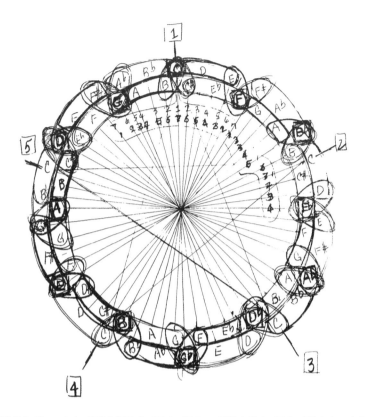

그림 18.3. 민코프스키 4차원 초곡면의 시공간 기하구조. 원뿔면 상의 점들을 변환시켜도 빛의 속력은 동일하게, 즉 불변으로 남는다.

라간다. 이 음계는 그레고리안 성가, 흑인 영가(〈누가 나의 괴롬 알며〉), 스코틀랜드 음악(〈올드 랭 사인〉), 인도 음악, 재즈 스탠더드(〈아이 갓 리듬〉, 〈스윗 조지아 브라운〉) 그리고 록 음악(〈스테어웨이 투 헤븐〉) 등에서 널리 사용된다. 콜트레인은 음악에서 보편적인 것이 무언지를 찾았는데, 그 출발점은 음악의 어떤 측면이 전 인류 문화에 걸쳐 보편적인지를 알아내는 일이었다. 또한 그는 자연스러운 원천에서 나온 음악을 찾고 싶다고도 말했다. 그런데 5음 음계는 다섯 개의 완전5도에서 생성될 수 있다. 앞서 보았듯이 완전5도는 푸리에 급수의 두 번째

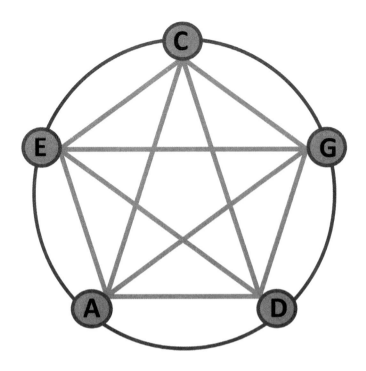

그림 18.4. C장조 5음 음계의 오각형 대칭.

배음으로서 자연스럽게 생성되기에 이것은 "자연스러운 원천에서 나온 어떤 것을 찾으려 시도하고 있다"는 콜트레인의 말에 부합한다.

하지만 가장 설득력 있는 증거는 그의 가장 유명한 두 작품인《어 러브 슈프림》과《인터스텔라 스페이스》가 5음 음계에 바탕을 둔다는 사실이다. 내 친구이자 요즘 뉴욕에서 가장 주목받는 테너 색소폰 연주자 중 한 명인 스테이시 딜라드도 5음 음계가 재즈 즉흥의 골자라고 말했다. 달리 말해서 아인슈타인의 불변성 개념처럼 5음 음계는 재즈 즉흥연주에서 복잡성이 펼쳐지는 바탕인 것이다. 그렇다고 해서 5음 음계만이 즉흥연주의 바탕이라는 말은 아니지만, 왜 이 비교적 단순한 음계가 그러한 음악적 잠재력을 지녔는가를

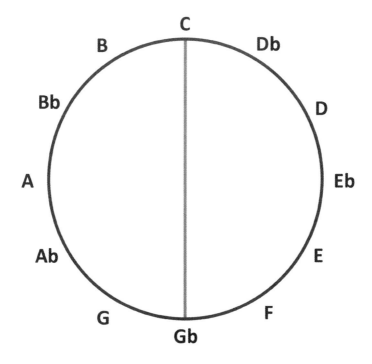

그림 18.5. 거울 대칭은 한 음을 그것의 3온음에 대응시킨다. 가령 C의 3온음은 F-샵이고 F-샵의 3온음은 C다(그림의 Gb(G-플랫)와 F-샵은 동일한 음이다-옮긴이).

묻지 않을 수 없다.

　콜트레인의 만다라는 또한 순환적 기하구조에서 드러나는 다른 아름다운 관계들도 담고 있다. 그리고 비슷한 개념을 작곡 이론에 활용했던 쇤베르크와 메시앙과도 어느 정도 닮은 구석이 있다. 재즈 즉흥의 중요한 기법 중에 3온음 화음 대용tritone substitution이 있다. 간단히 말해서 한 화음에서 다른 화음으로 넘어갈 때 뒤에 나올 화음을 다른 쉬운 화음으로 대치할 수 있다는 뜻이다. 앞서 논의했듯이 Ⅱ-Ⅴ-Ⅰ 진행이 재즈와 서양 클래식 음악의 가장 흔한 화음 진행 가운데 하나다. 3온음은 12음 순환에서 보이는 거울 대칭에 지나지 않는다(그림 18.5 참고). 그런데 C장조에서 V는 G-딸림화음이며 그것의 거울 영상/3온음은 D-플랫 딸림화음이다. 그러므로 G딸림화음에서 C화음으로 넘어갈 때 우리는 G딸림화음 대신에 D-플랫 딸림화음을 연주할 수 있다. 이것이 대단한 까닭은 D-플랫 딸림화음은 Ⅱ, 즉 D화음으로부터 반 단계 떨어져 있기 때문이다. 콜트레인의 60음 순환 사이클은 3온음을 지닌 거울 대칭성이다.

달걀 모양을 그린 세 음표의 무리는 놀랍게도 신비스러운 전음정 4음 음계all-interval tetrachord를 생성한다. 가령 숫자 1 아래의 C음에서 시작해서 시계 방향으로 달걀 모양 덩어리 속 네 음표를 따라가자. 그러면 C, C-샵, E, F 및 F-샵이 나오는데 이것이 전음정 4음 음계다. 호주의 피아니스트 션 웨일런드의 주장에 의하면 전음정 4음 음계를 이용하여 〈자이언트 스텝스〉의 화음 변환을 연주할 수 있다고 한다.[2] 이뿐만이 아니다. 콜트레인이 세 음 묶음 안에 사각형을 표시해 둔 것이다. 이 음들이 바로 5도권으로서 5음 음계를 생성한다. 그리고 마지막으로 콜트레인은 가장 널리 쓰이는 대칭 음계들 중 하나—온음음계—를 표시하였는데, 이것은 안쪽 고리와 바깥쪽 고리를 차지하는 음들이다. 그러므로 이 만다라는 콜트레인이 그러한 중요한 일반적인 음계들 사이의 관계를 나타낸 놀라운 기하학적 구조물이다. 마치 시공간 변환이 공간 수축을 시간 지연과 관련짓고 아울러 자기장을 전기장과 관련짓듯이 말이다.

이 책은 음악과 우주론 사이의 유비만이 아니라 물리학에서의 음악적 및 즉흥연주적 사고방식의 중요성에 관한 내용이기도 하다. 음악에 대한 존 콜트레인의 접근법은 이론물리학자한테도 그대로 적용된다. 우리는 개념적 및 수학적 도구들을 이용하여 아인슈타인과 파인만과 같은 과거의 대가들이 해결해 놓은 사례들을 통해 연습을 한다. 마찬가지로 콜트레인과 같은 재즈 음악가들도 기나긴 연습을 통해 기존의 전통을 숙달한다. 하지만 이론물리학자나 재즈 즉흥연주자나 단지 과거의 재료를 숙달하는 것만으로는 부족하다. 새로운 것을 발견해내야 한다.

인간은 고등 수학을 발견할 수 있는 유일한 존재이자 음악을 창조하고 그 체계를 세울 수 있는 유일한 존재다. 만약 우주의 아름다움과 물리학, 그리고 음악의 아름다움과 물리학이 관련되어 있다면, 그 관련성은 인간의 뇌 속에 독특하게 깃들어 있을 것이다. 리처드 그레인저, 죄르지 부즈사키 및 아니루드 파텔 등의 신경과학자들은 뇌가 어떻게 지각하고 배우고 기억하고 계획하고 예측하는지를 이해하려고 고군분투하고 있다. 쥐와 개와 곰도 전부 그런 일들을 할 수 있지만 무엇 때문에 인간의 뇌가 유독 특별할까? 인간 이외의 동물들이 할 수 없는 것—음악을 감상하고 수학을 이해하기—을 인간만이 할 수 있는 까닭은 무엇일까? 그리고 우리가 태양 아래서 새것을 창조하기, 즉 음악을 작곡하고 즉흥연주를 하고 우주에 관한 새로운 수학적 진리를 발견할 수 있는 까닭은 무엇일까?

콜트레인과 같은 몇몇 음악가들은 즉흥연주를 하는 능력, 화음 형태들 이면의 숨겨진 패턴과 규칙성을 찾아내는 능력, 그리고 이러한 통찰을 통해 새로운 종류의 선율 진행을 만들어내는 비밀스러운 능력을 갖추고 있다. 그리고 아인슈타인과 같은 몇몇 과학자는 다른 위대한 과학자들의 눈에는 띄지 않은 규칙성을 찾아낸다. 아인슈타인이 네 개의 맥스웰 방정식을 줄여서 하나로 통합한 것이 대표적인 사례다.

어쩌면 우리 모두 아인슈타인처럼 수학을 하거나 콜트레인처럼 즉흥연주

를 하는 능력을 내재할지도 모른다. 이 두 사람의 남다른 점은 자신들의 타고
난 능력을 보통의 수준 이상으로 끌어올린 비범함에 있다. 일단 신경과학 분
야가 지각과 사고의 근본 요소들을 성공적으로 간파해내고 나면, 그다음 단
계는 사람들마다 뇌의 공통점과 차이점이 무엇인지를 이해하는 과제일 수 있
다. 아울러 콜트레인의 뇌와 아인슈타인의 뇌에는 무엇이 있기에 그런 놀라
운 통찰과 발견이 가능했는지 이해하려면 새로운 물리학이 필요할 테다. 아
닌 게 아니라 최근의 뇌 연구는 다음과 같은 질문들을 탐구하기 시작했다. 우
리가 음악의 복잡성을 지각할 때 무슨 일이 벌어지는가? 어떻게 인간의 뇌는
다른 동물과 달리 우리 주변 환경을 처리하기에 수학, 음악 즉흥연주 및 언어
사용이 가능할까?

《동물농장》에 나오는 유명한 구절처럼, 분명 일부 인간의 뇌는 다른 이들
의 뇌보다 더욱 독특할 것이다(《동물농장》에는 All animals are equal, but some animals
are more equal than others라는 구절이 있다 – 옮긴이). 아인슈타인과 콜트레인은 우리
가 스스로 발견해내지 못했던 것들을 보여 주었다. 우리가 일반적으로, 구체
적으로 뇌를 이해하게 되면 아마도 신경과학은 음악적 형태와 물리적 형태가
서로 연결되어 있을지 모른다는 점뿐만 아니라 물리적 존재들 가운데서 독특
한 우리 인간이 어떻게 그러한 관련성을 알아차리고 이해하는지도 밝혀낼 것
이다.

이러한 질문들에 대한 답을 얻으려면 물리학, 예술 및 신경과학의 접점에
서 근본적인 발전이 이루어져야 할 것이다. 음악적 형태와 물리적 형태 사이
의 심오한 관련성은 어떻게 두 종류―음악과 물리학―의 지식이 유독 인간
의 뇌 속에서 함께 생겨나는지를 이해하면 실체를 드러낼지 모른다. 어쨌거
나 뇌는 아무리 불가사의할지라도 우주 내에서 생겨난 꽤 복잡한 구조일 뿐

이기 때문이다.

　미적분의 시조 중 한 명인 라이프니츠에 따르면 우주의 가장 작은 요소인 단자는 자신 속에 우주의 정수를 담아내는 능력이 있다고 했다. 여전히 불가사의하지만 인간의 뇌는 물리 법칙들로부터 생겨나 그 법칙들에 따라 작동하면서 동시에 그 법칙들을 이해할 수 있다. 내가 역설했듯이 우주의 근본적인 기능 중 하나가 자신의 구조를 즉흥연주하듯 생성하는 것이라면, 즉흥연주를 하던 콜트레인은 우주가 하는 일을 하고 있던 셈이다. 그런데 우주가 하는 일이란, 우주 자체를 인식하는 구조를 창조하는 것이었다.

나오며

. . . .

어떤 과학 발견이든 그 이면에는 사람들 및 그들의 이야기가 있기 마련이다. 즉흥적이고 두서없는 내 여정을 이끈 이들은 물리학과 음악 분야의 내 스승들이었다. 지난 30년 동안 나는 영광스럽게도 이론물리학이라는 예술 속에 깃든 비밀들을 제임스 게이츠 주니어한테서 배웠다. 1969년에 큰 키에 날씬한 몸매에다 나팔바지 차림에 아프로 헤어스타일(1970년대에 유행했던, 흑인들의 둥근 곱슬머리 모양 - 옮긴이)을 한 젊은이였던 그는 MIT의 악명 높은 무한 복도로 걸어 들어갔다. 물리학자 겸 우주비행사가 되려는 꿈을 실현하기 위해서였다. 젊은 제임스 게이츠는 곧 로널드 맥네어와 친구 사이가 되었는데, 이 우주비행사는 나중에 챌린저 왕복선 폭발사고의 희생양이 되는 인물이다. 시대가 달라졌는지라 MIT는 일군의 흑인 학생들을 물리학과에 받아들였는데, 여기에 셜리 잭슨과 로널드 맥네어 등이 포함되어 있었다. 이때는 존 F. 케네디 대통령이 "모든 미국인이 공공시설—호텔, 식당, 극장, 소매점 및 유사한

그림 나오며. 왼쪽: 제임스 게이츠 주니어가 MIT의 학생일 때 모습. 오른쪽: 스티븐 호킹과 함께 있는 제임스 게이츠.

상점들—을 이용할 수 있는 권리를 가짐"과 아울러 "투표권을 확실하게 보장받게 하는" 법안을 요청한 지 고작 4년밖에 지나지 않은 시기였다. 위에 나온 선구적인 물리학자들이 바로 그때 등장하여 내 세대의 과학자들이 번성할 수 있도록 길을 닦았던 이들이다.

제임스는 MIT에서 계속 공부하여 이론물리학 박사학위를 받았다. MIT에서 처음 쓴 학위 논문은 초대칭에 관한 것이었고 나중에 무시무시한 교재도 한 권 썼다. 책 제목은《초대칭에 관한 1001가지 강의》. 그는 하버드대학의 특별 연구원 협회에 속했으며 마이클 페스킨(공교롭게도 나의 박사후 과정 지도교수), 에드워드 위튼 및 워렌 시겔과 연구실을 함께 사용했다. 그들은 그 분야의 정예 중의 정예였다. 그 시기 내내 제임스와 나는 대체로 물리학에 관해 이야기했다. 이 책을 쓰면서 나는 제임스에게 하버드 시절에 대해 물었다. 대답인즉, 연구실 동료들과 친하게 지냈고, 그들은 지금까지도 동창으로 지낸다고 했다. 이어서 그는 자기 동료들인 위튼, 페스킨 및 시겔이 얼마나 대단한 인물이냐며 감탄사를 쏟아냈다.

하버드에 있던 1977년에 제임스는 압두스 살람한테시 뜻밖의 편지 한 통을 받았다. 살람은 약력과 전자기력을 통합하는 데 기여한 업적으로 그 무렵에 노벨상을 받았던 인물이었다. 제임스 세대의 이론가들은 살람을 전설적인 인물로 존경했기에 살람이 제임스를 초청하여 자기 연구팀과 함께 지내라고 했다는 소식을 듣고서 사람들의 반응이 어땠을지 상상해 보라! 당시에 살람은 초중력을 연구하고 있었고 제임스는 그 분야의 젊은 선구자였기에, 마땅히 제임스는 세미나를 열 자격이 있었다. 노벨상 수상 후에 살람은 이론물리학국제센터ICTP를 설립했는데, "개발도상국의 처지를 염두에 두고서 고등 수준의 과학 프로그램들을 개발하며, 전 세계 각국의 과학자들이 과학을 매개로 연락할 국제적인 포럼을 구성하는 것"이 그 센터의 임무였다. 과학자 경력으로는 처음으로 바로 거기서 제임스는 전 세계 구석구석—아프리카, 중국, 유럽 및 중동—의 물리학자들을 만났다. 주류 언론에서 조장한 흔한 오해와 달리 물리학이 정말로 유럽과 미국에 국한되지 않는 국제적인 활동임을 그는 깨달았다.

세미나가 끝나고서 살람은 제임스를 점심 식사 자리에 데려갔다. 제임스는 스승과 함께 온갖 질문과 아이디어를 주고받았다. 그런데 느닷없이 살람이 이런 말을 했다. "언젠가 자네의 사람들이 물리학을 하게 되면 마치 재즈 같을 거네."

재즈라는 음악이 문화적, 국제적으로 폭넓게 공헌한 바를 크게 칭찬하고 긍정하고 인정해 주는 말이 아닐 수 없다. 살람의 말에 담긴 뜻은 재즈처럼 소리가 역동적이고 은유가 풍부한 음악 문화를 창조한 사람들의 천재성이 또한 물리학이라는 활동에도 이바지할 수 있다는 의미다.

재즈라는 음악을 연주하는 법을 배우는 데에는 평생이 걸린다. 이 음악은 지적으로나 예술적으로 견고한 체계로 자리 잡는 데 거의 백 년이 걸렸다. 가령 비밥 재즈는 99.9퍼센트가—40년대의 치열한 연습과 잼 공연 및 실력 겨루기 연주를 거치면서—학계 바깥에서 비밥 재즈의 거장들에 의해 발달했다. 이 거장들을 몇 명만 꼽자면 찰리 파커, 디지 길레스피, 버드 파웰, 맥스 로치 및 셀로니어스 몽크 등이 있다. 이 예술가들은 짐 크로 법Jim Crow Laws(미국 남부의 주들에서 1876년부터 1965년까지 시행됐던 미국의 인종분리 법 – 옮긴이)이 사실상 버젓이 활개 치고 린치가 여전히 횡횡하던 시대에 살았다. 이 음악이 어떻게 미국의 클래식 음악이라고 불릴 정도로 그리고 미국에서 창조된 가장 대표적인 예술 형태에 이를 정도로 위대해질 수 있었을까? 윈턴 마샬리스의 스승 가운데 한 명인 앨버트 머레이는 고전이 된 책《영웅과 블루스》에서 주장하기를, '적대적 협력'이 재즈 전통의 위대함 이면에 깃들어 있다고 했다. 미네소타대학 출판부에서 발간한 책《머레이가 음악을 이야기하다》에 실린 마샬리스와의 대화에서 머레이는 말한다.

내 작은 책《영웅과 블루스》에 실린 한 가지 개념을 거론하자면 그것은 바로 적대적 협력의 개념이네. 조금 모순적인 용어 같지만 기억에 쏙 남는 아주 유용한 말이네. 적절한 반대가 없다면 결코 발전하지 못하는 법이지. 위대한 승자가 되려면 위대한 반대자가 있어야 한다네. 위대한 영웅이 되려면 죽일 용이 있어야 하듯이.

하지만 성장을 촉진시킨 치열한 경쟁이 있을 때도 재즈 음악가들은 누구에게나 열려 있었다. 누구라도 무대에 올라가 자신을 표현할 수 있었다.[1] 실력이 있으면 누구든 연주 요청을 받았다. 재즈 전통은 정말로 너그러웠다. 내가 아주 실력이 부족할 때도 윌 캘훈, 마크 캐리 및 존 베니테즈 같은 대가들이 나를 연주에 끼워 주었다. 이들은 음악성을 빈은 독일의 음악가들이다. 내 솔로가 그다지 정교하지는 못더라도, 뜻밖에 흥미로운 악절이 나오거나 때로는 특이한 것이 나타나면 윌은 그런 아이디어에 주목하고 때로는 그걸 다른 곡에 포함시키기도 했다.

그러니 언젠가 물리학이 재즈 같아질 수 있다는 살람의 이야기를 들었을 때, 나는 언젠가 물리학계도 재즈처럼 종교와 무관하게 모든 집단의 사람들이 참여함으로써 새로운 경지에 도달해 이전에는 불가능해 보였던 문제들이 풀릴 수 있다고 생각했다. 재즈를 물리학과 조화시키려는 나의 여정은 어떻게 소규모 물리학자 집단이 재즈 정신에 따라 나를 받아들일 수 있었는지, 아울러 내가 그들과 함께 물리학을 연주하면서 동시에 내 한계를 뛰어넘도록 자극했는지를 보여 주는 산 증거다.

감사의 말

가장 먼저 특별히 감사드리고픈 분은 마술사이기도 한 편집자 T. J. 켈레허와 라라 헤이머트다. 이 책이 현실이 되도록 해준 베이직북스 출판사 및 페르세우스 출판 그룹의 직원들―헬렌 바텔레미, 산드라 베리스, 캐시 넬슨, 리즈 체초)―에게 감사드린다. 대그니 킴벌리 유서프에게 진심으로 감사를 전한다. 원래 원고를 제 모양을 갖추도록 도왔을 뿐 아니라 이 책을 쓰기 시작한 첫날부터 내게 온갖 영감과 지지를 보내 주었다. 이 책이 실제로 나올 수 있게 도와준 맥스 브록먼과 브록먼 사의 직원에도 감사드린다.

아울러 내 친구들, 가족, 그리고 동료들도 오랜 시간 귀한 말씀, 의견, 좋은 아이디어 그리고 격려를 해 주었다. 다음 분들이다. 롬 알렉산더 스티븐 베커먼, 로버트 캘드웰, 윌 캘훈, 스티브 캐넌, 마이클 케이시, KC 콜, 오넷 콜먼, 디에고 코테츠, 프랑수아 도리아, 브라이언 이노, 에버러드 핀들레이, 에드워드 프렌켈, 인드라딥 고시, 멜빈 깁스, 마르첼로 글라이저, 레베카 골드스타인, 마크 굴드, 리처드 그레인저, 대니얼 그린, 샘 헤이트, 크리스 헐, 크리스 이샴, 베스 제이콥스, 클리퍼드 존슨, 브라이언 키팅, 재런 러니어, 유세프 라티프, 해리 레닉스, 아르토 린자, 주앙 마게이주, 브랜던 오그부누, 스티브 핑커 산 제이 람굴람, 에린 리우, 트리스탄 스미스, 리 스몰린, 네이비드 스퍼설, 그레그 테이트, 그레고 토마스, 스펜서 토펠, 그리고 개리 웨버. 마지막으로 책 전체에 걸쳐 훌륭한 도해를 그려 준 살바도로 알마그로-모레노에게도 감사드린다.

주

들어가며

1. Yusef Lateef, *Repository of Scales and Melodic Patterns* (Amherst, MA: Fana Music, 1981).

2. Yusef Lateef, *The Gentle Giant: The Autobiography of Yusef Lateef*, with Herb Boyd (Irvington, NJ: Morton Books, 2006).

1장

1. 새도 듣는 즐거움에서 음악을 만든다는 주장이 있기는 하다.

2. 어떤 저자들은 음악이 갖는 '차원'의 개수를 더 확장하기도 한다. 음악에 관한 지각을 총 열두 개의 차원으로 다루는 경이로운 책으로, 다음을 독자에게 권한다. *This Is Your Brain on Music: The Science of a Human Obsession*, by Daniel J. Levitin (New York: Plume, 2007). (《뇌의 왈츠 세상에서 가장 아름다운 강박》, 2008, 마티)

3. 프랙털 기하학의 선구자 중 한 명인 브누아 망델브로에 의하면, "교묘하게 모여서 그 조합은 마치 해안선처럼 조화롭게 구성된다." 흥미롭게도 망델브로는 자신의 책 *Fractals: Form, Chance, and Dimension* (San Francisco: W. H. Freeman, 1977)에서 은하들이 자기조직화를 통해 프랙털 구조를 갖는다고 주장했다. 그 직후에 천체물리학자 루치아노 피에트로네로가 정말로 은하계들이 프랙털 구조를 지님을 알아내긴 했지만, 이 주장은 여전히 논쟁거리다.

4. Malcolm Brown, "J. S. Bach + Fractals = New Music," science section, *New York Times*, April 16, 1991, www.nytimes.com/1991/04/16/science/j-s-bach-fractals-new-music.html?pagewanted=1, accessed November 28, 2015.

5. Charles W. Misner, Kips S. Thorne, and John Archibald Wheeler, *Gravitation* (San Francisco: W. H. Freeman, 1973).

2장

1. 이 모형을 가리켜 하이젠베르크 XXX 모형이라고도 부른다. 이 사실을 알려 준 에드워드 프렌켈에게 감사를 드린다.

2. 자성 물질은 이력곡선履歷曲線을 나타내는데, 이는 외부의 자기장이 가해질 때 자성 물질이 어떻게 자화되는지에 관한 '기억'을 담고 있다.

3. Carl Clements, "John Coltrane and the Integration of Indian Concepts in Jazz Improvisation," *Jazz Research Journal* 2, no. 2 (2008): 155 – 75.

3장

1. 재즈에서 솔로 연주자가 즉흥연주하는 동안에 곡의 한 악절은 반복되는 경향이 있다. 악설이 끝나기 식선에, 곡이 시삭 부분으로 뇌돌아삭 수 있도록 해주는 (턴어라운드라는) 화음 이동의 구간이 있다.

2. 본 저자가 마가렛 겔러와 2015년 10월에 개인적으로 나눈 대화 내용.

3. Margaret J. Geller and John P. Huchra, "Mapping the Universe," Science 246, no. 4932 (November 17, 1989): 897 – 03, doi:10.1126/science.246. 4932.897, PMID 17812575, retrieved May 3, 2011.

4. 나중에 보겠지만 끈 이론이 이 무한대 문제를 해결한다.

4장

1. Michio Kaku, "The Universe Is a Symphony of Strings," Big Think, http://bigthink.com/dr-kakus-universe/the-universe-is-a-symphony-of-vibrating-strings, accessed November 28, 2015.

2. 물리학, 특히 양자역학에서는 이론의 해석을 놓고서 여러 견해들이 나온다. 일부 물리학자들이 취하는 태도에 의하면, 주관적 해석은 결코 들어설 자리가 없으며 물리학자는 그냥 결과를 계산만 해야 한다고 보는데, "닥치고 계산하라"라는 말이 이 태도를 대변한다. 이 말은 디랙과 파인만한테서 비롯했다. 아울러 고체상태 물리학자인 데이비드 머민 또한 이 말의 시조다.

3. Steven Weinberg, *Dreams of a Final Theory: The Scientist's Search for the Ultimate Laws of Nature* (New York: Pantheon, 1993), 130. (《최종 이론의 꿈》, 2007, 사이언스북스). 아름다움의 주창자로 유명한 디랙이 아인슈타인의 가설을 전자의 운동을 기술하는 방정식에 적용했더니 숨겨진 대칭성이 드러났다. 부호를 양에서 음으로 바꾸는 것은 전자의 전하를 바꾸는 것과 물리적으로 등가였다. 이는 기존에 알려지지 않은 입자의 존재를 의미하기에 디랙은 깜짝 놀랐다. 일 년 후, 전자와 질량이 같지만 전하가 반대인 이 반전자, 즉 양전자가 실험적으로 확인되었고, 이로써 디랙은 노벨물리학상을 받았다.

4. 자발적 대칭 붕괴의 개념적 및 수학적 의미는 11장에서 음악 이론을 이용하여 논의한다.

5. David Demsey, "Chromatic Third Relations in the Music of John Coltrane," Annual

Review of Jazz Studies 5 (1991): 145 –80; Demsey, "Earthly Origins of Coltrane's Thirds Cycles," *Downbeat* 62, no. 7 (1995): 63.

5장

1. Marcelo Gleiser, *The Dancing Universe: From Creation Myths to the Big Bang* (Lebanon, NH: University Press of New England, 1997).

2. Jamie James, *The Music of the Spheres* (New York: Grove Press, 1933), 64: "악기의 음악 (musica instrumentalis)이 조화로운 까닭은 그것이 이상적인 형태의 세계에서 우주의 완전성을 반영하기 때문이다. 옥타브가 사람의 귀에 조화롭게 들리는 까닭은 음악의 리듬이 우리 자신의 내적인 리듬… 인간의 음악musica humana과 일치하기 때문이다."

3. Gleiser, *The Dancing Universe*.

4. Ibid.

5. Willie Ruff and John Rodgers, *The Harmony of the World: A Realization for the Ear of Johannes Kepler's Astronomical Data from Harmonices Mundi 1619*, Kepler Label, August 3, 2011, compact disc.

6. Johannes Kepler, *The Secret of the Universe: Mysterium Cosmographicum*, trans. A. M. Duncan (New York: Abaris Books, 1981).

6장

1. 다음이 출처다. "Generative Music: Evolving Metaphors, in My Opinion, Is What Artists Do," 브라이언 이노가 1996년 6월 8일 샌프란시스코에서 행한 강연 내용.

7장

1. 다음을 참고하라. http://americansongwriter.com/2008/01/ornette-coleman-the-language-of-sound/.

2. AAJ Staff , "A Fireside Chat with Marc Ribot," *All About Jazz*, February 21, 2004, www.allaboutjazz.com/a-fi reside-chat-with-marc-ribot-marc-ribot-by-aaj-staff .php, accessed November 28, 2015.

8장

1. $\sin(t)$의 두 번째 도함수는 $-\sin(t)$이기에 미묘한 차이가 있기는 하다.

2. Larry Hardesty, "The Faster-Than-Fast Fourier Transform," Phys.Org, January 18, 2012, http://phys.org/news/2012-1-faster-than-fast-fourier.html, accessed November

28, 2015.

3. 코사인 함수는 사인 함수를 이동한 것이기에, 사인파와 마찬가지로 근본적이다. 전문적으로 말해서, 코사인 함수는 사인 함수의 도함수이므로, 이 식과 같은 단순화된 방정식이 우리의 목적에 알맞다.

9장

1. 정이십면체의 jpeg 이미지는 여기에 나온다. www.twiv.tv/wp-content/uploads/2009/07/icosahedral-symmetry-1024x775.jpg.

2. P. W. Anderson, "More Is Different," *Science* 177, no. 4047 (1972): 393–96.

10장

1. 정확히 말하자면, 지구는 태양 주위를 돌면서 운동한다. 하지만 이 회전 가속의 양은 너무 적어서 사람한테는 느껴지지 않는다.

11장

1. "Interpreting the 'Song' of a Distant Black Hole," Goddard Space Flight Center, NASA, November 17, 2003, www.nasa.gov/centers/goddard/universe /black_hole_sound.html, accessed November 28, 2015.

12장

1. "Interpreting the 'Song' of a Distant Black Hole," Goddard Space Flight Center, NASA, November 17, 2003, www.nasa.gov/centers/goddard/universe /black_hole_sound.html, accessed November 28, 2015.

2. 라시드 서냐예프와 야코프 젤도비치도 동시에 동일한 결론에 도달했다.

3. 물리적 소리 스펙트럼에서 기본 음이 빠졌는데도 우리가 음높이를 인식할 수 있는 예외 상황들이 있다.

4. John Cage, "Forerunners of Modern Music," in *Silence*: Lectures and Writings (Middletown, CT: Wesleyan University Press, 1961), 62.

13장

1. 아르페지오는 개별 음들을 오름 순서 또는 내림 순서로 연주할 때 생기는 화음이다.

2. 재즈 레퍼토리의 맥락에서 베껴 적기라 함은 재즈 녹음의 한 곡에 주석을 다는 행위다. 재즈를 배우는 이는 곡의 특징을 화음 변화와 관련하여 분석하고 아울러 더욱 서정적인 음

악 어휘를 개발하기 위해 곡의 여러 부분들을 외운다.

3. Devin Leonard, "Mark Coltrane Escapes the Shadow of John Coltrane," *Observer*, June 26, 2009, http://observer.com/2009/06/mark-turner-escapes-the-shadow-of-john-coltrane/, accessed November 9, 2015.

4. "Warne Marsh & Lennie Tristano Discuss Improvisation," YouTube video, 1:26, uploaded March 6, 2011, www.youtube.com/watch?v=YqSdXxw bfM0.

5. Roger Highfield and Paul Carter, *The Private Lives of Albert Einstein* (New York: St. Martin's Griffin, 1995).

14장

1. www.azquotes.com/author/9502-Wynton_Marsalis/tag/jazz, accessed November 18, 2015.

2. Gunther Schuller, "Sonny Rollins and the Challenge of Th ematic Improvisation," *The Jazz Review*, November 1958, http://jazzstudiesonline.org/files/jso/resources/pdf/SonnyRollinsAndChallengeOfTh ematicImprov.pdf, accessed November 9, 2015.

3. Jonah, "The Graphene Electro-Optic Modulator," The Physics Mill, May 25, 2014, www.thephysicsmill.com/page/5/, accessed November 28, 2015.

15장

1. Rhiannon Gwyn et al., "Magnetic Fields from Heterotic Cosmic Strings," *Physics in Canada* 64, no. 3 (Summer 2008): 132-33. 태고의 자기장의 기원이 잡종 끈 이론에서 나올지 모른다고 주장하는 견해가 있는데, 이는 스테판 알렉산더와 동료들이 발표한 논문에 담겨 있다. 잡종 끈heterotic string은 전하를 운반함으로써 자기장을 생성하는 전선처럼 행동할 수 있다. 만약 초기 우주가 이런 잡종의 "우주적 끈들"의 균질의 네트워크로 가득 차 있다면, 적절한 양의 태고의 은하 자기장이 생성될 수 있다.

16장

1. Allan Kozinn, "John Cage, 79, a Minimalist Enchanted with Sound, Dies," *New York Times*, August 13, 1992, www.nytimes.com/1992/08/13/us /john-cage-79-a-minimalist-enchanted-with-sound-dies.html, accessed November 28, 2015.

2. 스핀이 영인 장들은 F(x)와 같은 스칼라 함수에 의해 기술된다. 이와 달리, 전자기장처럼 스핀이 1인 장들은 벡터 함수에 의해 기술된다. 벡터 함수에서 벡터임을 표시하는 첨자는 장의 분극화에 관한 정보를 알려 준다.

3. 양자장 이론에서, 장은 통상적으로 자신과 상호작용한다. 이것은 대체로 장이 한 입자에서 시작하여 많은 입자들을 창조하는 능력에 대응한다. 자신과의 상호작용은 또한 한 양자장 내에 저장된 퍼텐셜에너지의 특성을 알려 준다.

4. Lisa Randall, *Warped Passages: Unravelling the Mysteries of the Universe's Hidden Dimensions* (New York: HarperCollins, 2005). (한국어 번역서는 『숨겨진 우주』(2008년, 사이언스북스). 옮긴이)

17장

1. 나와 그리스의 끈 이론가 엘리아스 키릿시스는 끈 이론에서 주앙 마게이주의 메커니즘을 실현할 영리한 방법 하나를 서로 독립적으로 알아냈다. 이번에도 그 핵심 개념은 D-막에 있다. 블랙홀은 5차원 우주에서 살 수 있다. 우리은하의 중심부에는 궁수자리 A-별이 있는데, 이것은 그 주위를 궤도운동하는 별들과 짝을 이루고 있는 초거대 블랙홀이라고 여겨진다. D3-막 우주가 한 5차원 블랙홀 주위를 궤도 운동한다고 상상해 보자. 키릿시스와 내가 발견한 것은 그 막 우주에서 빛의 속력은 그 막이 블랙홀로부터 떨어진 거리에 따라 변할 수 있다는 것이다.

2. 스펜서 토펠과 저자가 나눈 대화.

3. Nima Arkani-Hamed et al., "Ghost Condensation and a Consistent Infrared Modification of Gravity," *Journal of High Energy Physics* 405 (2004): 74.

4. 만약 우주의 부피가 더 커지면, 엔트로피는 증가할 텐데, 이것은 순환 주기가 더 길어진다는 뜻이다.

18장

1. Ben Ratliff, *Coltrane: The Story of a Sound* (New York: Farrar, Straus and Giroux, 2007).

2. 다음 사이트에서 〈자이언트 스텝스〉에서 전음정 4음 음계 사용에 관한 유용한 동영상을 보라. at www.youtube.com/watch?v=sQGWAnYd7Iw.

3. Y. S. Lee et al., "Multivariate Sensitivity to Voice during Auditory Categorization," *Journal of Neurophysiology* 114, no. 3 (2015): 1819–826; Y. S. Lee et al., "Melody Revisited: Influence of Melodic Gestalt on the Encoding of Relational Pitch Information," *Psychonomic Bulletin and Review* 22, no. 1 (February 2015): 163–69; Richard Granger, "How Brains Are Built: Principles of Computational Neuroscience," *Cerebrum*, The Dana Foundation, January 31, 2011, http://dana.org/news/cerebrum/detail.aspx?id=30356, accessed November 28, 2015.

나오며

1. 이 중요한 사실을 일깨워 준 에릭 와인스타인에게 감사드린다.

찾아보기

지은이 스테판 알렉산더Stephon Alexander는 미국 브라운대학교의 물리학 교수이며 2013년 미국 물리학회 부셰 상 수상자다. 이론물리학자로서 재즈와 물리학을 융합하는 길을 개척했고 스탠퍼드대학교, 런던 임페리얼 칼리지 등에서 방문 연구원을 지냈다. 색소폰을 연주하는 재즈 음악가이기도 하며, 2014년에 첫 번째 재즈 앨범을 에린 리우와 함께 녹음했다.

옮긴이 노태복은 한양대학교 전자공학과를 졸업했다. 과학과 인문, 예술의 경계를 넘나드는 작업을 좋아한다. 옮긴 책으로는 《리처드 파인만》《교양인을 위한 수학사 강의》《얽힘의 시대》《우리는 미래에 조금 먼저 도착했습니다》《생각한다면 과학처럼》등이 있다.

뮤지컬 코스모스

2018년 10월 31일 초판 1쇄 인쇄
2018년 11월 14일 초판 1쇄 발행

지은이 스테판 알렉산더
옮긴이 노태복
펴낸곳 부키(주)
펴낸이 박윤우
등록일 2012년 9월 27일
등록번호 제312-2012-000045호
주소 03785 서울 서대문구 신촌로3길 15 산성빌딩 6층
전화 02) 325-0846 **팩스** 02) 3141-4066
홈페이지 www.bookie.co.kr
이메일 webmaster@bookie.co.kr
제작대행 올인피앤비 bobys1@nate.com

ISBN 978-89-6051-672-4 (03420)

책값은 뒤표지에 있습니다. 잘못된 책은 구입하신 서점에서 바꿔 드립니다.

이 도서의 국립중앙도서관 출판예정도서목록(CIP)은 서지정보유통지원시스템 홈페이지(http://seoji.nl.go.kr)와 국가자료공동목록시스템(http://www.nl.go.kr/kolisnet)에서 이용하실 수 있습니다. (CIP제어번호: CIP2018033539)